应用型本科信息大类专业“十三五”规划教材

DSP原理与应用教程

主　编　邓　弈　林　强
副主编　刘崇凯　李　莉　顾拥军
　　　　陈朝大　苏明霞

華中科技大學出版社
http://www.hustp.com
中国·武汉

内容简介

本书从实用角度出发，系统地介绍了 TMS320F28035 款 DSP 芯片的内部结构和性能，并且以具体的程序实例来详细介绍了常用模块的功能和软件开发的流程。

本书共分十四章，包括 DSP 基础、TMS320F28035 的结构和性能、TMS320F2803x 的硬件设计、完整工程的创建、CCS 5.2 的常用操作、用 C 语言操作 DSP 的寄存器、F2803x 的时钟和系统控制、通用输入/输出多路复用器 GPIO、CPU 定时器、F28035 的中断系统、模/数转换器 ADC、增强型 PWM 模块 ePWM、串行通信接口 SCI、串行外设接口 SPI。在具体介绍每个外设时，都用相应的实例来教大家如何编写程序。

本书内容系统，具有实用性强、专业性强的特点，便于读者阅读和理解，是初学者入门和提高的学习宝典。本书可作为本科院校电子类、电气类、自动控制类、机电类、信息类、计算机类各专业的 DSP 课程教材，也是电子设计相关领域专业技术人员的参考书。

为了方便教学，本书还配有电子课件等教学资源包，相关教师和学生可以登录"我们爱读书"网(www.ibook4us.com)注册并浏览，任课教师还可以发邮件至 hustpeiit@163.com 索取。

图书在版编目(CIP)数据

DSP 原理与应用教程/邓奕，林强主编. —武汉：华中科技大学出版社，2016.6(2019.12 重印)
应用型本科信息大类专业"十三五"规划教材
ISBN 978-7-5680-1674-2

Ⅰ.①D… Ⅱ.①邓… ②林… Ⅲ.①数字信号处理-高等学校-教材 Ⅳ.①TN911.72

中国版本图书馆 CIP 数据核字(2016)第 073668 号

DSP 原理与应用教程
DSP Yuanli yu Yingyong Jiaocheng

邓　奕　林　强　主编

策划编辑：康　序
责任编辑：史永霞
责任监印：朱　玢
出版发行：华中科技大学出版社(中国·武汉)　　电话：(027)81321913
武汉市东湖新技术开发区华工科技园　　邮编：430223
录　　排：武汉正风天下文化发展有限公司
印　　刷：武汉市籍缘印刷厂
开　　本：787mm×1092mm　1/16
印　　张：17.75
字　　数：487 千字
版　　次：2019 年 12 月第 1 版第 2 次印刷
定　　价：45.00 元

前言 PREFACE

随着电力电子、电机设计与控制理论的飞速发展，对控制系统的要求将会越来越高，目前高性能、高精度的控制系统在伺服驱动、变频调速中得到了越来越广泛的应用。继单片机技术之后，当今嵌入式系统开发中最为热门的关键技术当属 DSP(数字信号处理器)。该技术在国内外都有着相当广泛的应用。

TMS320F28035(简称 F28035)是 TI 公司的 Piccolo 系列芯片中的一款，该系列芯片不仅采用最新的架构技术成果和增强型的外设，能够提供实时控制的功能，同时它还集成了大量的外设供控制使用，具有微控制器(MCU)的功能，兼有 RISC 处理器的代码密度和 DSP 的执行速度。F28035 的开发与微控制器的开发过程比较类似，加上其强大的处理能力及片上丰富的资源，已在各个领域得到广泛的应用。

本书主要针对初学者，按照"循序渐进、由浅入深"的原则，从芯片的整体介绍，到开发环境的使用，到程序的编写，通过理论与实例相结合的方式，让读者掌握 DSP，使 DSP 学习不那么枯燥无味。当然，本书主要是根据作者自己的理解和多年的实践经验，通过通俗易懂的语言进行编写的，表达方式不那么书面，同时在程序编写过程中也分享了程序设计的方法和一些小技巧，方便读者能更快地编写出属于自己的程序。

本书由汉口学院邓奕副教授、大连工业大学艺术与信息工程学院林强担任主编，由汉口学院刘崇凯、武汉华夏理工学院李莉、南通理工学院顾拥军、广东技术师范学院天河学院陈朝大、武汉华夏理工学院苏明霞任副主编。其中，邓奕编写了第 8 章和第 10 章，林强编写了第 9 章和第 11 章，刘崇凯编写了第 1 章和第 2 章，李莉编写了第 5 章和第 12 章，顾拥军编写了第 6 章和第 7 章，陈朝大编写了第 13 章和第 14 章，苏明霞编写了第 3 章和第 4 章。最后，由邓奕审核并统稿了全书。

在将近一年的时间里，本书在编写、程序设计、程序调试与制作电子课件的过程中，得到了很多前辈、家人、同事、朋友、学生的支持、鼓励和帮助，特别是向紫欣、陶枫、熊英鹏、汪潇、毛玲、王聪、李娟、谢文亮等研究生做了大量工作，参与了部分程序的编写、调试和验证，在此深表感谢。

为了方便教学，本书还配有电子课件等教学资源包，相关教师和学生可以登录“我们爱读书”网（www.ibook4us.com）注册并下载，任课教师还可以发邮件至 hustpeiit@163.com 索取。

由于时间仓促，书中难免有疏漏之处，请读者谅解。读者在学习、实践或者教学过程中有任何建议或者问题，均可通过电子邮件与我们交流。

目录 CONTENTS

第1章 DSP 基础

DSP 是 digital signal processing 的缩写，同时也是 digital signal processor 的缩写，前者为数字信号处理，后者为数字信号处理器。通常，DSP 代表数字信号处理器。数字信号处理器(DSP)主要针对描述连续信号的数字信号进行数学运算，得到相应的处理结果。这种运算是以快速的傅里叶变换为基础，对数字信号实时的处理。近些年来，集成电路技术的高速发展，使得用硬件来实现各种数字滤波和快速傅里叶变换成为可能，从而使得 DSP 得到快速的发展和广泛的应用。在现代的数字化和网络化的时代，DSP 的应用无处不在。本章将主要介绍 DSP 的基础知识，使读者对 DSP 有初步的认识和了解。

1.1 DSP 简介

DSP 的前身是被设计用于玩具上的控制芯片，由于科学技术的发展，在科学家和工程师的努力下，DSP 成为将模拟信号变换为数字信号后进行高速实时处理的专用处理器。由于 DSP 采用的是改进哈佛结构，并集成了多种便于数字运算和信号处理的硬件，其数字信号的处理速度比普通的 CPU 快很多，基于这一特点，在如今数字化时代的背景下，DSP 已广泛用于通信、家电、航空航天、工业测量与控制等领域。

1.1.1 DSP 的发展历程

在现代社会的快速发展中，DSP 的身影无处不在，在知道它现状的情况下，我们有必要了解 DSP 的发展历程，有助于我们更好地认识 DSP，知道它的由来。DSP 的发展历程从总体上看，大致可以分为 3 个阶段，如表 1-1 所示。

表 1-1 DSP 的发展历程

时　间	发展历程
20 世纪 70 年代	该阶段处于 DSP 的理论阶段。对于数字信号的处理，由于 MPU(微处理器)较低的处理速度不能满足高速实时的要求，才有人提出了 DSP 的理论和算法基础。当时研究出的 DSP 系统也只是由分立元件组成的，且仅仅局限于军事和航空航天部门
20 世纪 80 年代	该阶段处于 DSP 的普及阶段。随着大规模集成电路的发展，1982 年诞生了世界上首枚 DSP 芯片，该芯片虽然功耗和尺寸较大，但运行速度比 MPU 快了几十倍。随着 CMOS 技术的进步与发展，DSP 第二、三代的芯片应运而生，运算速度进一步提高，应用范围扩大到通信和计算机领域
20 世纪 90 年代	该阶段处于 DSP 的突飞猛进阶段。20 世纪 90 年代，DSP 的发展速度最快，相继出现了 DSP 第四、五代芯片。第五代芯片与第四代芯片比较起来，将 DSP 内核和外围元件集成到单一芯片上，使得集成度更高。高集成度的 DSP 芯片不仅在通信和计算机方面大显身手，同时也渗透到人们的日常消费领域中

1.1.2 DSP的特点

虽然DSP的型号有很多种，但其内部结构都是大同小异的。DSP中含有处理器内核、指令缓冲器、数据存储器、程序存储器、I/O接口控制器、程序地址总线、程序数据总线，其中核心为处理器内核。总体概括起来，DSP芯片具有如下几个特点。

1. 多总线结构

DSP芯片内部一般采用的是哈佛结构，其主要特点是将程序和数据存储在不同的存储空间，每个存储器独立编址，独立访问。在片内有响应的程序总线和数据总线，程序总线和数据总线允许同时获取指令字和操作数，互不干涉。这意味着在一个机器周期内可以同时准备好指令字和操作数，从而使数据的吞吐率提高了1倍。为了进一步提高运行速度和灵活性，DSP采用了改进的哈佛结构和超级哈佛结构。

2. 流水线操作

流水线操作技术使两个或更多不同的操作可以重叠执行，从而在不减小时钟周期的条件下缩短了每条指令的执行时间，增强了处理器的数据处理能力。要执行一条DSP指令，需要通过取指令、指令译码、取操作数和执行指令等若干阶段，每一阶段称为一级流水。DSP的流水线操作是指它的这几个阶段在程序执行过程中是重叠的，在执行本条指令的同时，下面的几条指令已依次完成了取指令、解码、取操作数的操作。

3. 专用的硬件乘法器

硬件乘法器的功能是在一个指令周期内完成一次乘法运算，是DSP实现快速运算的重要保证。可以说，几乎所有的DSP器件内部都有硬件乘法器。

4. 特殊的DSP指令

数字信号处理芯片为了对数字信号进行更为高效、快速的处理，专门设计了一套相应的特殊指令。这些特殊指令节省了指令的条数，缩短了指令的执行时间，提高了运算速度。

5. 多机并行运行特性

DSP芯片的单机处理能力是有限的，而随着DSP芯片价格的不断降低和应用的广泛，多个DSP芯片并行处理已成为可能，可以运行这一特性，达到良好的高速实时处理的要求。

6. 快速的指令周期

随着技术的不断发展，DSP芯片采用了CMOS技术、先进的工艺和集成电路的优化设计，工作电压的下降，使得DSP芯片的主频不断提高。这一变化将随着微电子技术的不断进步而继续。

7. 低功耗

随着微电子产品在人类日常生活中所占的比重越来越大，DSP的应用领域得到了巨大的扩展。降低功耗对于缓解电力资源紧缺将产生十分重要的意义，对DSP的发展也起到了巨大的作用。

8. 极高的运算精度

浮点DSP提高了大的动态范围，定点DSP的字长也能达到32位，有的累加器达到40位。

1.2 DSP 的选择

DSP 处理器的应用领域非常广泛，而实际上没有任何一个处理器可以满足所有的应用需求，所以在采用 DSP 进行系统设计时需要根据系统的特点、性能要求、成本等因素进行综合考虑。一般情况下，主要考虑以下几个方面的因素。

1. 系统特点

每种 DSP 都有自己比较适合的应用领域，所以在进行系统设计之前必须根据系统的特点选择合适的 DSP。以 TI（德州仪器）公司的 DSP 为例，C2000 系列处理器提供多种控制系统使用的外围设备，比较适合控制领域；C5000 系列处理器具有处理速度快、功耗低、成本低等特点，适合于电子消费类产品使用；C6000 系列处理器具有处理速度快、精度高等特点，适合于通信设备等应用领域。

2. 系统精度

对系统精度的要求是决定用浮点还是定点 DSP 以及处理器的数据宽度。当然，我们也可以通过较低的数据宽度处理器来实现较高精度的数据处理，只是需要通过软件来实现，因此会相应地增加编程难度。

3. 功耗

DSP 被广泛地应用在各个领域，在便携式的设备中，功耗是主要考虑的问题，比如手机、平板电脑等。很多处理器的供应商在功耗问题上一般采用两种方法，一是降低工作电压，二是增加电源电压的管理功能，比如增加"睡眠模式"，在不用时切断大部分的电源和不用的外围设备，从而降低功耗。

4. 性价比

在满足设计要求的情况下尽量选择成本较低的 DSP，即使这种 DSP 的灵活性差、编程难度大。在处理器的系列中，价格越低的处理器功能越少，片上存储器越小，性能也比价格高的处理器差。

5. 支持多处理器

在某些计算量很大的场合，经常要使用多个 DSP 处理器，在这种情况下，多处理器的互联和互联性能成为重要的考虑因素。

6. 系统开发难易程度

在不同的应用中，对开发简便性的要求是不一样的。对于样机的开发，一般要求系统工具能便于开发，因此选择 DSP 时需考虑的因素有软件开发工具（包括汇编、链接、仿真、调试、编译等）、硬件工具（开发板和仿真机）、高级工具和相应的技术支持。

1.3 DSP 厂商介绍

当今市场上 DSP 的主要供应商有 TI、Zilog、Freescale（飞思卡尔）和 ADI 等，其中 TI 所占据的市场最大。

TI 公司在 1982 年就推出了其第一代真正意义上的 DSP 芯片——TMS32010，这是 DSP 应用历史上的一个里程碑，使得 DSP 开始真正得到广泛的应用。其生产 TMS320 系列的DSP具有价格低廉、简单易用、功能强大的特点，逐渐成为目前世界上最具有影响力，也是最成功的DSP系列处理器，同时也使TI公司成为世界上最知名的DSP芯片生产厂商。

ADI公司在DSP芯片的市场还是占据一定份额的，它推出了一些具有自己特色的DSP芯片。但是，其市场推广、技术支持等方面有所欠缺，使得其市场占有率并不是很高。

Freescale公司推出DSP芯片的时间比较晚。在1986年其推出了定点DSP芯片MC56001；1990年，推出了与IEEE浮点格式兼容的浮点DSP芯片MC96002；目前还有DSP53611等产品。

1.3.1 TI公司各个系列DSP的特点

目前，TI公司推行的DSP包括以下五类，如表1-2所示。

表1-2 TI公司推行的各系列DSP的特点

芯片系列	应用领域	代表芯片
TMS320C2000	数字控制、运动控制	TMS320F2407、TMS320F2812
TMS320C5000	低功耗、手持设备，无线终端	TMS320C5402、TMS320C5416
TMS320C6000	高性能、多功能、复杂领域	TMS320C6416、TMS320C6713
Piccolo平台	低端应用，价格和MCU竞争	TMS320F2803x、TMS320F2802x
OMPA平台	高端视频处理	DM642、DM6437

1.3.2 TI DSP型号的含义

由前面的介绍可知，TI公司推出的DSP型号多种多样，那么其代表的意义是什么呢？下面就具体介绍一下。图1-1所示为TI DSP具体型号的含义。

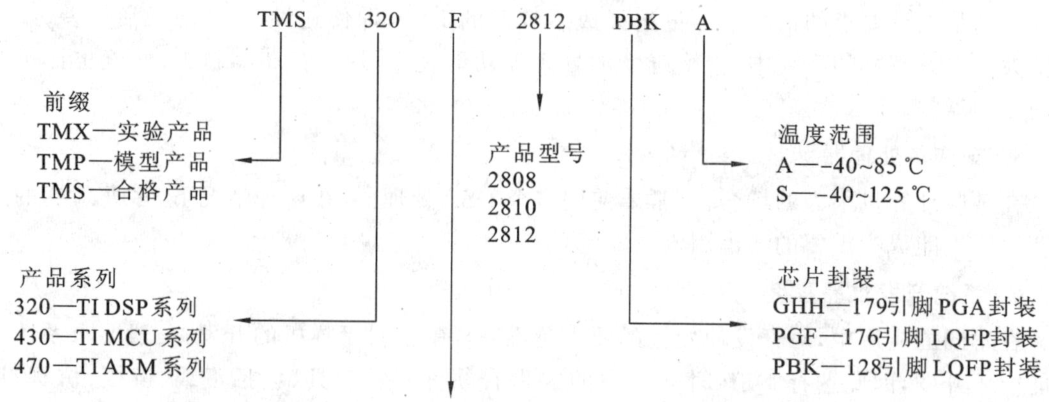

图1-1 TI DSP具体型号的含义

TI公司生产的DSP型号的前缀包含TMS、TMP、TMX，其中TMX为实验产品，TMP为模型产品，TMS为合格产品；产品系列包含320、430、470，其中320为TI DSP系列，430为TI MCU系列，470为TI ARM系列；技术参数包含F和C，F为Flash EEROM，C为ROM；芯片的封装有GHH、PGF、PBK，GHH为179引脚PGA封装，PGF为176引脚

LQFP 封装，PBK 为 128 引脚 LQFP 封装；温度范围有 A 和 S 两种，A 表示－40～85 ℃，S 表示－40～125 ℃。

1.4 DSP 系统开发

在 DSP 系统开发过程中，除了要了解基本的系统需求、系统设计的基本结构和算法外，能够熟练使用开发工具和开发环境也是非常重要的。DSP 的开发离不开软件工具和硬件工具，如图 1-2 所示，软件需要 TI 公司提供的 CCS 软件，硬件则需要仿真器和目标板。其中 TI 公司及其第三方为 DSP 系统的集成和开发提供了多种开发工具，TI 公司的 DSP 开发环境和开发工具主要包括以下几点。

- 系统的集成和调试工具。
- 代码生成工具。
- 简易操作系统（DSP/BIOS）。

TI 公司 DSP 开发环境和开发工具的说明如表 1-3 所示。

TI公司
Code Composer
Studio

仿真器
Emulator

目标板
Target Board

软件

硬件

图 1-2　DSP 开发所需工具

表 1-3　TI 公司 DSP 开发环境和开发工具的说明

开发工具和开发环境	说　明
系统的集成和调试工具	主要包括软件仿真器、DSK 开发套件、评估板、硬件仿真器、集成开发环境
代码生成工具	代码生成工具奠定了 CCS 所提供的开发环境的基础
简易操作系统（DSP/BIOS）	DSP/BIOS 是一个简易的嵌入式操作系统，能够大大地方便用户开发多任务的应用程序，使用 DSP/BIOS 还可以提高对代码执行效率的监控

1.5 CCS 的版本

当前，TI 公司发布的 CCS 软件版本中常用的有 CCS 2.2、CCS 3.1、CCS 3.3 及 CCS 5.2 等。CCS 2.2 是一个分立版本的开发环境，其对每个系列的 DSP 都有相应的 CCS 软件，例如 CCS 2.2forC2000 是针对 TI C2000 系列的 DSP，CCS 2.2forC5000 是针对 TI C5000 系列的 DSP，所以需要开发哪个系列的 DSP，就需要安装哪一款的 CCS 2.2。CCS 3.1、CCS 3.2、CCS 5.2 是集成版本的开发环境，包含了几乎所有 TI 公司的 DSP 型号，所以，不管开发哪一款的 DSP，只需要安装一个 CCS 软件就可以了。CCS 5.2 是最新的版本，其速度更快，体积更小，因此选用该版本的软件开发环境进行详解。

1.5.1 CCS 5.2 的安装

下面将详细介绍 CCS 5.2 的安装过程。

(1) 找到 CCS 5.2 的压缩包，将其解压到当前文件夹，如图 1-3 所示。

(2) 双击“ccs_setup_5.2.0.00069.exe”应用程序开始安装，如图 1-4 所示。

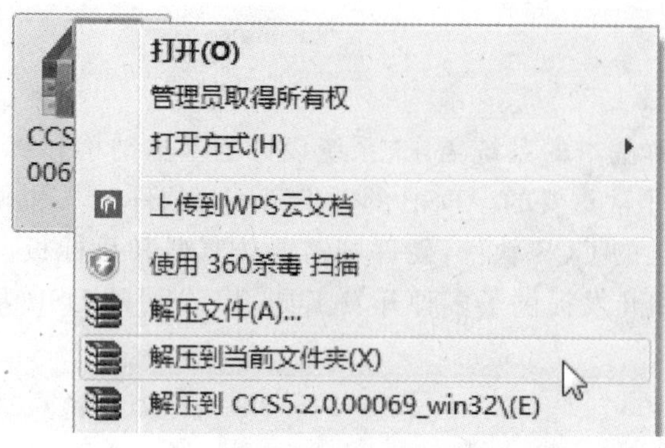

图 1-3　CCS 5.2 安装步骤(1)

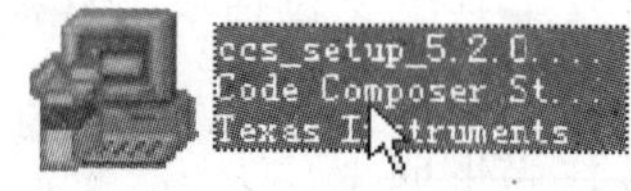

图 1-4　CCS 5.2 安装步骤(2)

(3) 完成步骤(2)后，弹出图 1-5 所示的对话框，选择“I accept the terms of the license agreement.”选项，单击“Next”按钮。

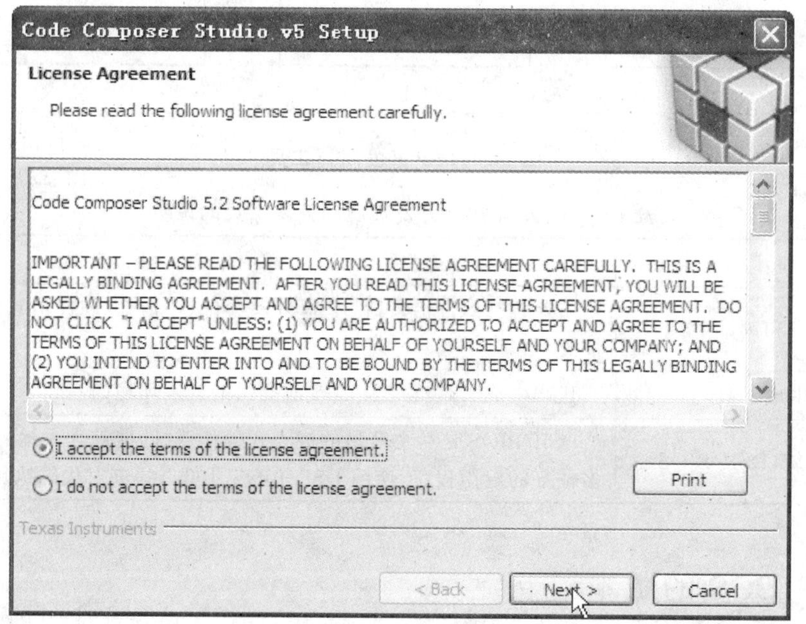

图 1-5　CCS 5.2 安装步骤(3)

(4) 完成步骤(3)后，弹出图 1-6 所示的对话框，单击“Browse…”按钮，选择安装路径，然后单击“Next”按钮。

(5) 完成步骤(4)后，弹出图 1-7 所示的对话框，选择“Custom”选项，然后单击“Next”按钮。

(6) 完成步骤(5)后弹出图 1-8 所示的对话框，选择“Select All”选项，然后单击“Next”按钮。

(7) 完成步骤(6)后，弹出图 1-9 所示的对话框，这里采用默认选项，不需要操作，直接单击“Next”按钮。

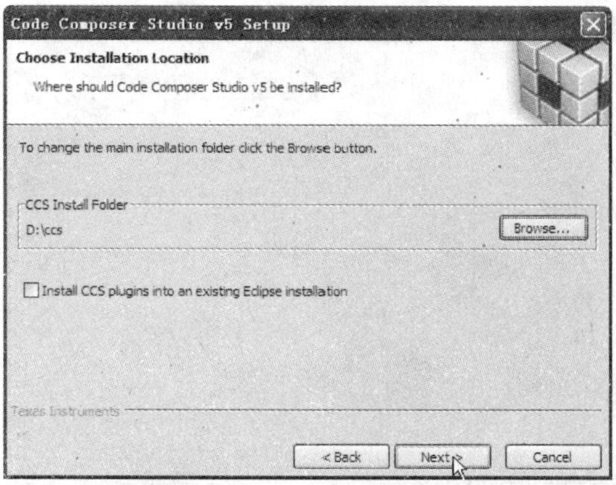

图 1-6　CCS 5.2 安装步骤(4)

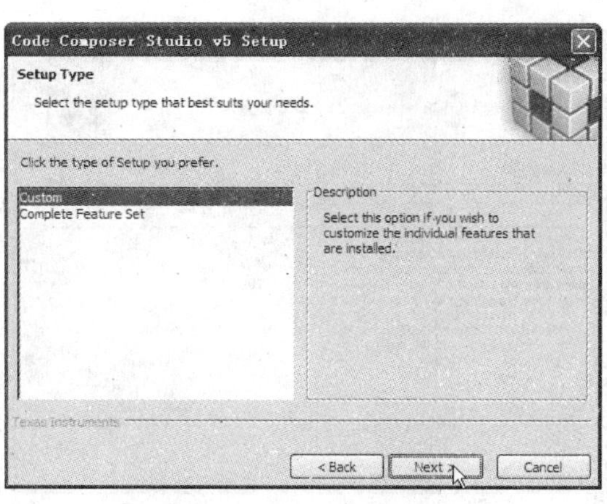

图 1-7　CCS 5.2 安装步骤(5)

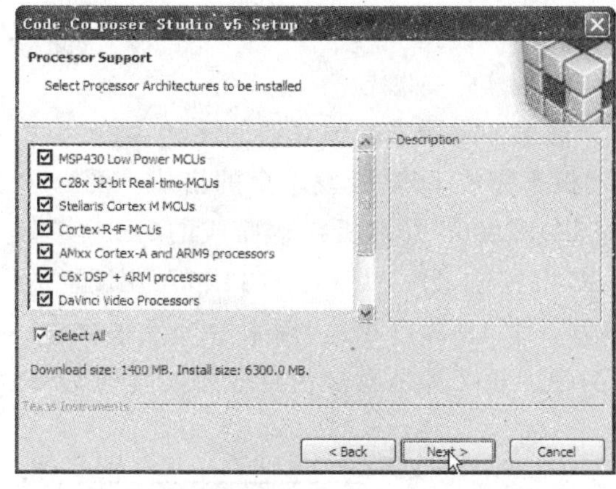

图 1-8　CCS 5.2 安装步骤(6)

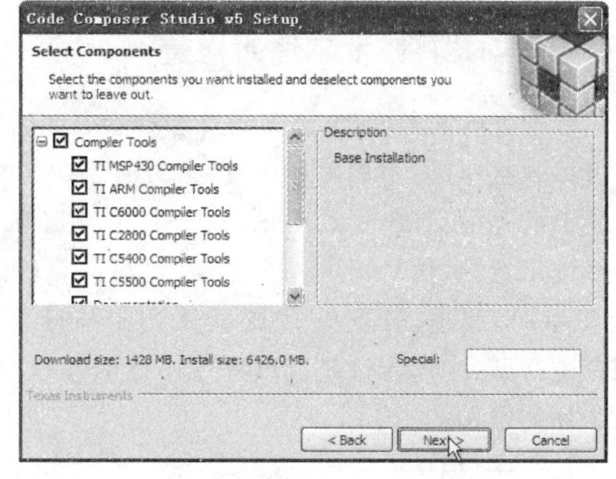

图 1-9　CCS 5.2 安装步骤(7)

(8) 完成步骤(7)后,弹出图 1-10 所示的对话框,这里也采用默认选项,不需要操作,直接单击“Next”按钮。

(9) 完成步骤(8)后弹出图 1-11 所示的对话框,单击“Next”按钮。

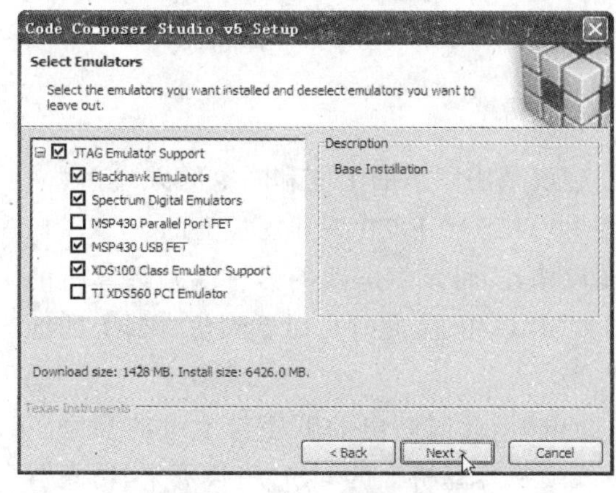

图 1-10　CCS 5.2 安装步骤(8)

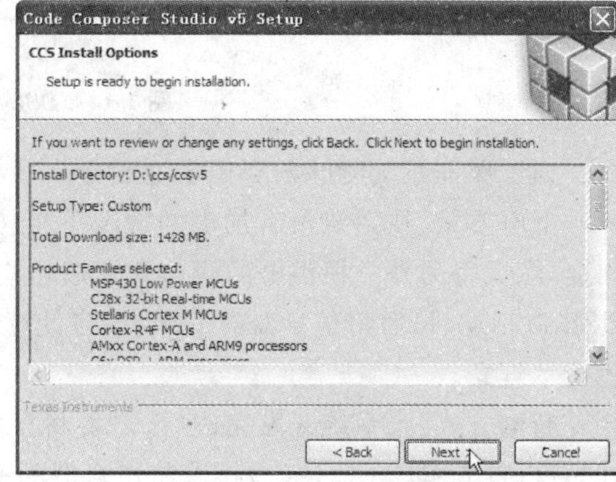

图 1-11　CCS 5.2 安装步骤(9)

(10) 完成步骤(9)后弹出图 1-12 所示的安装画面,此时等待安装的完成。

(11) 完成步骤(10)后弹出图 1-13 所示的对话框,单击“Finish”按钮,CCS 5.2 安装完成。

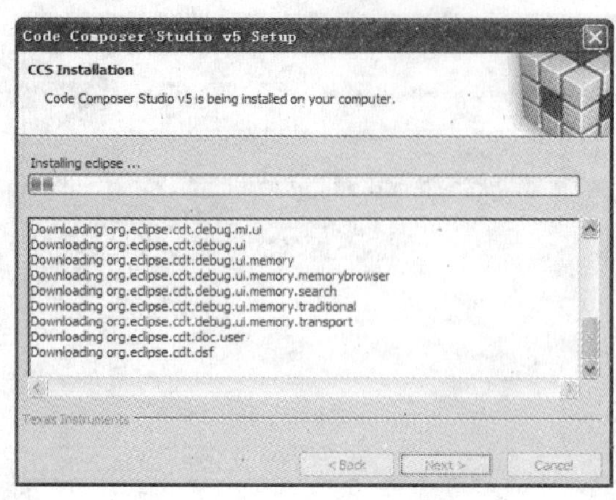

图 1-12　CCS 5.2 安装步骤(10)

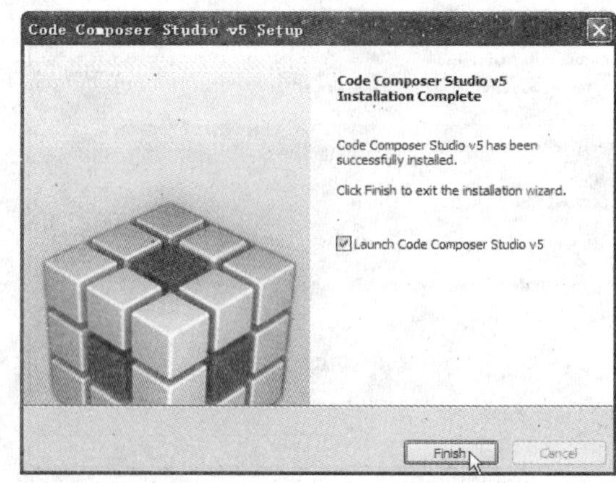

图 1-13　CCS 5.2 安装步骤(11)

1.5.2　DSP 开发系统的搭建

通过前面的操作，已经完成了 CCS 5.2 的安装。这里不需要安装仿真器的驱动，CCS 5.2 可以直接驱动，下面将使用 TMS320F28035 的开发板来完成 DSP 开发平台的搭建。图1-14 所示的是由 CCS 5.2、XDS100USB 仿真器和 TMS320F28035 开发板搭建而成的 DSP 实验系统示意图，仿真器的一头 USB 口与计算机的 USB 口相连，另一头 JTAG 口和开发板上的 JTAG 口相连，开发板上 J2 接头用于与计算机的另一个 USB 口相连，用来给开发板供电。在进行开发时，无论是调试程序还是下载程序代码，CCS 5.2 都是通过仿真器来实现对 DSP 芯片的操作的。

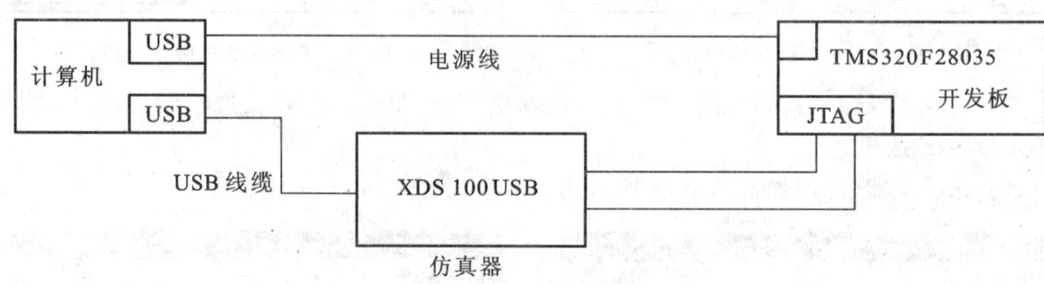

图 1-14　DSP 开发系统的搭建

为了保证系统能够顺利稳定地运行，一般我们建议采用以下的上电和断电的方式。

上电方式：在系统没有加电的情况下将仿真器和 TMS320F28035 开发板上的 JTAG 口相连，然后将另外一根供电的线与开发板相应的端口相连，将该供电线的另一端与计算机的 USB 口相连，最后将仿真器的 USB 口与计算机的 USB 口相连，此时可以看到仿真器上的红色指示灯亮。

断电方式：当系统开发完成后，需要将开发板断电时，此时断电的顺序与上电的顺序正好相反，首先关闭 CCS 5.2，接着将仿真器的 USB 线缆从计算机上的 USB 口拔下来，仿真器上的红色灯灭，再将给开发板供电的电源线断开，最后将仿真器的 JTAG 口和开发板的 JTAG 口断开。

本章小结

本章主要讲解了 DSP 的基础知识，包括 DSP 的发展历史、DSP 的特点、设计开发时选择 DSP 所需要考虑的因素、目前比较知名的 DSP 生产厂商，同时详细介绍了 CCS 5.2 的安装过程和 DSP 系统开发平台的搭建，让读者对 DSP 有了初步的了解。下面的章节将开始对 TMS320F28035 芯片的具体内容进行介绍和学习。

本章习题

1. 简单叙述 DSP 发展所经历的阶段。
2. DSP 内部由哪几部分构成，其核心是什么？
3. 与其他处理器相比，DSP 具有哪些特点？
4. 进行系统设计时，选择 DSP 的型号应考虑哪些方面的因素？
5. 简单叙述 TI 公司的 C2000、C5000、C6000 三大系列的应用领域。

第2章 TMS320F28035的结构和性能

在第1章中我们曾经介绍过TI公司推行的面向不同领域的DSP芯片，其中在面向低端应用、价格上与MCU竞争的Piccolo平台系列的芯片中，代表芯片是TMS320F2803x和TMS320F2802x。TMS320F2802x/3x Piccolo系列DSP微控制器是TI公司最新的一款基于TMS320C28X™内核的定点处理器。它通过整合DSP和MCU功能，弥补了传统意义上的DSP和MCU的不足，通过把DSP和MCU的优势互补，实现了计算与控制的完美结合。新型的TMS320F2802x/3x Piccolo系列DSP微控制器采用最新的架构技术和增强型的外设，使其封装尺寸最少为38个引脚，能够在低成本的应用中带来实时控制功能的优势，该类芯片支持单电源供电，具有上电复位和掉电复位的功能。目前Piccolo主要包括两个版本的系列，即TMS320F2802x系列和TMS320F2803x系列。本章将讲解TMS320F2803x系列中的TMS320F28035芯片的结构及其性能。

 2.1 TMS320F28035的片内资源

TMS320F2803x系列是基于Piccolo微控制器平台的。它拥有与现有的C28x微处理器一样的32位定点架构，是一个高效的C/C++引擎。它支持用高级语言对它们的控制系统进行开发，同时也能够使用C/C++编写算数算法。该器件能够处理算术任务和系统控制任务，系统控制任务一般由微控制器器件处理。它的高效性使得在很多系统中不用增添第二个处理器。它拥有64位的处理能力，这使得它能够有效地处理更高的数字分辨率的问题。在该器件中还添加了带有关键寄存器自动环境保存的快速中断响应，这使得它能够用最低的延时来处理更多的异步事件。同时，它还拥有一个具有流水线式的存储器，这种流水线式的操作能够让器件高速运行，因此在许多项目中可以减少购买高速存储器的成本。采用特别分支超前的硬件结构，使得它可以减少条件不连续带来的延迟。它的特殊存储条件操作能够进一步提高内核的性能。本书将以TMS320F28035作为主要介绍对象，表2-1给出了TMS320F28035的硬件特性。

表2-1 TMS320F28035的硬件特性

功　能	28035(60 MHz)		
封装类型	80引脚 PN LQFP	64引脚 PAG TQFP	56引脚 RSH VQFN
指令周期	16.67 ns		
控制律加速器	支持		
片载闪存(16位字)	64 K		
片载SARAM(16位字)	10 K		
片载闪存/SARAM/OTR块的代码安全	支持		

续表

<table>
<tr><td colspan="2">引导 ROM(8 K×16)</td><td colspan="3">支持</td></tr>
<tr><td colspan="2">一次性可编程(OTP)ROM(16 位字)</td><td colspan="3">1 K</td></tr>
<tr><td colspan="2">ePWM 输出</td><td>14</td><td>12</td><td>8</td></tr>
<tr><td colspan="2">eCAP 输入</td><td colspan="3">1</td></tr>
<tr><td colspan="2">eQEP 模块</td><td colspan="3">1</td></tr>
<tr><td colspan="2">安全装置定时器</td><td colspan="3">支持</td></tr>
<tr><td rowspan="5">12 位 ADC</td><td>每秒百万次采样(MSPS)</td><td colspan="3">4.6</td></tr>
<tr><td>转换时间</td><td colspan="3">216.67 ns</td></tr>
<tr><td>通道</td><td>16</td><td>14</td><td>13</td></tr>
<tr><td>温度传感器</td><td colspan="3">支持</td></tr>
<tr><td>双采样保持</td><td colspan="3">支持</td></tr>
<tr><td colspan="2">32 位 CPU 定时器</td><td colspan="3">3</td></tr>
<tr><td colspan="2">高分辨率 ePWM 通道</td><td>7</td><td>6</td><td>4</td></tr>
<tr><td colspan="2">高分辨率捕获(HRCAP)模块</td><td>2</td><td>2</td><td>—</td></tr>
<tr><td colspan="2">带有集成数模转换器(DAC)的比较器</td><td colspan="3">3</td></tr>
<tr><td colspan="2">内部集成电路(I2C)</td><td colspan="3">1</td></tr>
<tr><td colspan="2">增强型控制器局域网络(eCAN)</td><td colspan="3">1</td></tr>
<tr><td colspan="2">本地互连网络(LIN)</td><td colspan="3">1</td></tr>
<tr><td colspan="2">串行外设接口(SPI)</td><td>2</td><td>1</td><td>1</td></tr>
<tr><td colspan="2">串行通信接口(SCI)</td><td colspan="3">1</td></tr>
<tr><td rowspan="2">I/O 引脚(共用)</td><td>GPIO</td><td>45</td><td>33</td><td>26</td></tr>
<tr><td>AIO</td><td colspan="3">6</td></tr>
<tr><td colspan="2">外部中断</td><td colspan="3">3</td></tr>
<tr><td colspan="2">电源电压(标称值)</td><td colspan="3">3.3 V</td></tr>
<tr><td rowspan="3">温度选项</td><td>T:−40 ℃至 105 ℃</td><td colspan="3">支持</td></tr>
<tr><td>T:−40 ℃至 125 ℃</td><td colspan="3">支持</td></tr>
<tr><td>T:−40 ℃至 125 ℃[1]</td><td>支持</td><td colspan="2">不支持</td></tr>
<tr><td colspan="2">产品状态[2]</td><td>TMS</td><td>TMS</td><td>TMX</td></tr>
</table>

2.1.1　TMS320F28035 的性能

表 2-1 给出了 TMS320F28035 的硬件特性，下面将详细介绍 TMS320F2803x 系列的主要性能。

(1) 高效率的 32 位 CPU：

- 具有 60 MHz 的主频器件；
- 单周期执行 1 次 32×32 位或 2 次 16×16 位 MAC；

■ 采用了改进型的哈佛总线结构；

■ 快速的中断响应与处理；

■ 高效率的C/C++代码；

■ 统一的存储设计模式。

(2) 时钟与定时器：

■ 2个内部集成振荡器，精度高达1%；

■ 支持动态PLL调节，进一步的降低功耗；

■ 3个32位CPU定时器。

(3) 外围所需器件较少，将系统成本降到最低：

■ 内置1.8 V电压调整器，实现3.3 V单电源供电；

■ 内部集成上电复位和断电复位。

(4) 外设中断扩展模块支持所有的外设中断。

(5) 丰富的片内存储器。

(6) 先进的仿真特性：

■ 分析和断点功能；

■ 硬件实时调试功能。

(7) 具有22个GPIO(数字)和6个AIO(模拟)：

■ GPIO带输入滤波功能；

■ 支持5种I/O口操作，分别为读、写、置位、清零、反转。

(8) 增强型控制外设：

■ 增强型脉宽调制器，精度高达150 ps；

■ 高精度PWM；

■ 增强型捕获功能。

(9) 模拟功能：

■ 2个模拟比较器；

■ 2组多通道12位高速ADC，支持内部和外部基准源。

(10) 12位分辨率的ADC可由独立的通道触发。150 ps精度的PWM可用于频率、占空比和相位的控制。

2.1.2 TMS320F28035的片内外设

TMS320F2803x的功能框图如图2-1所示，图中可以看出TMS320F2803x片内含有丰富的外设资源，已经可以满足工业控制的需要，低成本、高性价比使得该系列芯片得到了广泛的应用。

下面将详细介绍各个外设单元。

■ 控制律加速器(CLA)：通过添加并行处理来扩展C28xCPU的功能。CLA处理的时间关键控制环路可实现低ADC采样输出延迟，CLA支持更快速的系统响应和更高频率的控制环路。其可将CPU解放出来，用于其他系统和通信功能。

■ 模拟时钟：一个被执行的12位ADC内核具有基于F280x/F2833x的12位ADC不同的定时。

■ 串行外设接口模块(SPI)：SPI是一个高速、同步串行I/O端口，此端口可在设定的位传输速率上将一个设定长度的串行比特流移入和移出器件；用于MCU和外部外设或者其

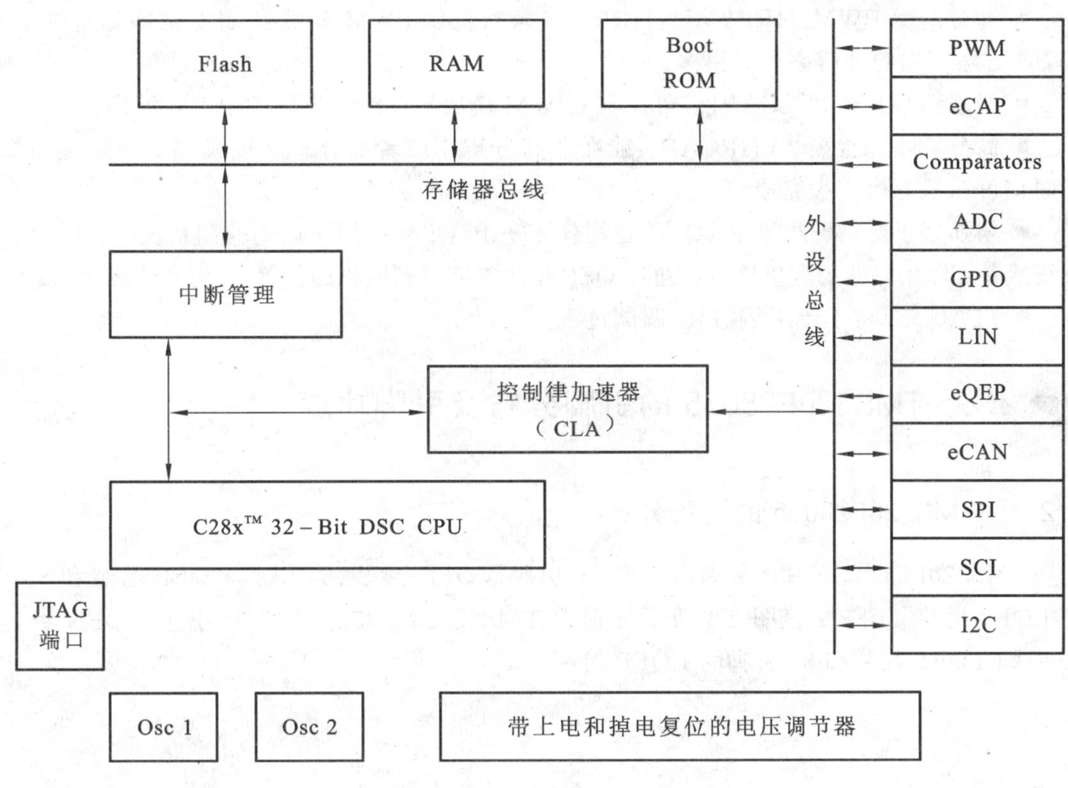

图 2-1　TMS320F2803x 的功能框图

他处理器之间的通信。

■ 串行通信接口模块(SCI):SCI 模块支持 CPU 和其他同步外设之间使用 NRZ 格式进行数字通信。SCI 的接收和发射器是双缓冲的,具有独立的使能和中断位,既可以单独工作,又可以在全双工模式下工作。在校验检查方面,它具有中断、奇偶校验、组帧错误和超载等检验方法。

■ 本地互连网路(LIN):LIN 是基于 SCI 和 UART 串行数据连接格式,它可以被配置成一个 SCI 运行。

■ 增强型控制器局域网路模块(eCAN,也写作 ECAN):与 CAN2.0B 版本完全兼容,最高可达到 1 Mbps 的数据速率,具有低功耗、自测模式。活动在总线上的可编辑唤醒,对于远程请求消息可自动答复,同时在丢失仲裁或者错误情况下的帧自动重传。它拥有 32 个邮箱,邮箱 6 和特定消息同步的 32 位本地网络时间计数器协同通信。

每个邮箱具有以下属性:①可配置为接收或者发送; ②可用标准或扩展标识符进行配置;③有一个可编程接收屏蔽;④支持数据和远程帧;⑤由 0～8 个字节组成;⑥在接收和发送消息上使用一个 32 位时间戳;⑦防止接收新消息;⑧保持发送消息的动态可编辑优先级;⑨具有两个中断级别的可编辑中断机制;⑩在发送或接收超时时采用一个可编辑报警。

■ 内部集成电路(I2C)。

I2C 具有以下特性:①符合飞利浦半导体 I2C 总线规格;②一个 4 字接收和发送 FIFO;③可以由 CPU 使用的一个中断;④在 FIFO 模式下,CPU 可以使用附加的中断;⑤模块启用/禁用能力;⑥自由数据格式模式。

■ 增强型 PWM 模块(ePWM,也写作 EPWM):有 7 个增强型 PWM 模块,可以根据自己的需求产生 PWM 或者 SPWM 波。

■ 高分辨率 PWM(HRPWM)：HRPWM 模块提供 PWM 分辨率，此分辨率比传统数字 PWM 方法导出的分辨率要好得多。

■ 增强型捕捉模块(eCAP1)：可以与 ePWM 模块配置产生想要的 PWM 波形。

■ 高分辨率捕捉模块(HRCAP)：能在非高分辨率或者高分辨率模式中实现脉宽捕捉，同时也可在差分模式中完成。

■ 增强型正交编码器脉冲(eQEP，也写作 EQEP)：主要应用于运动控制系统中，它提供了直线或者旋转编码器的直接接口。通过 QEP 模块能够得到电机的位置、方向和速度等信息。

■ JTAG 端口：主要用于仿真/调试过程。

2.2 TMS320F28035 的引脚分布及引脚功能

2.2.1 TMS320F28035 的引脚分布

TMS320F28035 芯片的封装方式有 56 引脚 VQFN 封装、64 引脚 TQFP 封装和 80 引脚 LQFP 封装。图 2-2 至图 2-4 所示分别为 TMS320F28035 芯片的 56 引脚 VQFN 封装、64 引脚 TQFP 封装和 80 引脚的 LQFP 封装。

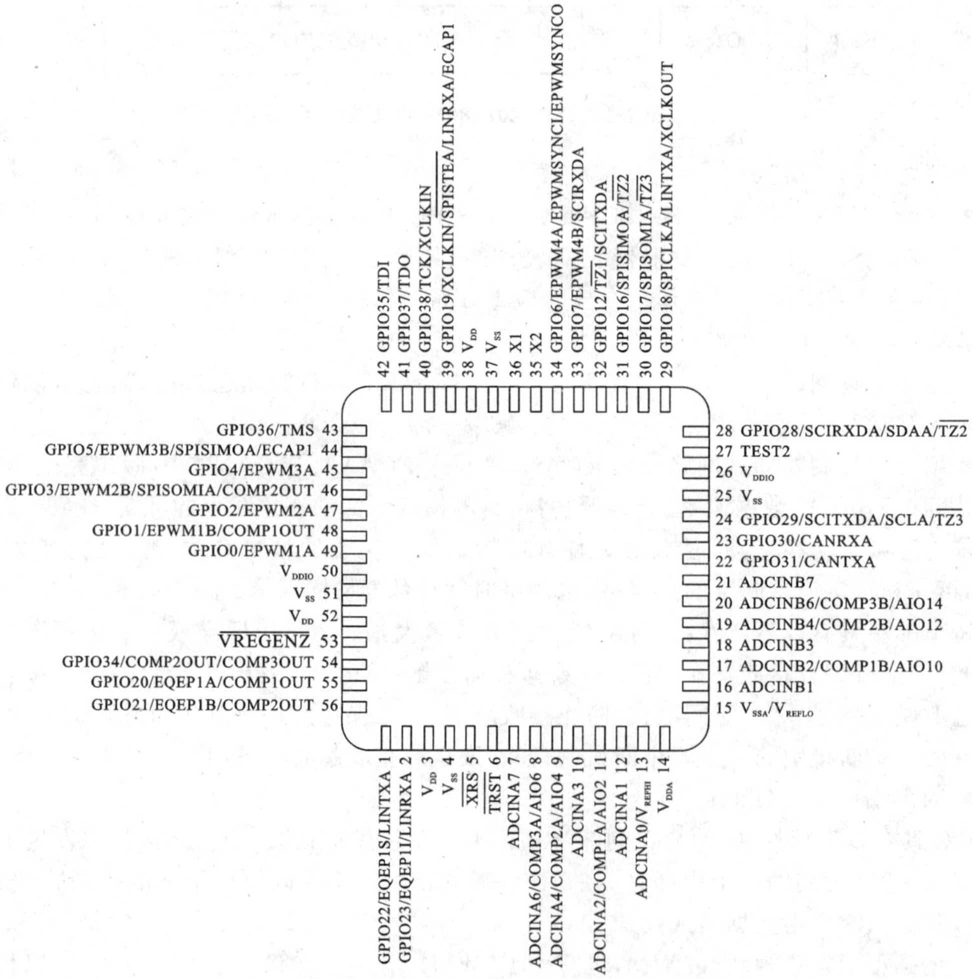

图 2-2 TMS320F28035 芯片 56 引脚 VQFN 封装顶视图

注：① 引脚 13——V_{REFHI}和 ADCINA0 共用 56 引脚的 RSH 器件上的同一引脚，并且不能同时使用。
② 引脚 15——V_{REFLO}被一直连接至 56 引脚 RSH 器件上的 V_{SSA}。

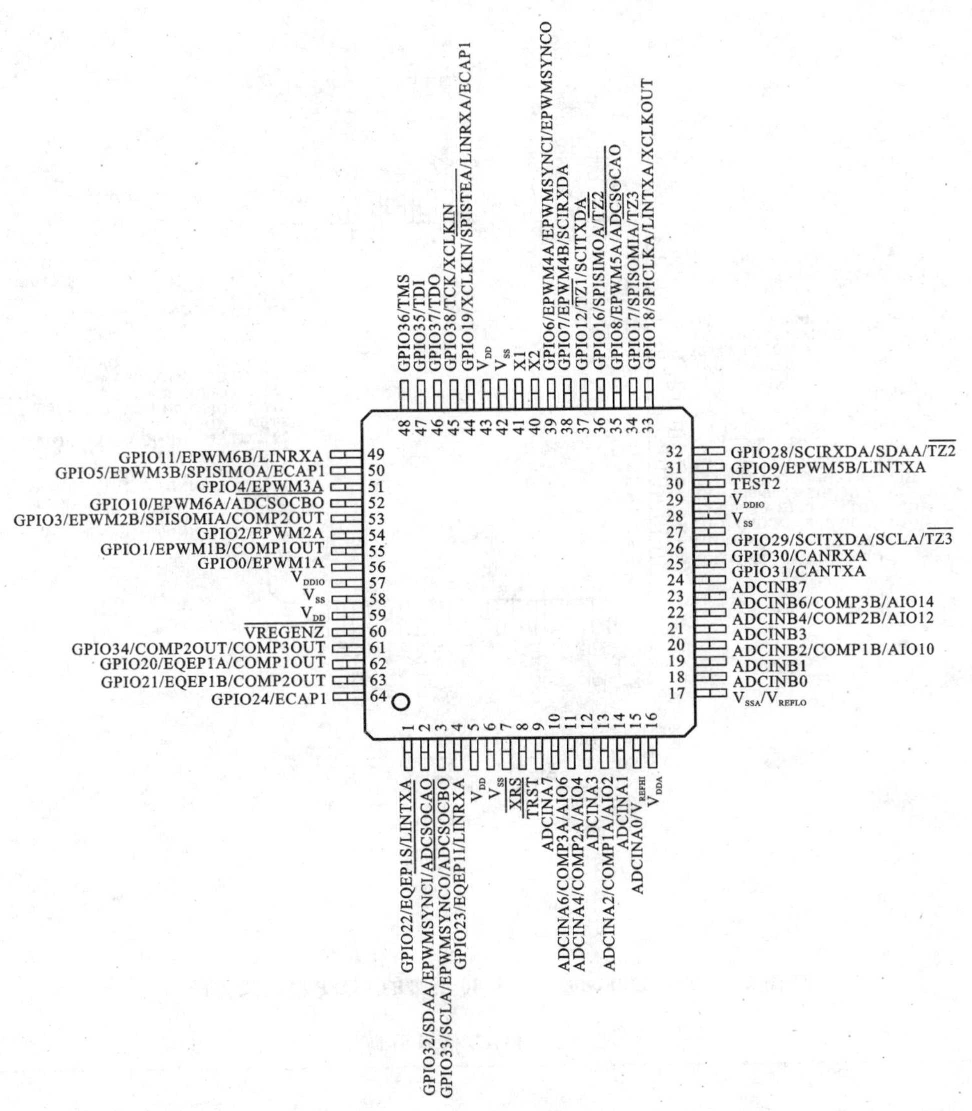

图 2-3　TMS320F28035 芯片 64 引脚 TQFP 封装顶视图

注：① 引脚 15——V_{REFHI}和 ADCINA0 共用 64 引脚的 PAG 器件上的同一引脚，并且不能同时使用。
② 引脚 17——V_{REFLO}被一直连接至 64 引脚 PAG 器件上的 V_{SSA}。

2.2.2　TMS320F28035 的引脚功能

TMS320F28035 所有引脚的输入电平与 TTL 电平兼容，输出电平为 3.3 V，因此加在 I/O 口上的电压最好不超过 3.3 V，最大不超过 5 V，否则会烧毁芯片。

TMS320F28035 的引脚功能如表 2-2 至表 2-8 所示。

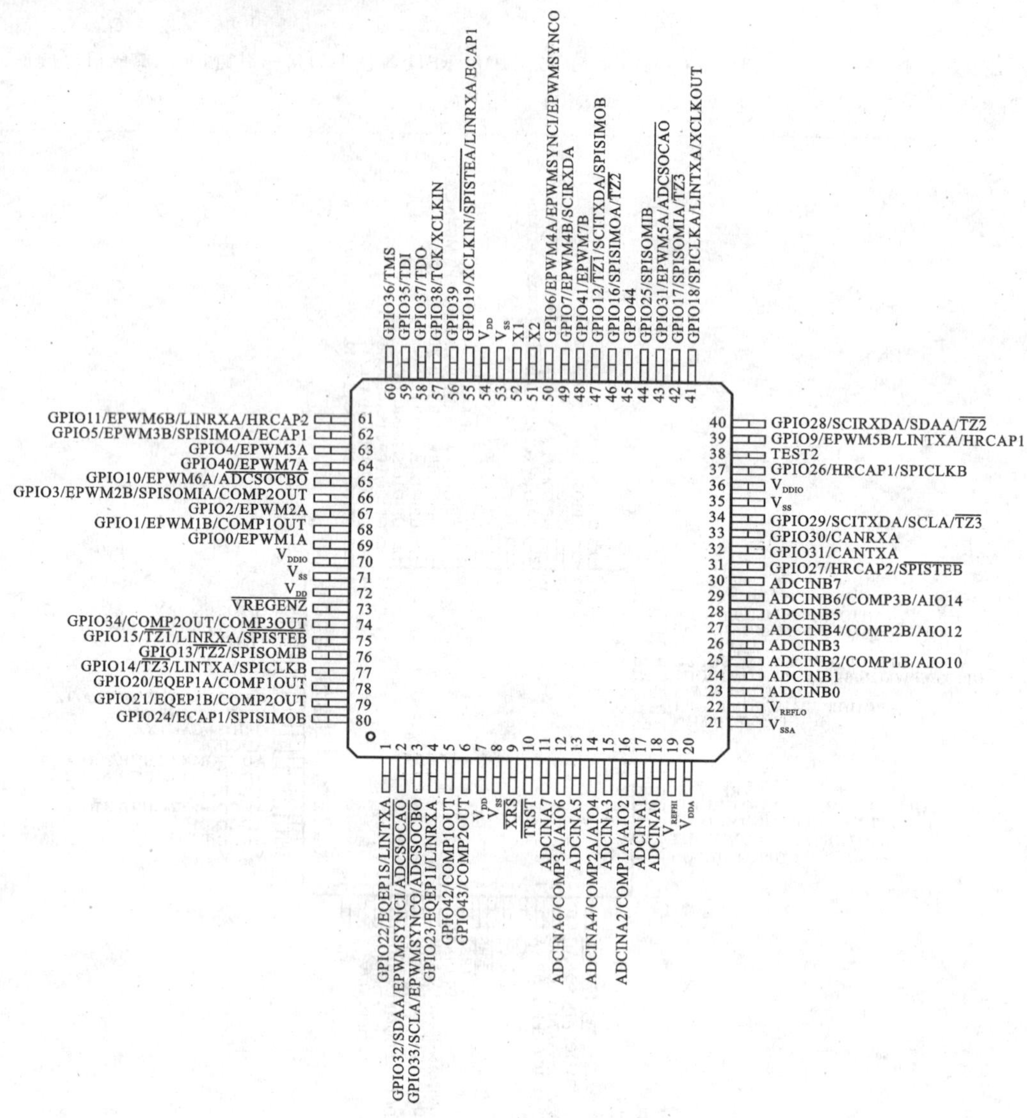

图 2-4　TMS320F28035 芯片 80 引脚的 LQFP 封装顶视图

表 2-2　JTAG 信号引脚

端　子				I/O/Z	说　明
名称	PN 引脚＃	PAG 引脚＃	RSH 引脚＃		
					JTAG
$\overline{\text{TRST}}$	10	8	6	I	使用内部下拉电阻器进行 JTAG 测试复位。当被驱动为高电平时，$\overline{\text{TRST}}$（$\overline{\text{TRST}}$是一个高电平有效测试引脚）使扫描系统获得器件运行的控制权。如果这个信号被忽略，在这个引脚上需要一个外部下拉电阻器。这个电阻器的值应该基于适用于这个设计的调试器推进源代码的驱动强度。一个 2.2 kΩ 电阻器一般提供足够的保护。由于这是应用专用的，建议针对调试器和应用的适当运行对每个目标板进行验证。(↓)

端子				I/O/Z	说明
名称	PN 引脚#	PAG 引脚#	RSH 引脚#		
TCK				I	带有内部上拉电阻器的 JTAG 测试时钟。(↑)
TMS				I	带有内部上拉电阻器的 JTAG 测试模式选择(TMS)。这个串行控制输入在 TCK 上升沿上的 TAP 控制器中计时。(↑)
TDI				I	带有内部上拉电阻器的 JTAG 测试数据输入(TDI)。TDI 在 TCK 的上升沿上所选择的寄存器(指令或者数据)内计时。(↑)
TDO				O/Z	JTAG 扫描输出,测试数据输出(TDO),所选寄存器(指令或者数据)的内容被从 TCK 下降沿上的 TDO 移出。(8 mA驱动)
					内存
TEST2	38	30	27	I/O	测试引脚,为 TI 预留,必须被保持为未连接

表 2-2 中,I=输入,O=输出,Z=高阻抗,↑=上拉,↓=下拉。

表 2-3 时钟信号引脚

端子				I/O/Z	说明
名称	PN 引脚#	PAG 引脚#	RSH 引脚#		
					时钟
XCLK-OUT			—	O/Z	取自 SYSCLKOUT 的输出时钟。XCLKOUT 或者与 SYSCLKOUT 的频率一样,或者为其一半,或为其四分之一,这由 XCLK 寄存器内的引脚 1:0(XCLKOUTDIV)控制。复位时,XCLKOUT = SYSCLKOUT/4。通过将 XCLKOUTDIV 设定为 3,XCLKOUT 信号可被关闭。为了使这个信号传播到此引脚,GPIO18 的复用控制必须被设定至 XCLKOUT
XCLKIN				I	外部振荡器输入。针对时钟的引脚源由 XCLK 寄存器内的 XCLKINSEL 位控制。GPIO38 为缺省选择。这个引脚馈通一个来自外部 3.3 V 振荡器时钟。在这种情况下,X1 引脚如果可用的话,必须被接至 GND,而且谐振器必须通过 CLKCTL 寄存器内的位 13 将 XCLKIN 路径禁用。 注释:使用 GPIO38/TCK/XCLKIN 引脚(为用于正常器件运行的一个外部时钟供电的引脚)也许需要组装一些钩子以在使用 JTAG 连接器进行调试期间禁用这个路径,这是为了防止 TCK 信号竞争。在 JTAG 调试会话期间,此信号被激活。在此次为器件计时期间,零引脚内部振荡器也可被使用

续表

端子				I/O/Z	说明
名称	PN 引脚＃	PAG 引脚＃	RSH 引脚＃		
X1	52	42	36	I	片载晶体振荡器输入。为了使用这个振荡器，一个石英晶振或者一个陶瓷电容器必须被连接在 X1 和 X2。在这种情况下，XCLKIN 路径必须被 CLKCTL 寄存器内的位 13 禁用。如果这个引脚未使用，它必须被连接至 GND。(I)
X2	51	40	35	O	片载晶体振荡器输出。一个石英晶振或者一个陶瓷电容器必须被连接在 X1 和 X2。如果 X2 未使用，它必须保持未连接状态。(O)

表 2-4　复位信号引脚

复位					
$\overline{\text{XRS}}$	9	7	5	I/O	器件复位(输入)和安全装置复位(输出)。Piccolo 器件有一个内置加电复位(POR)和欠压复位(BOR)电路。这样，无须外部电路就可生成一个复位脉冲，在加电或者欠压情况下，这个引脚由器件驱动为低电平(POR/BOR 块的阀值)。 当一个安全装置复位发生时，这个引脚也由 MCU 驱动为低电平，安全装置复位期间，在 512 个 OSCCLK 周期的安全装置复位持续时间内，$\overline{\text{XRS}}$引脚被驱动为低电平，如果需要的话，一个外部电路也可以驱动这个引脚使一个器件复位生效。在这种情况下，建议由一个开漏器件驱动这个器件。由于抗扰度的原因，一个 R-C 电路必须被连接至这个引脚，不论源是什么，一个器件复位会引起器件终止执行。程序计算器指向包含在这个位置 03xFFC0 的地址。当复位被置成无效时，在程序计算器指定的位置开始执行。这个引擎的输出缓冲器是一个有内部上拉电阻的开漏。(VOD)

表 2-5　ADC、比较器和模拟 I/O 信号引脚

端子				I/O/Z	说明
名称	PN 引脚＃	PAG 引脚＃	RSH 引脚＃		
ADCINA7	11	9	7	I	ADC 组 A，通道 7 输入
ADCINA7 COMP3A AIO6	12	10	8	I I I/O	ADC 组 A，通道 6 输入。 比较器输入 3A。 数字 AIO 6
ADCINA5	13	—	—	I	ADC 组 A，通道 5 输入
ADCINA5 COMP2A AIO4	14	11	9	I I I/O	ADC 组 A，通道 4 输入。 比较器输入 2A。 数字 AIO 4

端子				I/O/Z	说明
名称	PN 引脚#	PAG 引脚#	RSH 引脚#		
ADCINA3	15	12	10	I	ADC 组 A,通道 3 输入
ADCINA2 COMP1A AIO2	16	13	11	I I I/O	ADC 组 A,通道 2 输入。 比较器输入 1A。 数字 AIO 2
ADCINA1	17	14	12	I	ADC 组 A,通道 1 输入
ADCINA0	19	15	13	I	ADC 组 A,通道 0 输入。 请注意:V_{REFHI} 和 ADCINA0 在 64 引脚 PAG 器件上共用同一个引脚并且它们不能同时使用。 请注意:V_{REFHI} 和 ADCINA0 在 56 引脚 RSH 器件上共用同一个引脚并且它们不能同时使用
V_{REFHI}	19	15	13	I	ADC 外部基准。只在 ADC 外部基准模式时才被使用。 请注意:V_{REFHI} 和 ADCINA0 在 64 引脚 PAG 器件上共用同一个引脚并且它们不能同时使用。 请注意:V_{REFHI} 和 ADCINA0 在 56 引脚 RSH 器件上共用同一个引脚并且它们不能同时使用
ADCINB7	30	24	21	I	ADC 组 B,通道 7 输入
ADCINB6 COMP38 AIO14	29	23	20	I I I/O	ADC 组 B,通道 6 输入。 比较器输入 3B。 数字 AIO 14
ADCINB5	28	—	—	I	ADC 组 B,通道 5 输入
ADCINB4 COMP2B AIO12	27	22	19	I I I/O	ADC 组 B,通道 4 输入。 比较器输入 2B。 数字 AIO 12
ADCINB3	26	21	18	I	ADC 组 B,通道 3 输入
ADCINB2 COMP1B AIO10	25	20	17	I I I/O	ADC 组 B,通道 2 输入。 比较器输入 1B。 数字 AIO 10
ADCINB1	24	19	16	I	ADC 组 B,通道 1 输入
ADCINB0	23	18	—	I	ADC 组 B,通道 0 输入
V_{REFLO}	22	17	15	I	请注意:V_{REFLO} 被一直连接至 64 引脚 PAG 器件和 56 引脚 RSH 器件上的 V_{SSA} 上

表 2-6　CPU 和 I/O 电源信号引脚

CPU 和 I/O 电源					
V_{DOA}	20	16	14		模拟电源引脚。在此引脚附近连接一个 2.2 μF 电容器(典型值)
V_{SSA}	21	17	15		模拟接地引脚。 请注意:V_{REFLO}被一直连接至 64 引脚 PAG 器件和 56 引脚 RSH 器件上的 V_{SSA}上
V_{DO}	7	5	3		CPU 和逻辑数字 V_{REFLO}电源引脚。当使用内部 VREG 时,无须电源。当使用内部 VREG 时,将 1.2 μF(最小值)陶瓷电容器(10%耐受)接地。可使用更高值的电容器,但是这会影响电源轨斜坡上升时间
V_{DO}	54	43	38		
V_{DO}	72	59	52		
V_{DOIO}	36	29	26		数字 I/O 和闪存电源引脚。当 VREG 被启用时,为单电源
V_{DOIO}	70	57	50		
V_{SS}	8	6	4		数字接地引脚
V_{SS}	35	28	25		
V_{SS}	53	42	37		
V_{SS}	71	58	51		

表 2-7　电压稳压器信号引脚

端　子				I/O/Z	说　明
名称	PN 引脚#	PAG 引脚#	RSH 引脚#		
电压稳压器控制信号					
$\overline{\text{VREGENZ}}$	73	60	53	I	内部 VREG 启用/禁用-拉至低电平启用 VREG。上拉至高电平禁用 VREG

表 2-8　GPIO 和外设信号引脚

端　子				I/O/Z	说　明
名称	PN 引脚#	PAG 引脚#	RSH 引脚#		
GPIO0 EPWM1A — —	69	56	49	I/O/Z O — —	通用输入/输出 0。 增强型 PWM1 输出 A 和高分辨率脉宽调制(HRPWM)。 — —
GPIO1 EPWM1B — COMP1OUT	68	55	48	I/O/Z O O	通用输入/输出 1。 增强型 PWM1 输出 B。 — 比较器 1 的直接输出
GPIO2 EPWM2A — —	67	54	47	I/O/Z O	通用输入/输出 2。 增强型 PWM2 输出 A 和 HRPWM 通道。 — —

续表

端子				I/O/Z	说明
名称	PN 引脚#	PAG 引脚#	RSH 引脚#		
GPIO3 EPWM2B SPISOMIA COMP2OUT	66	53	46	I/O/Z O I/O O	通用输入/输出 3。 增强型 PWM2 输出 B。 SPI-A 从器件输出，主器件输入。 比较器 2 的直接输出
GPIO4 EPWM3A — —	63	51	45	I/O/Z O	通用输入/输出 4。 增强型 PWM3 输出 A 和 HRPWM 通道。 — —
GPIO5 EPWM3B SPISIMOA ECAP1	62	50	44	I/O/Z O I/O I/O	通用输入/输出 5。 增强型 PWM3 输出 B。 SPI-A 从器件输入，主器件输出。 增强型捕捉输入/输出 1
GPIO6 EPWM4A EPWMSYNCI EPWMSYNCO	50	39	34	I/O/Z O I O	通用输入/输出 6。 增强型 PWM4 输出 A 和 HRPWM 通道。 外部 ePWM 同步脉冲输入。 外部 ePWM 同步脉冲输出
GPIO7 EPWM4B SCIRXDA —	49	38	33	I/O/Z O I	通用输入/输出 7。 增强型 PWM4 输出 B。 SCI-A 接收数据。 —
GPIO8 EPWM5A — $\overline{\text{ADCSOCAO}}$	43	35	—	I/O/Z O O	通用输入/输出 8。 增强型 PWM5 输出 A 和 HRPWM 通道。 — ADC 转换启动 A
GPIO9 EPWM5B LINTXA HRCAP1	39	31	—	I/O/Z O O I	通用输入/输出 9。 增强型 PWM5 输出 B。 LIN 发送 A。 高分辨输入捕捉 1
GPIO10 EPWM6A — $\overline{\text{ADCSOCBO}}$	65	52	—	I/O/Z O O	通用输入/输出 10。 增强型 PWM6 输出 A 和 HRPWM 通道。 — ADC 转换开始 B
GPIO11 EPWM6B LINRXA —	61	49	—	I/O/Z O I I	通用输入/输出 11。 增强型 PWM5 输出 B。 LIN 发送 A。 高分辨输入捕捉 2

续表

端子				I/O/Z	说明
名称	PN引脚#	PAG引脚#	RSH引脚#		
GPIO12 $\overline{TZ1}$ SCITXDA SPISIMOB	47	37	32	I/O/Z I O I/O	通用输入/输出12。 触发区输入1。 SCI-A发送数据。 SPI-B从器件输入,主器件输出。 请注意:SPI-B只在PN封装内可用
GPIO13 $\overline{TZ2}$ SPISOMIB —	76	—	—	I/O/Z I I/O	通用输入/输出13。 触发区输入2。 SPI-B从器件输出,主器件输入。 —
GPIO14 $\overline{TZ3}$ LINTXA SPICLKB	77	—	—	I/O/Z I O I/O	通用输入/输出14。 触发区输入3。 LIN发送。 SPI-B时钟输入/输出
GPIO15 $\overline{TZ1}$ LINTXA $\overline{SPISTEB}$	75	—	—	I/O/Z I I I/O	通用输入/输出15。 触发区输入1。 LIN接收。 SPI-B从器件发送使能输入/输出
GPIO16 SPISIMOA — $\overline{TZ2}$	46	36	31	I/O/Z I/O I	通用输入/输出16。 SCI-A从器件输入,主器件输出。 — 触发区输入2
GPIO17 SPISOMIA — $\overline{TZ3}$	42	34	30	I/O/Z I/O I	通用输入/输出17。 SCI-A从器件输出,主器件输入。 — 触发区输入3
GPIO18 SPICLKA LINTXA XCLKOUT	41	33	29	I/O/Z I/O O O/Z	通用输入/输出18。 SPI时钟输入/输出。 LIN发送。 取自SYSCLKOUT的输出时钟。XCLKOUT或者与SYSCLKOUT的频率一样,或者为其一半,或为其四分之一,这由XCLK寄存器内的引脚1:0(XCLKOUTDIV)控制。复位时,XCLKOUT=SYSCLKOUT/4。通过将XCLKOUTDIV设定为3,XCLKOUT信号可被关闭。为了使这个信号传播到此引脚,GPIO18的复用控制必须被设定至XCLKOUT

续表

端子				I/O/Z	说明
名称	PN 引脚#	PAG 引脚#	RSH 引脚#		
GPIO19 XCLKIN $\overline{SPISTEA}$ LINRXA ECAP1	55	44	39	I/O/Z I/O I I/O	通用输入/输出 19。 外部振荡器输入。从这个引脚到时钟块的路径不是由这个引脚的复用功能选通。如果这个引脚被用于其他外设功能,应该注意不要启用这个路径用于计时。 SPI-A 从器件发送使能输入/输出。 LIN 接收。 增强型捕捉输入/输出 1
GPIO20 EQEP1A — COMP1OUT	78	62	55	I/O/Z I O	通用输入/输出 20。 增强型 QEP 输入 A。 — 比较器 1 的直接输出
GPIO21 EQEP1B — COMP2OUT	79	63	56	I/O/Z I O	通用输入/输出 21。 增强型 QEP 输入 B。 — 比较器 2 的直接输出
GPIO22 EQEP1S — LINTXA	1	1	1	I/O/Z I/O O	通用输入/输出 22。 增强型 QEP1 闸门。 — LIN 发送
GPIO23 EQEP1I — LINRXA	4	4	2	I/O/Z I/O I	通用输入/输出 23。 增强型 QEP1 索引。 — LIN 接收
GPIO24 ECAP1 SPISIMOB —	80	64	— 请见 GPIO5 和 GPIO19	I/O/Z I/O I/O	通用输入/输出 24。 增强型捕捉输入/输出 1。 SPI-B 从器件输入,主器件输出。 请注意:SPI-B 只在 PN 和 RSH 封装内可用 —
GPIO25 — SPISOMIB —	44	—	—	I/O/Z I/O	通用输入/输出 25。 — SPI-B 从器件输出,主器件输入。 —
GPIO26 HRCAP1 SPICLKB —	37	—	—	I/O/Z I I/O	通用输入/输出 26。 高分辨输入捕捉 1。 SPI-B 时钟输入/输出。 —

续表

端子				I/O/Z	说明
名称	PN引脚#	PAG引脚#	RSH引脚#		
GPIO27 HRCAP2 $\overline{\text{SPISTEB}}$ —	31	—	—	I/O/Z I I/O	通用输入/输出27。 高分辨输入捕捉2。 SPI-B从器件发送使能输入/输出。 —
GPIO28 SCIRXDA SDAA $\overline{\text{TZ2}}$	40	32	28	I/O/Z I I/OD I	通用输入/输出28。 SCI接收数据。 I2C数据开漏双向端口。 触发区输入2
GPIO29 SCITXDA SCLA $\overline{\text{TZ3}}$	34	27	24	I/O/Z O I/OD I	通用输入/输出29。 SCI发送数据。 I2C时钟开漏双向端口。 触发区输入3
GPIO30 CANRXA — —	33	26	23	I/O/Z I	通用输入/输出30。 控制器局域网(CAN)接收。 — —
GPIO31 CANTXA — —	32	25	22	I/O/Z O	通用输入/输出31。 CAN发送。 — —
GPIO32 SDAA EPWMSYNCI $\overline{\text{ADCSOCAO}}$	2	2	—	I/O/Z I/OD I O	通用输入/输出32。 I2C数据开漏双向端口。 增强型PWM外部同步脉冲输入。 ADC转换开始A
GPIO33 SCLA EPWMSYNCO $\overline{\text{ADCSOCBO}}$	3	3	—	I/O/Z I/OD O O	通用输入/输出33。 I2C时钟开漏双向端口。 增强型PWM外部同步脉冲输入。 ADC转换开始B
GPIO34 COMP2OUT COMP3OUT —	74	61	54	I/O/Z O O	通用输入/输出34。 比较器2的直接输出。 比较器3的直接输出。 —
GPIO35 TDI	59	47	42	I/O/Z I	通用输入/输出35。 带有内部上拉电阻器的JTAG测试数据输入(TDI)。TDI在TCK的上升沿上所选择的寄存器(指令或者数据)内计时

续表

端子				I/O/Z	说明
名称	PN 引脚#	PAG 引脚#	RSH 引脚#		
GPIO36 TMS	60	48	43	I/O/Z I	通用输入/输出 36。 带有内部上拉电阻器的 JTAG 测试模式选择(TMS)。这个串行控制输入在 TCK 上升沿上的 TAP 控制器中计时
GPIO37 TDO	58	46	41	I/O/Z O/Z	通用输入/输出 37。 JTAG 扫描输出，测试数据输出(TDO)。所选寄存器(指令或者数据)的内容被从 TCK 下降沿上的 TDO 移出。(8 mA 驱动)
GPIO38 TCK XCLKIN —	57	45	40	I/O/Z I I	通用输入/输出 38。 带有内部上拉电阻器的 JTAG 测试时钟。 外部振荡器输入。从这个引脚到时钟块的路径不是由这个引脚的复用功能选通。如果这个引脚被用于其他功能，应该注意不要为计时启用这个路径 —
GPIO39	56	—	—	I/O/Z	通用输入/输出 39
GPIO40 EPWM7A	64	—	—	I/O/Z O	通用输入/输出 40。 增强型 PMW7 输出 A 和 HRPWM 通道
GPIO41 EPWM7B —	48	—	—	I/O/Z O	通用输入/输出 41。 增强型 PMW7 输出 B。 —
GPIO42 COMP1OUT	5	—	—	I/O/Z O	通用输入/输出 42。 比较器 1 的直接输入
GPIO43 COMP2OUT	6	—	—	I/O/Z O	通用输入/输出 43。 比较器 2 的直接输入
GPIO44 —	45	—	—	I/O/Z	通用输入/输出 44。 —

本章小结

本章详细介绍了 TMS320F28035 的内部结构、性能特点、外设资源和封装形式以及详细的引脚分布图和引脚的功能，相信大家对 TMS320F28035 芯片有了基本的了解和初步的认识。接下来将详细地介绍 TMS320F28035 硬件设计的相关内容。

本章习题

1. TMS320F2803x 系列的芯片是基于 TI 公司哪个系列的芯片，该系列芯片主要应用于哪个领域？

2. 根据 TMS320F2803x 的功能框图，说说 TMS320F2803x 的外设单元是由哪些部分构成的。

3. TMS320F28035 芯片有哪几种封装形式？

4. 简要说明 TMS320F28035 的硬件特性。

5. TMS320F2803x 加入了 CLA(控制律加速器)有什么好处和作用？

6. TMS320F2803x 系列芯片的外设单元中的 eCAN 拥有 32 个邮箱，简单说明每个邮箱拥有的属性。

第3章 TMS320F2803x 的硬件设计

万丈高楼平地起的前提条件是良好的地基，只有地基打得牢固，房子才能经得起风吹雨打，硬件设计就如同打地基，所以硬件设计的好坏直接关系到系统能不能正常地运行。因此，对于一个系统来讲，硬件设计是非常重要的。本章将详细介绍 TMS320F2803x 相关的硬件电路。

3.1 TMS320F28035 系统正常工作条件

TMS320F28035 芯片对电源的要求很严格，电源达不到工作电压或者操作不当，都可能导致 TMS320F28035 不能正常工作。因此，为了保证 TMS320F28035 的系统正常工作，需要注意以下几点。

(1) 每次上电之前，都应该检查电源是否与地相通。如果上电之前没有检查，那么如果电源和地直接连接在一起，会直接导致板子报废掉。因此，在上电之前，一定要检查。

(2) 电源芯片产生的电压要稳定。若电源芯片上的电容不匹配，有可能会导致电源芯片里的振荡电路在工作一段时间后停止振荡，或者达不到电压的要求。因此，需要多次测量，取最佳值。

(3) 带电停止或运行仿真器都可能造成运行环境的死机。因此，需要按照正常步骤来操作。

(4) 复位电路的设计错误可能造成系统不能正常工作。

3.2 常用硬件电路的设计

学习控制器的硬件电路一般都是从最小系统开始的。所谓最小系统就是由控制芯片、电容、电阻等一些外围器件构成的电路，它能够独立地实现最基本的功能，但无外围应用电路。通常来说，Datasheet 给出的最小系统的原理图是不可忽略的，它几乎是经过无数次验证后得出来比较经典的电路图，所以建议读者可以多读一下相关芯片的 Datasheet。下面将介绍 TMS320F2803x 的最小系统。

3.2.1 TMS320F28035 最小系统的设计

TMS320F28035 的最小系统原理图如图 3-1 所示。电路主要由 TMS320F28035 芯片、10M 无源晶振、电源电路，以及电容、电阻、电感等少量器件构成。

3.2.2 电源电路的设计

TMS320F28035 工作时所要求的电压分为两部分：3.3 V 的 Flash 电压和 1.8 V 的内核电压。在设计电路时需要注意散热问题和电容匹配问题。电源电路如图 3-2 所示。

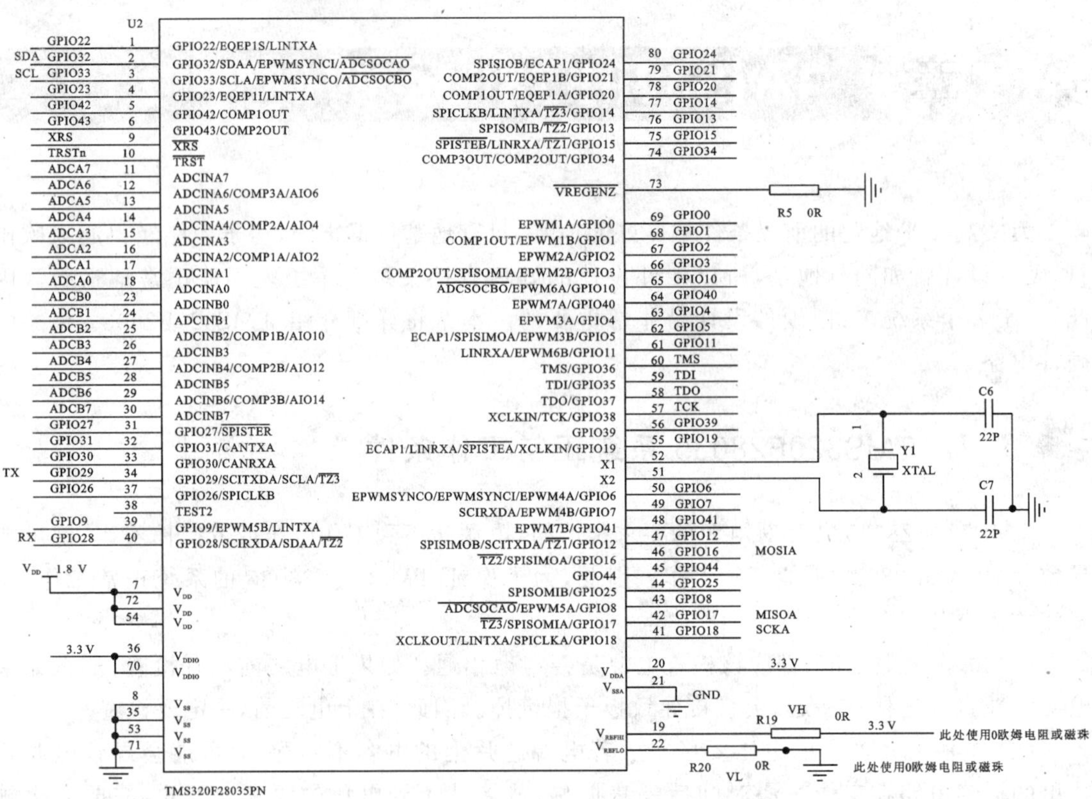

图 3-1　TMS320F28035 最小系统原理图

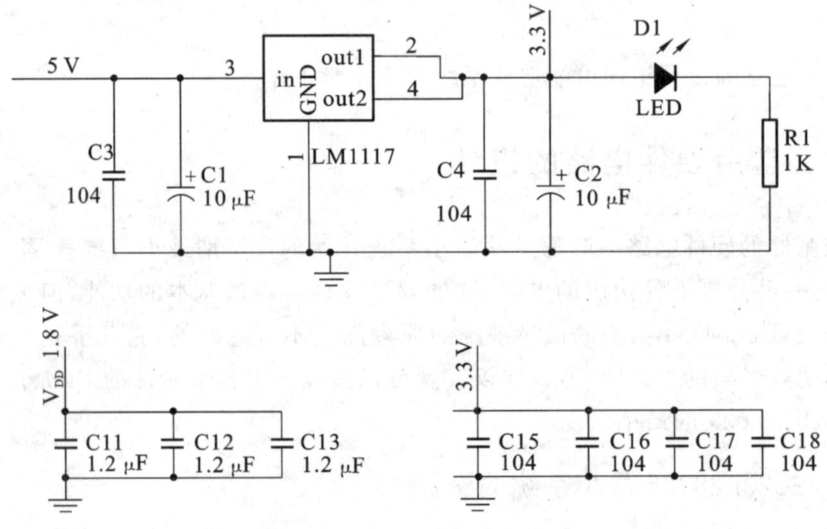

图 3-2　电源电路的设计

3.2.3　复位电路的设计

为了保证 TMS320F28035 在跑飞和卡死时能够得到及时恢复，需要设计专门的复位电路。复位电路原理图如图 3-3 所示。

3.2.4 JTAG 下载口电路的设计

考虑到 DSP 在下载时需要下载端口，所以需要加一个 JTAG 仿真烧写口。JTAG 电路原理图如图 3-4 所示。

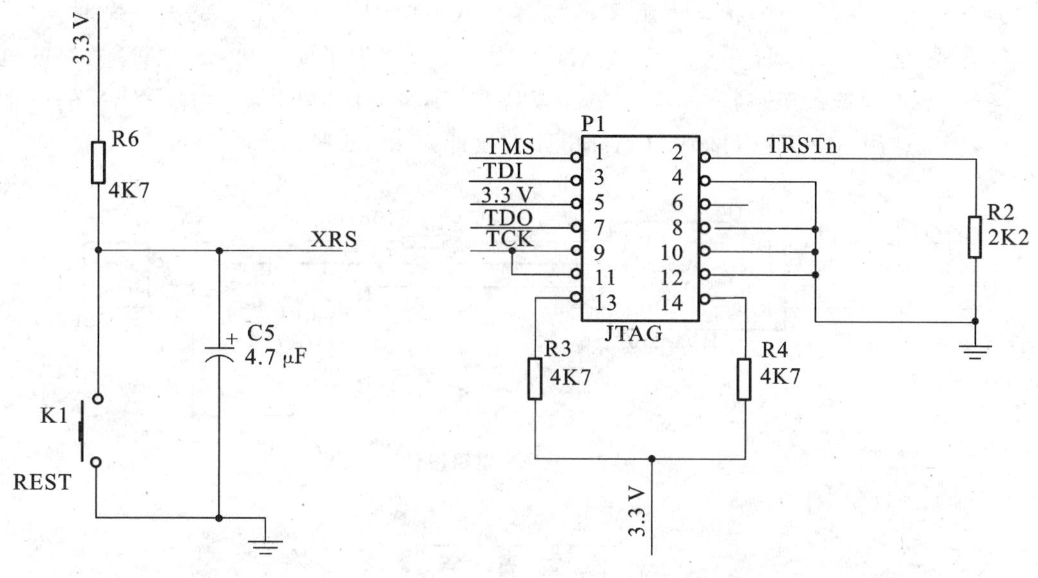

图 3-3　复位电路的设计　　　　图 3-4　JTAG 下载口电路设计

3.2.5 串口电路的设计

串行通信口 SCI 是一种采用两根信号线的异步串行通信接口，也称为 UART。TMS320F28035 有两组 SCI 通信，即 SCIA 和 SCIB。SCI 模块的接收器和发送器都具有 16(4)级深度的 FIFO，同时接收器和发送器都具有独立的使能和中断位，它既可以在半双工模式下独立操作，也可以在全双工模式下同时操作。因此，这里采用 MAX3232 芯片作为串行通信口芯片。串口电路原理图如图 3-5 所示。

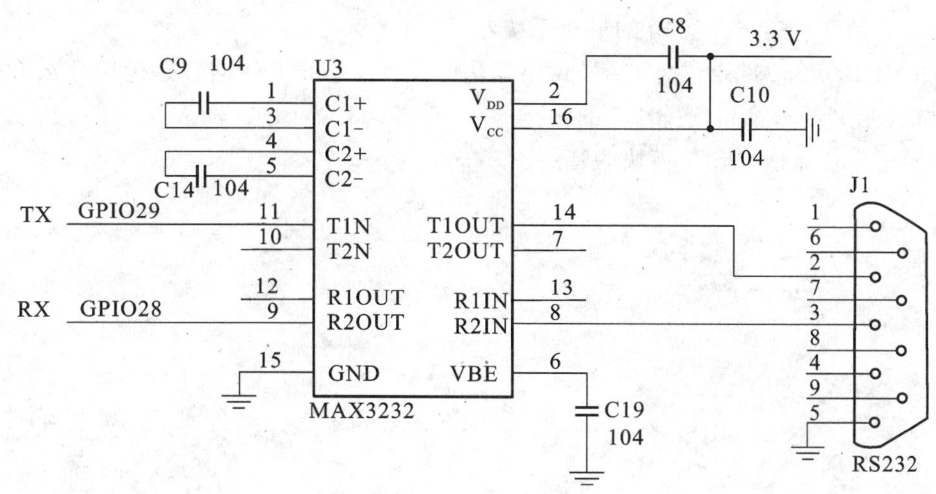

图 3-5　串口电路设计

3.2.6 CAN 电路的设计

TMS320F28035 具有一个 eCAN 模块，支持 CAN2.0 协议，可以实现 CAN 网络通信。CAN 总线上的信号运用的是差分电压进行传送的，两条信号线称为 CAN_H 和 CAN_L，静态时为 2.5 V 左右，这时的状态表示逻辑“1”。当 CAN_H 比 CAN_L 的电平高时，表示逻辑“0”，通常，这时 CAN_H 为 3.5 V，CAN_L 为 1.5 V。为了使 F28035eCAN 模块的电平符合高速 CAN 总线的电平特性，在 eCAN 模块和 CAN 总线之间需要增加 CAN 的电平转换器件，这里选用 SN65HVD230。CAN 电路的设计如图 3-6 所示。

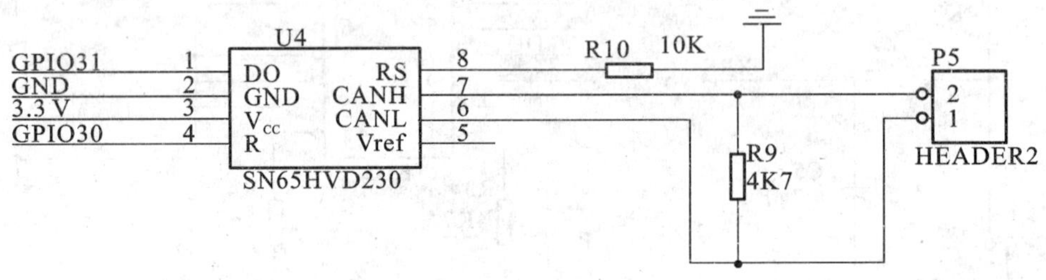

图 3-6 CAN 电路设计

本章小结

本章详细地介绍了 TMS320F28035 的基本硬件电路的设计，包括最小系统、电源电路、复位电路、JTAG 下载口电路、串口电路及 CAN 电路的设计。这些电路可作为具体开发设计硬件电路时的参考电路。

本章习题

1. TMS320F28035 正常工作的条件有哪些？

2. 什么是 TMS320F28035 的最小系统？

3. TMS320F28035 上进行 CAN 网络通信时，CAN 总线上的信号是运用什么方式传递的？是如何定义逻辑“1”和逻辑“0”的？

4. 简述串行通信口 SCI 模块的特点。

第4章 完整工程的创建

在第3章中我们讲到了硬件电路的设计就如同打地基，而要建造一座房子仅有地基是没有用的，还需要砖瓦等，DSP 软件的开发就相当于在地基上添砖盖瓦，一个完整的 DSP 软件的开发又离不开工程的建立，所以本章内容将介绍如何直接导入一个已经存在的工程文件和如何建立一个新的工程。

4.1 完整工程的构成

要了解一个完整的工程是由哪些文件构成的，最好的方法就是打开一个已有的工程文件进行查看。导入现有工程的步骤如下。

(1) 打开 CCS 5.2 软件开发平台，单击菜单栏中的"Project"选项，在弹出的下拉菜单中单击"Import Existing CCS Eclipse Project"选项，如图 4-1 所示。

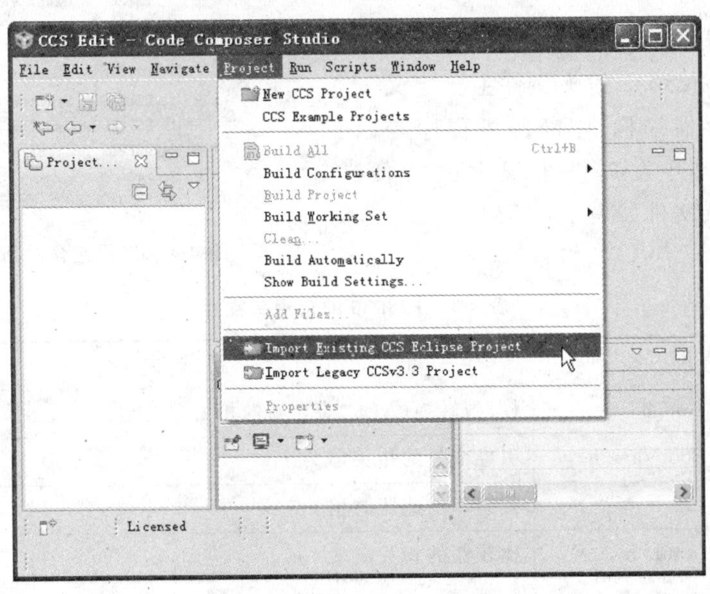

图 4-1 导入已存在的工程文件

(2) 弹出图 4-2 所示的对话框，单击"Browse…"按钮，选择已有工程的存放位置。

(3) 已有工程的存放位置为"D:\program files\CCS5_2\workspace\led"，选择完成后，单击"Finish"按钮即可导入一个完整的工程，如图 4-3 所示。

(4) 打开现有的工程后，单击工程"led"前面的"＋"号，即可看到工程包含的所有所需文件，如图 4-4 所示。

这里需要注意的是，导入的示例工程文件与 CCS 的安装路径必须一样，否则在导入工程文件后将找不到相应的文件，最终会报错，同时要保证访问到此文件夹的路径中不要含有中文字符，否则编译时也会报错。从上面导入的一个已有的工程文件可以看到，一个完整的

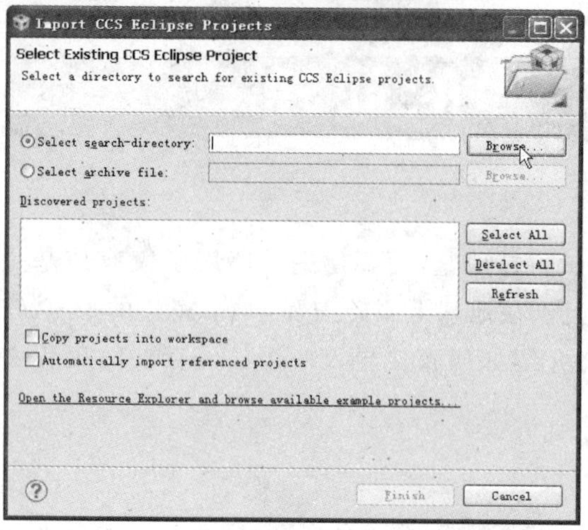

图 4-2　选择需要导入文件的位置

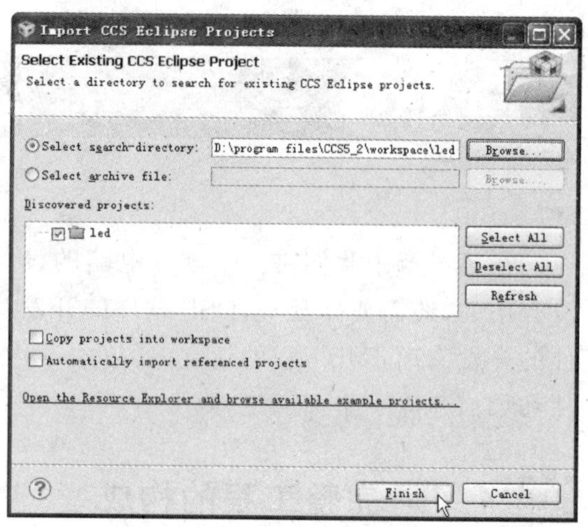

图 4-3　完整工程的导入

DSP 工程文件需要由头文件(.h)、库文件(.lib)、源文件(.c)和 CMD 文件共同组成。

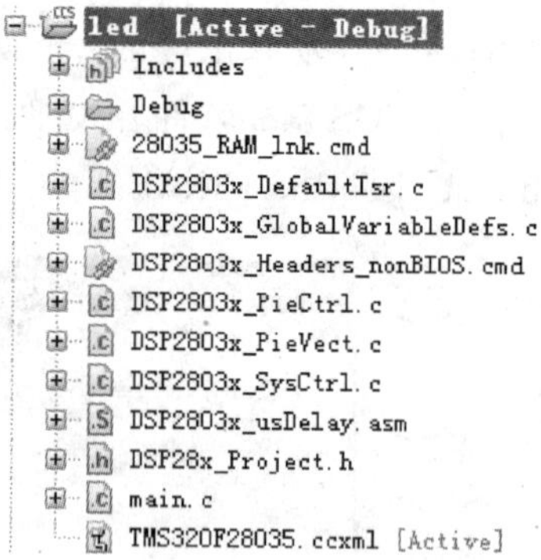

led [Active - Debug]
Includes
Debug
28035_RAM_lnk.cmd
DSP2803x_DefaultIsr.c
DSP2803x_GlobalVariableDefs.c
DSP2803x_Headers_nonBIOS.cmd
DSP2803x_PieCtrl.c
DSP2803x_PieVect.c
DSP2803x_SysCtrl.c
DSP2803x_usDelay.asm
DSP28x_Project.h
main.c
TMS320F28035.ccxml [Active]

图 4-4　工程包含的所需文件

4.1.1　头文件

头文件是以".h"为后缀的文件,"h"为"head"的缩写。F28035 的头文件主要定义了芯片内部的寄存器结构、中断服务程序等内容,给 F28035 的开发提供了很大的方便。F28035 的常用头文件如表 4-1 所列。

表 4-1　F28035 的常用头文件

序号	文件名	主要内容
1	DSP2803x_Adc.h	模/数转换(ADC)寄存器的相关定义
2	DSP2803x_BootVars.h	引导变量的相关定义
3	DSP2803x_Cla.h	控制律加速器的相关定义
4	DSP2803x_Comp.h	比较器的相关定义
5	DSP2803x_CpuTime.h	32 位 CPU 定时器寄存器的相关定义
6	DSP2803x_DevEmu.h	F28035 默认中断服务程序的定义
7	DSP2803x_Device.h	包含所有的头文件、目标 CPU 类型的选择、常用标量的定义等内容
8	DSP2803x_ECan.h	增强型 CAN 寄存器的相关定义
9	DSP2803x_ECap.h	增强型 CAP 寄存器的相关定义
10	DSP2803x_EPwm.h	增强型 PWM 寄存器的相关定义
11	DSP2803x_EQep.h	增强型 QEP 寄存器的相关定义
12	DSP2803x_Gpio.h	通用输入/输出寄存器的相关定义
13	DSP2803x_I2c.h	I2C 总线寄存器的相关定义

续表

序号	文件名	主要内容
14	DSP2803x_Lin.h	LIN 总线寄存器的相关定义
15	DSP2803x_NmiIntrupt.h	不可屏蔽中断寄存器的相关定义
16	DSP2803x_PieCtrl.h	PIE 控制寄存器的相关定义
17	DSP2803x_PieVect.h	PIE 中断向量表的相关定义
18	DSP2803x_Sci.h	串行通信接口寄存器的相关定义
19	DSP2803x_Spi.h	串行外围设计接口寄存器的相关定义
20	DSP2803x_SysCtrl.h	系统控制寄存器的相关定义
21	DSP2803x_XIntrupt.h	外部中断寄存器的相关定义

表 4-1 中列出的头文件构成了 DSP 芯片 F28035 寄存器的完整框架，因此在没有必要的情况下，不需要更改表中头文件中的内容，也就是说，在创建新工程的时候，这些头文件是不需要自己编写的，只需要将有固定内容的头文件添加到工程中即可。

新建工程时，通常将头文件和新建的工程文件放在同一个文件夹中，如图 4-5 所示。

在需要使用到头文件的源文件内加入代码"#include 'DSP2803x_Project.h'"，在工程编译的时候，CCS 会自动扫描并将相关的头文件添加到工程中去。这里可能会感觉到很奇怪，我们在源文件中只添加了一个"#include 'DSP2803x_Project.h'"头文件，为什么在编译的时候其他的头文件可以被扫描进来呢？我们可以打开"DSP2803x_Project.h"这个头文件，里面的内容如图 4-6 所示。

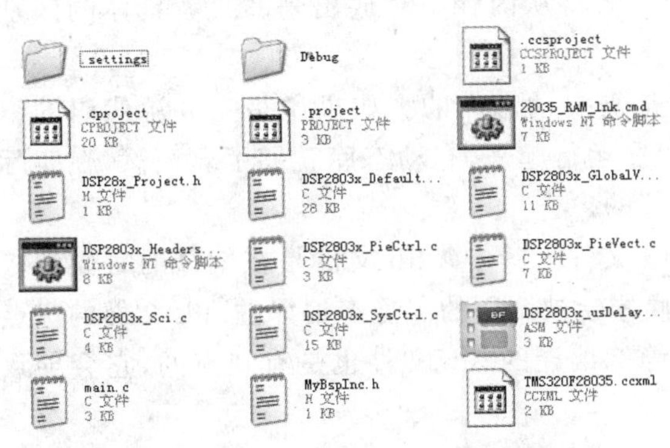

图 4-5 头文件的位置

```
#include "DSP2803x_Device.h"
#include "DSP2803x_Examples.h"
```

图 4-6 "DSP2803x_Project.h"内包含的头文件

此时我们可以在工程文件中添加"DSP2803x_Device.h"，双击打开该头文件，可以看到我们所需要的头文件都在里面，如图 4-7 所示。

4.1.2 库文件

库文件是以".lib"为后缀的文件，"lib"即"library"的缩写。F28035 的库文件有三个，分别为 Iqmath.lib、SFO_TI_Build_V6.lib 和 SFO_TI_Build_V6b.lib。

F28035 的库文件不仅包含了寄存器的地址和对应标示符的定义，还包含了标准的 C/C++ 运行支持库函数。这些库文件也包括了由汇编实现的子程序，这些子程序可以在汇编编程

```
#include "DSP2803x_Adc.h"              //ADC寄存器
#include "DSP2803x_BootVars.h"         //引导只读存储器变量
#include "DSP2803x_DevEmu.h"           //仿真寄存器
#include "DSP2803x_Cla.h"              //加速寄存器
#include "DSP2803x_Comp.h"             //比较寄存器
#include "DSP2803x_CpuTimers.h"        //32位CPU定时器
#include "DSP2803x_ECan.h"             //增强型eCAN寄存器
#include "DSP2803x_ECap.h"             //增强型CAP
#include "DSP2803x_EPwm.h"             //增强型PWM
#include "DSP2803x_EQep.h"             //增强型QEP
#include "DSP2803x_Gpio.h"             //通用I/O寄存器
#include "DSP2803x_I2c.h"              //I2C寄存器
#include "DSP2803x_Lin.h"              //LIN寄存器
#include "DSP2803x_NmiIntrupt.h"       //NMI中断寄存器
#include "DSP2803x_PieCtrl.h"          //PIE控制寄存器
#include "DSP2803x_PieVect.h"          //PIE中断向量表
#include "DSP2803x_Spi.h"              //SPI寄存器
#include "DSP2803x_Sci.h"              //SCI寄存器
#include "DSP2803x_SysCtrl.h"          //系统控制
#include "DSP2803x_XIntrupt.h"         //外部中断
```

图 4-7　DSP2803x_Device. h 文件中包含头文件

时调用。从C语言的角度讲，库文件分为静态库文件和动态库文件。静态库文件就是以“. lib”为后缀的文件，而动态库文件是以“. dll”为后缀的文件。无论是静态库文件还是动态库文件，都是将函数封装在一起经过编译之后供自己或他人调用的。编译后的库文件是看不到源码的，保密性极好，同时便于维护。

静态库文件和动态库文件的区别在于静态库被调用时是直接加载到内存中的，而动态库是在使用中被加载到内存中去的，不使用的时候将从内存中释放出来。二者具体的区别有以下三点。

(1) 在编译时是需要静态库的，在运行时是需要动态库的。如果说是完成源代码的编译，有静态库就足够了；如果是使动态链接的程序运行起来，有动态库就够了。当然，在实际的开发与调试中，静态库和动态库都有才是最好的。

(2) 一般的动态库程序中有. lib 文件和. dll 文件。其中，. lib 文件是在编译的时候就链接到应用程序中的，而. dll 文件是在运行的时候才会被调用的。静态编译的. lib 文件的优点在于用户安装时就不再需要挂动态库了；但是静态编译的. lib 文件也是有缺点的，它会导致应用程序比较大，而且失去了动态库的灵活性。

(3) 在动态库的情况下，有两个文件，一个是引入库文件(. lib)，一个是. dll 文件。引入库文件包含被. dll 导出的函数的名称和位置，. dll 包含实际的函数和数据，应用程序使用. lib文件链接到所需要使用的. dll 文件，库中的函数和数据并不复制到可执行文件中。

4.1.3　源文件

源文件是以“. c”为后缀的文件，“c”即“source”的缩写。开发工程时所编写的代码通常都是写在各个源文件中的，所以源文件是整个工程的核心部分，包含了所有需要实现功能的代码。TI 公司为 F28035 的开发准备了很多源文件，通常只要往这些源文件里添加代码以实现所期望的功能就可以了。F28035 的源文件及其所包含的内容如表 4-2 所示。

表 4-2 F28035 的源文件及其所包含的内容

文件名	主要内容	文件名	主要内容
DSP2803x_Adc. c	A/D 初始化函数	DSP2803x_Ecap. c	增强型 CAP 初始化函数
DSP2803x_Comp. c	比较器初始化函数	DSP2803x_Epwm. c	增强型 PWM 初始化函数
DSP2803x_CpuTimes. c	CPU 定时器初始化函数	DSP2803x_Eqep. c	增强型 QEP 初始化函数
DSP2803x_DefaultIsr. c	包含了 F28035 所有外设中断函数	DSP2803x_Gpio. c	通用 I/O 模块初始化函数
DSP2803x_Ecan. c	增强型 CAN 初始化函数	DSP2803x_I2C. c	I2C 初始化函数
DSP2803x_Lin. c	LIN 初始化函数	DSP2803x_MemCopy. c	存储器初始化函数
DSP2803x_OscComp. c	振荡补偿函数	DSP2803x_PieCtrl. c	PIE 控制模块初始化函数
DSP2803x_PieVect. c	中断向量初始化函数	DSP2803x_Sci. c	串行通信接口初始化函数
DSP2803x_Spi. c	串行外围接口初始化函数	DSP2803x_SysCtrl. c	系统控制模块初始化函数

从表 4-2 中不难发现还缺少了一个关键性的文件，就是 main 函数所在的主函数文件，这也是整个工程的“灵魂”文件。主函数所在的文件是需要开发者根据实际的情况来进行编写的，具体如何编写将在后面的内容中详细介绍。

4.1.4 CMD 文件

F28035 工程中的 CMD 文件分成两种：一种是分配 RAM 空间的，用于将程序下载到 RAM 进行调试，该 CMD 为 28035_RAM_lnk. cmd；另一种是分配 Flash 空间的，在程序调试完毕后，需要将其烧写到 Flash 内部进行固化，该 CMD 为 F28035. cmd。

4.2 GEL 通用扩展语言

GEL(general extension language，通用扩展语言)是一种类似于 C 语言的解释性语言，它可以创建 GEL 函数，以扩展 CCS 用途。使用该语言写出的 GEL 函数具有两种功能：一是配置 CCS 的工作环境；二是直接访问目标处理器 DSP(包括 DSP 软/硬件仿真器)。同时，用户可以使用 GEL 函数来完成类似于宏操作的自动化批处理任务，例如编译、链接并运行程序，所以 GEL 通用扩展语言具有以下几个特点。

(1) GEL 虽然是 C 语言的一个子集，但是 GEL 不能声明主机变量。在 DSP 程序中所有的变量必须在程序中定义，并且存在于仿真或实际目标板中，但是 GEL 函数及其参数是不在目标板上定义的标识符。

(2) GEL 函数可在任何能键入 C 表达式的地方调用，既可以在任何可键入 C 表达式的对话框中调用，也可以在其他 GEL 函数中调用；但不支持递归。

(3) 可以将常用的 GEL 函数添加到 CCS 的 GEL 菜单下，此时需要使用 menuitem 关键词在 GEL 菜单下创建一个新的下拉菜单列表(一级菜单)，再使用 hotmenu、dialog 和 slider 在该菜单项中添加新的菜单项(二级菜单)。

(4) CCS 启动是自动执行 GEL 函数。SETUP CCS 设置环境时设置了自动执行 GEL 函数，自动运行 StartUp()函数，这样要求每个工程建立时都载入 GEL 文件。

(5) CCS 提供了一系列嵌入 GEL 的函数。使用这些函数，用户可以控制仿真/实际目标板的状态，访问存储器，并在输出窗口中显示结果。

4.2.1 GEL 语法

前面介绍 GEL 时讲到过 GEL 是 C 语言的一个子集，其支持的语句类型包括 GEL 函数、Return 语句、if-else 语句、while 语句、GEL 注释语句、预处理语句。通常在 DSP 开发时，所有的变量都必须在 DSP 程序中定义，并且这些变量都是实际存在于目标板上的，但是 GEL 函数和它们的参数是例外，它们是目标板上没有定义的标识符。也就是说，GEL 函数和它们的参数是不需要在 DSP 程序中定义的。

4.2.2 GEL 语句

下面将介绍几个经常使用 C 语法的 GEL 语句。

1. GEL 返回语句

GEL 在一个函数里支持标准的 C 返回语句，它的一般形式为：

```
return expression;
```

这里需要注意的是，一个返回语句并不一定需要返回一个值，一个没有表达式的返回语句将控制返回到调用处，但是并不返回有用的值，这与函数执行到终点时仍没有遇到返回语句的结果是一样的。与标准的 C 语言不同的是，GEL 函数定义并不需要指定返回值的类型，返回值的类型将在程序运行过程中决定。

2. GEL 的 if-else 语句

GEL 支持标准的 C 语言的 if-else 语句。其通用格式为：

```
If(expression)
   statement 1
else
   statement 2
```

执行 if-else 语句时，两个语句中只有一个会执行。如果表达式 expression 为真，执行语句 statement 1；如果语句为假，执行 statement 2。当然，statement 1 和 statement 2 可以是一个单语句，也可以是用括号括起来的多语句，如例 4-1 所示。

【例 4-1】 GEL 的 if-else 语句。

```
if(a>b)
{
  c=a;
  d=a-b;
}
else
{
  c=b;
  d=b-a;
}
```

执行上面这段程序时，如果 a 比 b 大，条件为真，则执行语句 c=a 和 d=a−b 两个语句；当 a 小于等于 b 时，执行语句 c=b 和 d=b−a 两个语句。

3. GEL 的 while 语句

GEL 的 while 语句类似于 C 语言的 while 语句，但是 GEL 不支持标准 C 的 continue 和

break 语句,其通用的表达式如下:

```
while(expression)
  statement
```

在执行 while 语句时,先计算表达式 expression 的值。如果表达式 expression 的值为真,语句执行,此时会再次判断表达式的值是否为真,循环会一直执行到表达式 expression 的值为假,这时就会从 while 语句后面的语句开始执行,这里 statement 可以是单语句也可以是多个语句,如例 4-2 所示。

【例 4-2】 while 语句。

```
while(a!=b)
{
  c=a;
  b++;
}
```

执行上述 while 语句时,首先是比较参数 a 和参数 b 的值,如果参数 a 不等于参数 b 的值就会执行括号内的语句,直到 a 和 b 的值相等,跳出循环结构,进而执行 while 语句后面的程序代码。这里要特别注意的是,如果输入的两个值 a 和 b 本来就不相等,那么这个循环就会无限次的循环下去,即我们常说的死循环,这种情况应该要避免,所以在循环体内加入了一句 b++的语句。

4. GEL 的注释

GEL 支持标准的 C 语言注释。GEL 的注释限用字符"/*"和"*/",可以注释很多行的内容,如例 4-3 所示。

【例 4-3】 GEL 的注释语句。

```
while(a!=b)  /*循环条件的判断*/
{
  c=a;
  b++;
}
```

5. GEL 预处理语句

GEL 支持标准 C 的 #define 预处理关键字,这也是唯一可用的预处理关键字。

下面的语句使预处理器用给定的字符序列取代标识符,其中的字符序列前后的空格不要,如下所示:

```
#define identifier token-sequence
```

下面的语句(第一个标识符和括号之间没有空格)是一个宏定义,其参数标识符列表如下所示:

```
#define identifier(identifier- list)token-sequence
```

使用关键字 #define 来定义一个宏,就可以在文件中到处使用,也可以加载到 CCS 的其他文件中使用。

4.2.3 解析 f28035.gel 文件

向工程文件中添加 f28035.gel 文件,并双击将其打开,如图 4-8 所示。从图中可以看到共有六个函数,下面来一一解析。

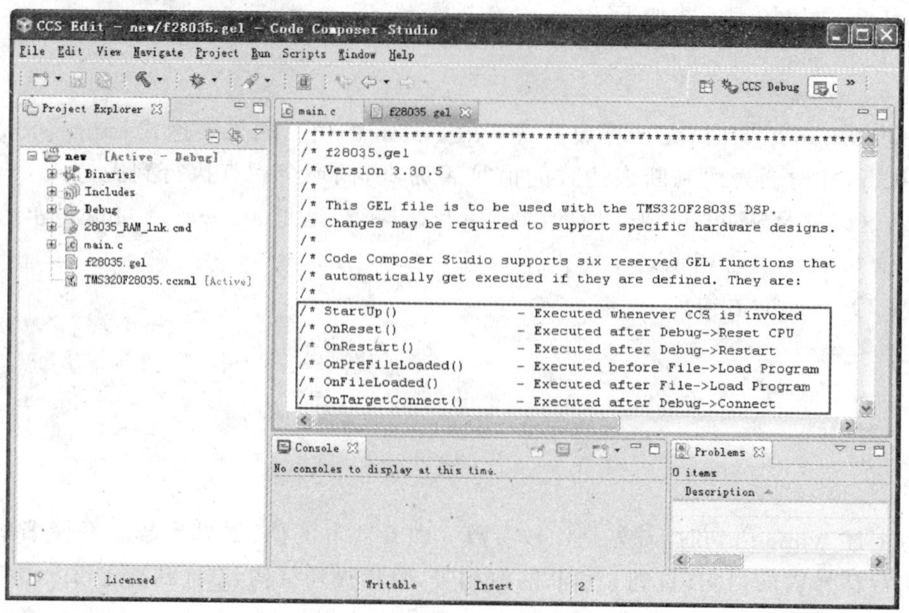

图 4-8　打开 f28035.gel 文件

1. StartUp()函数

StartUp()函数，从英文的意思来看，是启动时执行的函数。我们知道，在 Setup Code Composer Studio 软件中，可以为系统配置中的每一个处理器指定一个启动的 GEL 文件。当 CCS 启动时，GEL 文件会加载到计算机的内存中，如果 GEL 文件包含了 StartUp()函数，系统就会自动执行该函数中的内容。

通常，在 CCS2.3 或者更早的版本中，主机和目标板的初始化工作都可以在 StartUp()函数中执行，但是对于像 CCS3.3 及以上版本这样支持 Connect/Disconnect 功能的版本，这样的初始化代码可能是无法正确执行的，因为 CCS3.3 及以上版本启动时和目标处理器是断开的。当 StartUp()函数试图访问目标处理器时就会出错，但是任何不需要访问目标处理器的初始化工作都可以在 StartUp()函数内执行。

2. OnReset()函数

由图 4-8 中的注释可以看到，当执行 Debug→Reset 时，OnReset()函数被调用。

3. OnRestart()函数

执行 Debug→Restart 时，OnRestart()函数被调用。

4. OnPreFileLoaded()函数

执行 File→Load Program 前，OnPreFileLoaded()函数被调用。在多处理器的情况下，在该函数中执行其他目标处理器的初始化操作来保证程序可以加载和调试，是一个很好的选择。

5. OnFileLoaded()函数

执行 File→Load Program 操作后，OnFileLoaded()函数被调用。

6. OnTargetConnect()函数

每一次 CCS 和目标处理器建立连接时，OnTargetConnect()函数都会被调用。在前面的介绍中，在 CCS3.3 及以上版本支持的 Connect/Disconnect 功能中，可以在此函数内完成一系列的初始化工作，例如 DSP 复位结束等。

4.3 新工程的创建

前面已经讲了如何添加一个现有的工程，并且知道了一个工程是由哪些文件组成的，那么如何创建一个工程呢？在创建新工程前，我们需要做好准备工作。根据第 1 章开发系统搭建的示意图，将仿真器、开发板和计算机的 USB 接口按照正确的顺序连接起来。下面来介绍创建一个新工程的具体步骤。

(1) 双击 CCS 5.2 图标，打开 CCS 软件。单击菜单栏中的“Project”选项，在弹出的下拉菜单中选择“New CCS Project”，如图 4-9 所示。

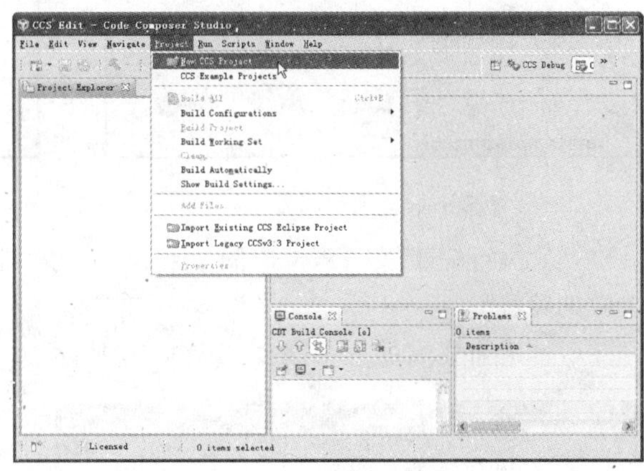

图 4-9　新建工程

(2) 在“Project name”中输入创建的工程名称，在“Family”中选择所需 DSP 的系列，在“Variant”的第二栏中选择所要的 DSP 的详细型号，最后在“Connection”中选择仿真器的类型，单击“Finish”按钮，即可完成对新工程的创建，如图 4-10 所示。注意：这里我们使用的是默认的存储路径，如果想要修改存储路径，将“Use default location”前面方框中的钩去掉，单击“Browse…”按钮选择合适的存储路径即可。

(3) 在 CCS 左侧项目管理器窗口中可以看到新创建的工程“one”，单击新建工程左侧的“+”号将其展开，如图 4-11 所示，此时是没有添加任何文件进去的。

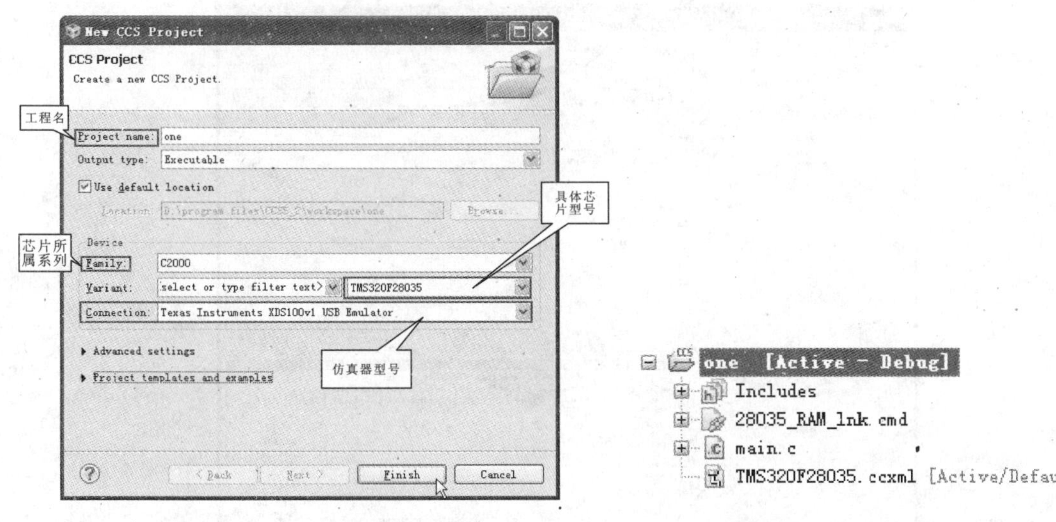

图 4-10　完成新工程的创建　　　　图 4-11　新建工程文件

(4) 由于新创建的工程是没有添加任何文件进去的，所以创建完成后，就要对其进行相关配置。右键单击工程的名称，在出现的下拉菜单中选择“Properties”选项，如图 4-12 所示。

(5) 完成步骤(4)后，弹出图 4-13 所示的对话框，选中“Include Options”，单击按钮即可添加所需头文件的路径，如图 4-13 所示。

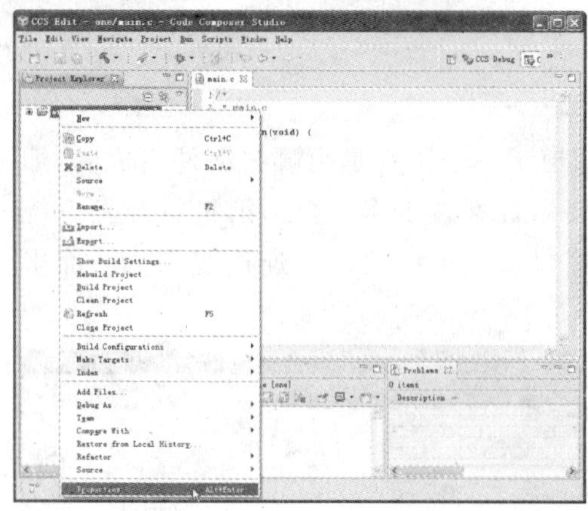

图 4-12　工程配置

图 4-13　添加头文件路径

（6）执行完步骤(5)，弹出图 4-14 所示的对话框，单击“File system…”按钮，添加所需头文件的路径。

（7）添加完成的一个路径如图 4-15 所示。

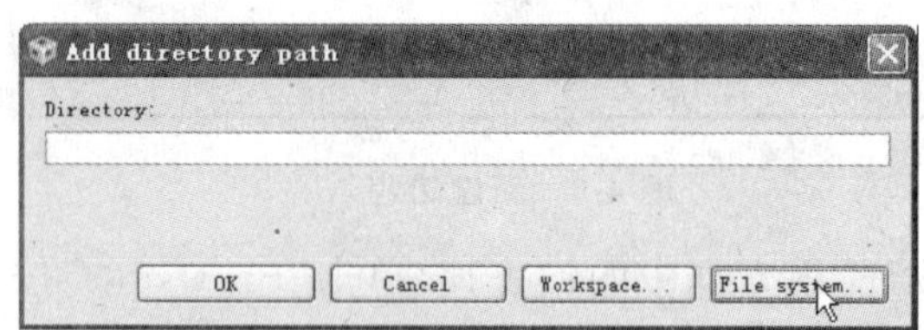

图 4-14　添加所需头文件的路径

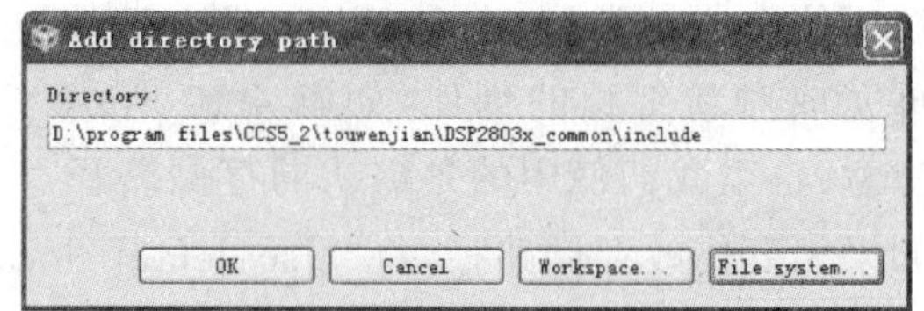

图 4-15　添加头文件路径

（8）将所有头文件路径添加完成后如图 4-16 所示，然后单击“OK”按钮。

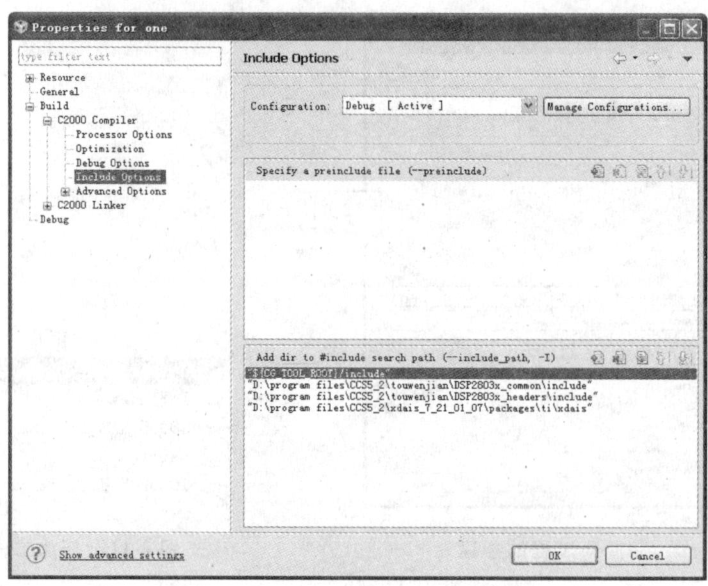

图 4-16　头文件路径添加完成

（9）回到 CCS 项目管理器窗口，单击“Includes”前面的“+”号，在展开项中我们可以看见刚才添加进去的头文件的路径，如图 4-17 所示。

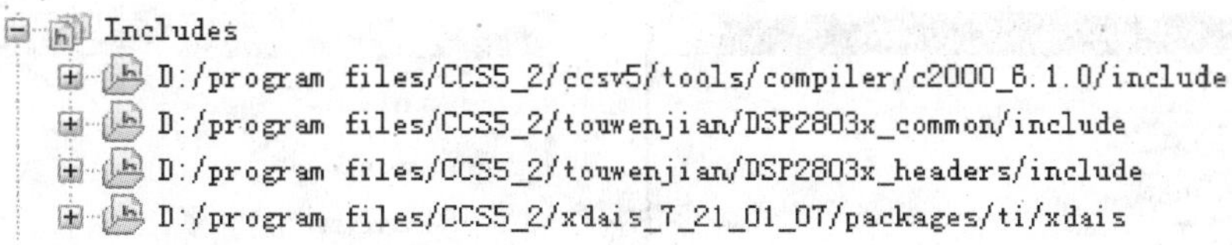

Includes
D:/program files/CCS5_2/ccsv5/tools/compiler/c2000_6.1.0/include
D:/program files/CCS5_2/touwenjian/DSP2803x_common/include
D:/program files/CCS5_2/touwenjian/DSP2803x_headers/include
D:/program files/CCS5_2/xdais_7_21_01_07/packages/ti/xdais

图 4-17　添加到工程文件中头文件的路径

（10）当工程的头文件路径添加完成后，下面开始添加工程所需的头文件、库文件、源文件及 CMD 文件。右键单击工程名称，在弹出的快捷菜单中选择“Add Files…”选项来添加工程所需的各种文件，如图 4-18 所示。

（11）手动添加头文件。右键单击工程名，在弹出的快捷菜单中选择“Add Files…”选项，在弹出的对话框中查找需要添加的头文件，如图 4-19 所示。

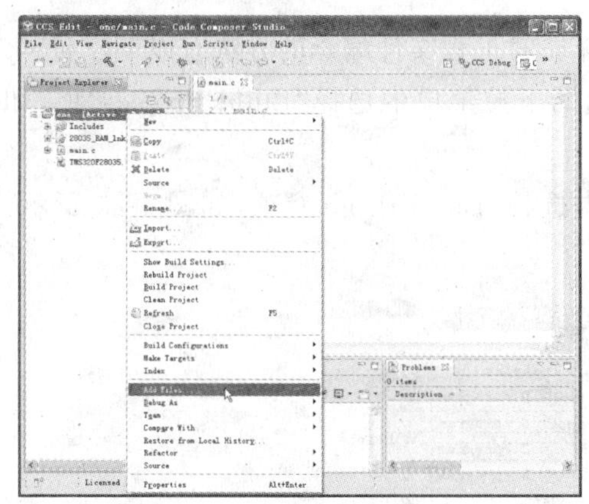

图 4-18　工程所需各类文件的添加

Add files to one
查找范围(I):
include
DSP2803x_Adc.h
DSP2803x_BootVars.h
DSP2803x_Cla.h
DSP2803x_Comp.h
DSP2803x_CpuTimers.h
DSP2803x_DevEmu.h
DSP2803x_Device.h
DSP2803x_ECan.h
DSP2803x_ECap.h
DSP2803x_EPwm.h
DSP2803x_EQep.h
DSP2803x_Gpio.h
DSP2803x_I2c.h
DSP2803x_Lin.h
DSP2803x_NmiIntrupt.h
DSP2803x_PieCtrl.h
DSP2803x_PieVect.h
DSP2803x_Sci.h
DSP2803x_Spi.h
DSP2803x_SysCtrl.h
DSP2803x_XIntrupt.h
Recent
桌面
我的文档
我的电脑
网上邻居
文件名(N):
文件类型(T):
.
打开(O)
取消

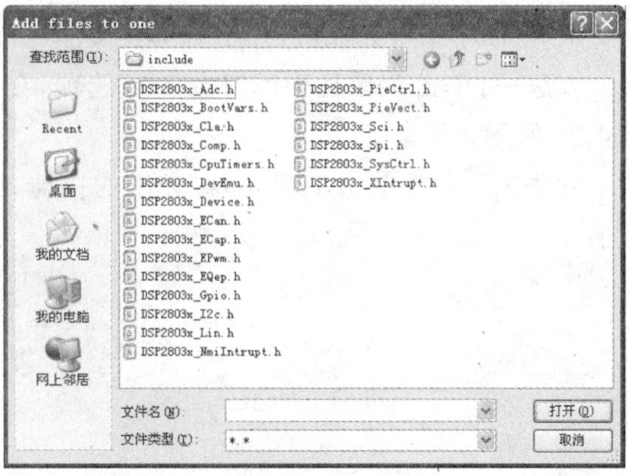

图 4-19　查找需要添加的头文件

（12）手动添加库文件。右键单击工程名，在弹出的快捷菜单中选择“Add Files…”选项，在弹出的对话框中查找需要添加的库文件，如图 4-20 所示。

（13）手动添加源文件。右键单击工程名，在弹出的快捷菜单中选择“Add Files…”选项，在弹出的对话框中查找需要添加的源文件，如图 4-21 所示。

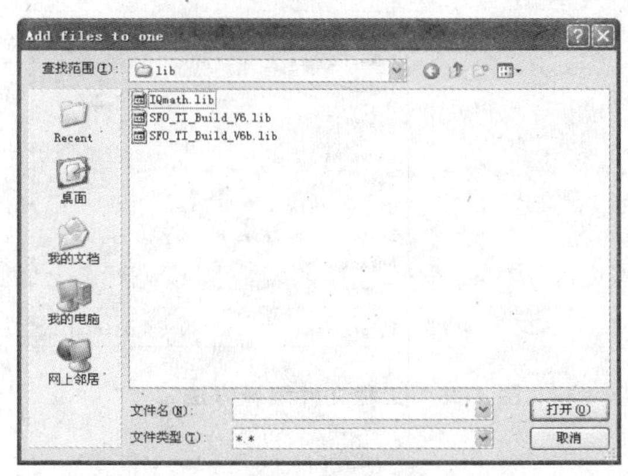

Add files to one
查找范围(I):
lib
IQmath.lib
SFO_TI_Build_V6.lib
SFO_TI_Build_V6b.lib
Recent
桌面
我的文档
我的电脑
网上邻居
文件名(N):
文件类型(T):
.
打开(O)
取消

图 4-20　查找需要添加的库文件

Add files to one
查找范围(I):
source
Recent
桌面
我的文档
我的电脑
网上邻居
文件名(N):
文件类型(T):
.
打开(O)
取消

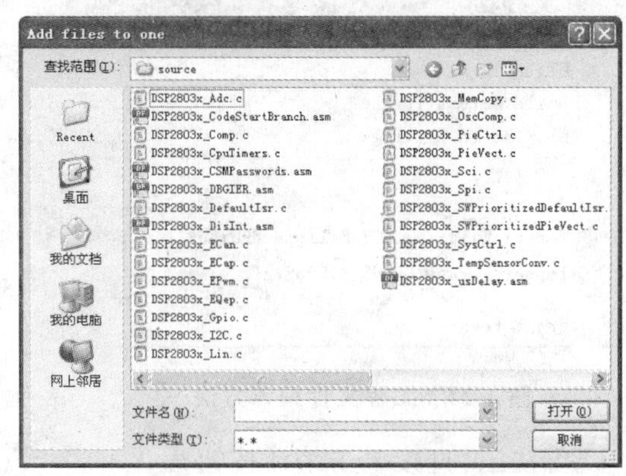

图 4-21　查找需要添加的源文件

（14）手动添加 CMD 文件。右键单击工程名，在弹出的快捷菜单中选择“Add Files…”选项，在弹出的对话框中查找需要添加的 CMD 文件，如图 4-22 所示。

（15）工程所需各类文件添加完毕后，可以在编辑区进行程序的编写，如图 4-23 所示。

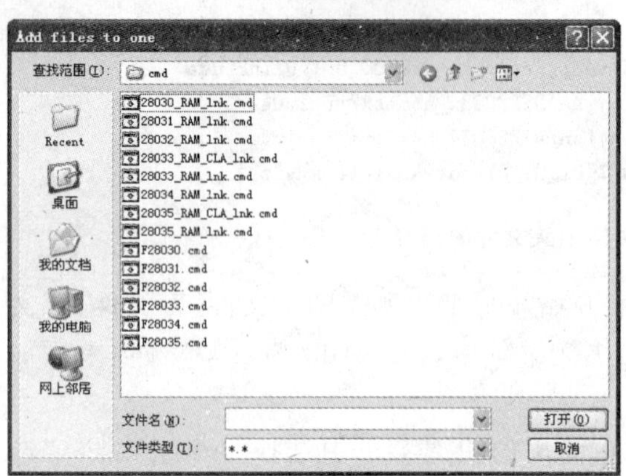

图 4-22　查找需要添加的 CMD 文件

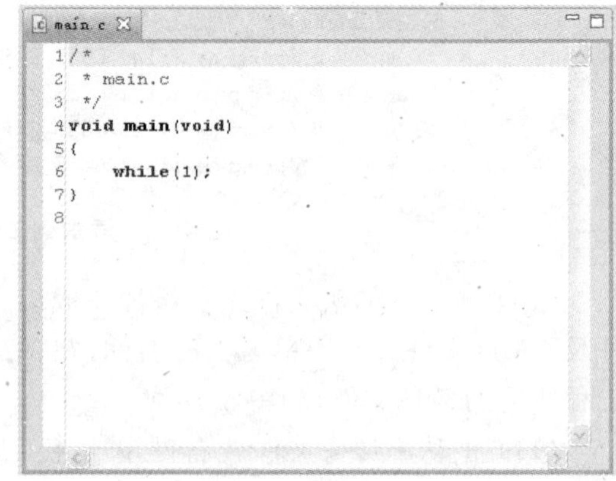

图 4-23　程序编辑区

（16）程序编写完成后，开始对工程文件进行编译。对工程文件编译的方法有以下三种。

方法一：单击菜单栏中的“Project”选项，在弹出的下拉菜单中选择“Build Project”项，如图 4-24 所示。

方法二：右键单击工程名，在弹出的快捷菜单中选择“Build Project”项，如图 4-25 所示。

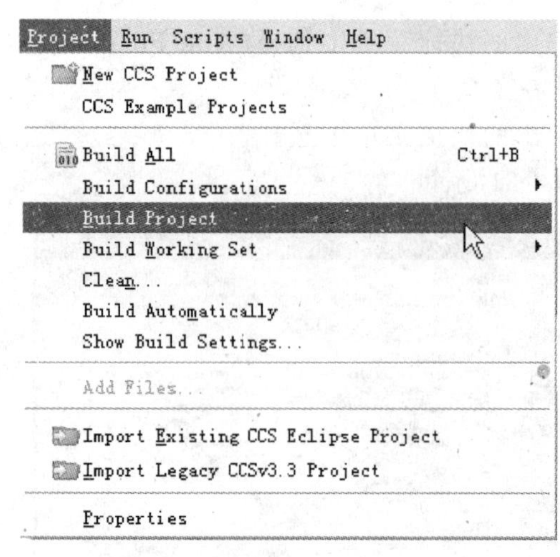

图 4-24　工程文件编译方法一

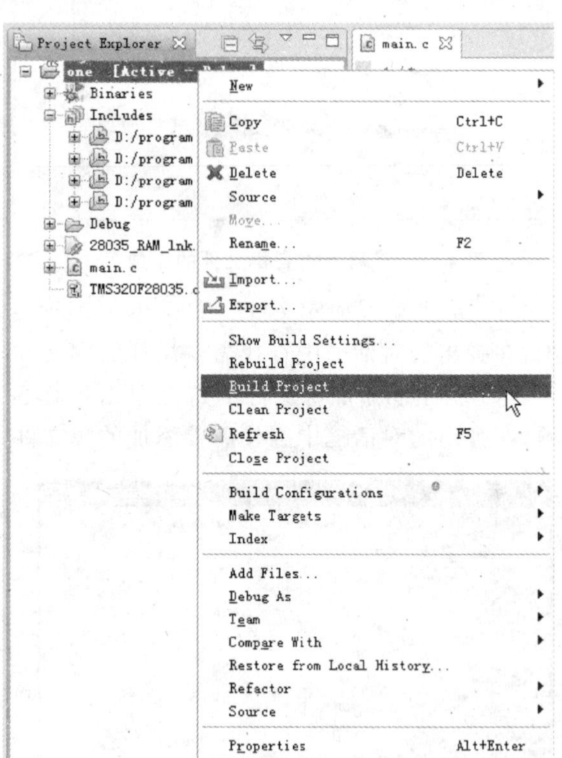

图 4-25　工程文件编译方法二

方法三：直接单击编译按钮。

三种编译的结果如图 4-26 所示。编译无误后即完成了新工程的创建，有条件的可以将编写的程序下载到开发板内运行调试。关于程序的下载及调试我们会在后面的章节中进行详细的介绍。

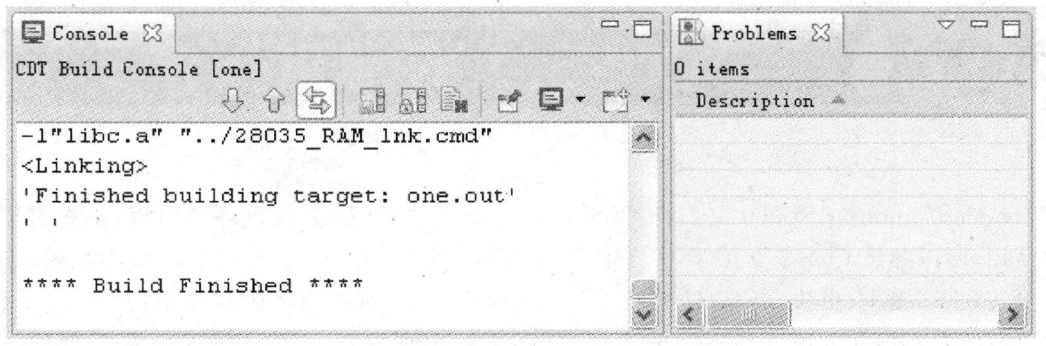

图 4-26　新工程编译结果

本章小结

本章首先通过在 CCS 中导入一个已有的 TMS320F28035 的工程文件来说明一个完整的工程文件是由哪些文件构成的，并通过表格的形式向大家介绍了这些文件的作用；然后通过创建 TMS320F28035 的实例详细说明了创建一个新工程的步骤，包括芯片型号的选择、仿真器的选择、工程头文件路径的添加、组成工程文件的各种文件的添加等。通过上述过程，相信大家已能够创建出一个自己的工程。在接下来的章节中将详细介绍 DSP 的开发以及 CCS 5.2 软件常用的功能。

本章习题

1. 一个完整的 DSP 工程文件是由哪几部分文件构成的？
2. 简述 TMS320F28035 芯片的头文件、库文件、源文件、CMD 文件的作用。
3. 试比较库文件中静态库文件和动态库文件的区别。
4. 根据本章创建新工程的步骤，自己创建一个基于 DSP TMS320F28035 的工程文件。

第5章 CCS 5.2 的常用操作

Code Composer Studio 5.2(即 CSS 5.2)是 TI 公司的 DSP 开发环境,目前正在被广泛地使用,所以熟悉 CCS 5.2 是学习 DSP 开发的第一步。CCS 5.2 与以前的版本比较起来,主要实现了"更小、更快、更简易"的目标。安装 CCS 5.2 所占用的内存更小,并且 CCS 5.2 较以前的版本启动的速度和运行的速度更快,不会出现卡顿、迟缓的现象。最重要的一点是,CCS 5.2 的界面精简了,让用户觉得操作不再烦琐,不会再出现不知道从哪里开始的情况。所以,本章将介绍 CCS 5.2 的界面以及实际 DSP 开发过程中常用的操作。

5.1 CCS 5.2 的布局和结构

双击桌面上的 CCS 5.2 图标,启动 CCS 5.2 软件。前面已经介绍过新建一个工程需要做的配置,这里不再重复介绍。图 5-1 所示为开发环境的界面,为了方便展示,我们直接导入一个已经存在的工程文件,下面将结合实际的工程文件来介绍 CCS 5.2 界面的布局和结构。

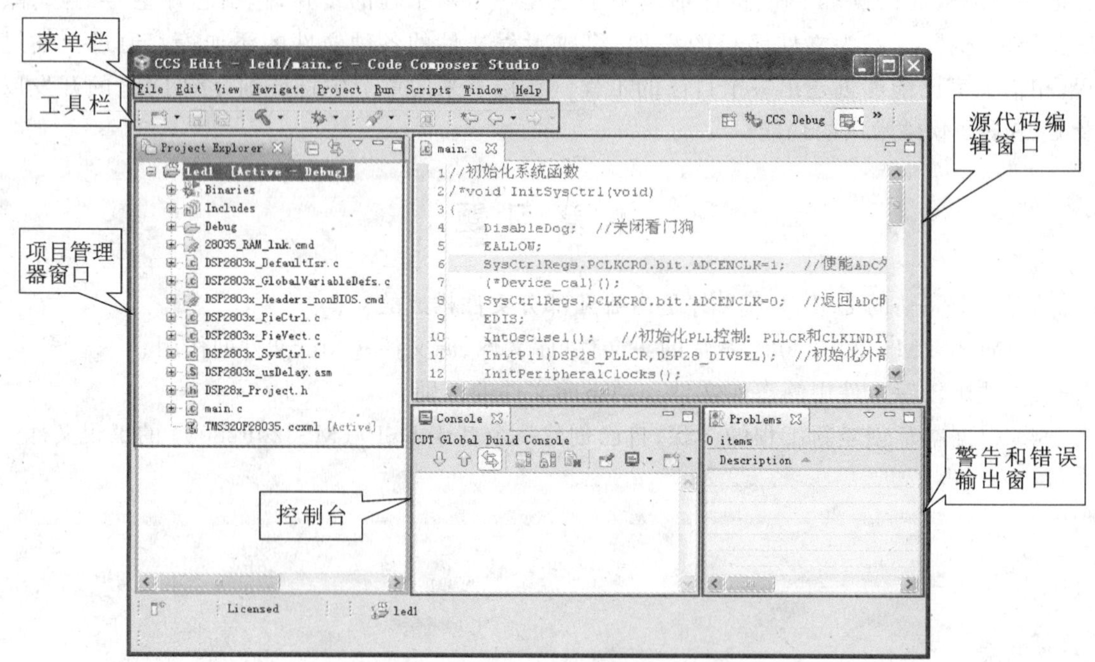

图 5-1　CCS 5.2 界面

(1) 菜单栏:几乎包含了所有对 CCS 5.2 操作的相关命令,所以 CCS 5.2 的所有功能都可以通过菜单栏实现。

(2) 工具栏:和其他的许多软件一样,为了方便用户使用,CCS 5.2 将其常用的一些操作或者工具放在了界面上,如新建、打开、保存、编译、调试等,使用的时候就没有必要每次都通过菜单栏里的命令来实现操作了。

(3) 项目管理器窗口:主要显示新建或者打开的工程。图 5-1 中的这个窗口显示的是已经打开的一个工程，可以通过项目管理器窗口实现对该工程文件的查看、添加、打开、移除等操作，具体的操作将在后面进行详细的介绍。

(4) 源代码编辑窗口：就是 DSP 软件开发时编辑代码的区域，也是 DSP 开发时最主要的工作区域，比如对代码的编辑和修改都是在这个区域中完成的。

(5) 控制台：主要用于显示构建消息和调试消息。在进行多个工程编译后，可以通过切换控制台上相应的按钮来查看相关的信息。

(6) 警告和错误输出窗口：主要用于直观地显示是否有错误，如果有错误和警告，将显示错误和警告的个数，并显示具体的错误和警告是什么，发生在源程序的什么位置，方便用户来分析和修改。

下面简单介绍一下关于程序中出现错误的定位方法。一般程序的编写是在不断调试与修改中逐渐完善的，所以想要一次就把程序调试成功几乎是不可能的。若编译后提示程序中有错误，我们可以通过以下几种方法快速定位出错程序的位置，以减少程序开发的时间。图 5-2 所示为编译的一段程序，我们可以看到在控制台中提醒到"1 error detected in the compilation of "../main.c"."，在警告和错误输出窗口提醒了有一个错误和一个警告。

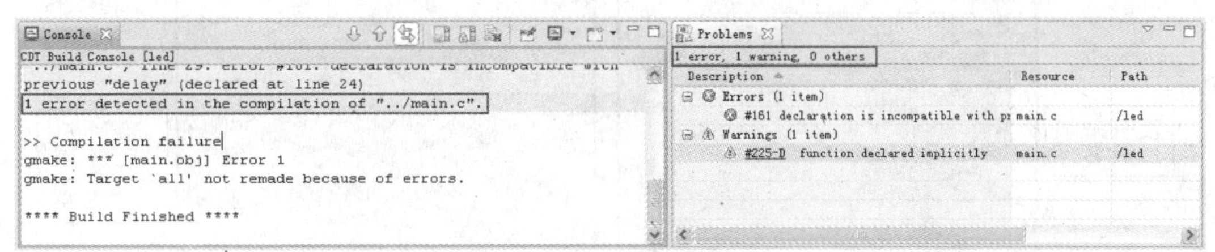

图 5-2　编译程序出现的问题

定位错误的方法主要有以下两种：

① 选中控制台，单击图标，即可定位到程序中出错的位置；

② 选中警告和错误输出窗口，单击错误前面的"＋"号，会弹出对错误的具体说明，双击该错误即可定位程序中出现错误的具体位置。此种方法对于定位出现的警告也同样适用。

5.2　编辑代码时常用操作

在第 4 章中我们已经详细介绍了如何打开一个现有的工程文件和创建一个新的工程，这里就不再赘述。下面来介绍一些编辑代码时常用的操作。

5.2.1　新建一个文件

前面我们已经学会了如何创建一个新的工程，但是新建工程内部是没有任何文件的，此时我们需要在工程中创建新的文件或者添加已经存在的文件。在接下来的内容中，我们将学习如何将文件添加到工程中以及如何移除工程中的文件。

创建新文件的方法有两种：方法一是通过菜单栏中的"File→New→Source File"来创建一个新文件，如图 5-3 所示；方法二是通过单击工具栏中的第一个按钮的黑色三角形，在弹出的下拉列表中选择"Source File"即可，如图 5-4 所示。

在弹出的"New Source File"对话框中的"Source File"框中输入要创建文件的名称，输入完成后单击"Finish"按钮，即可完成对一个文件的创建。注意：后缀一定要写上".c"，否则创建的是一个普通的文本文件，如图 5-5 所示。

图 5-3　新建一个文件的方法一

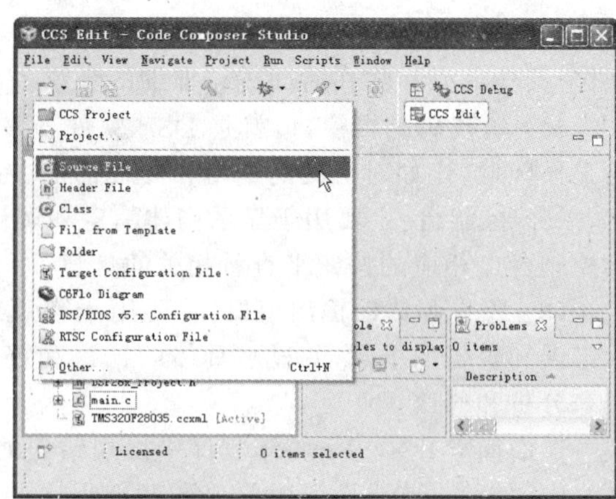

图 5-4　新建一个文件的方法二

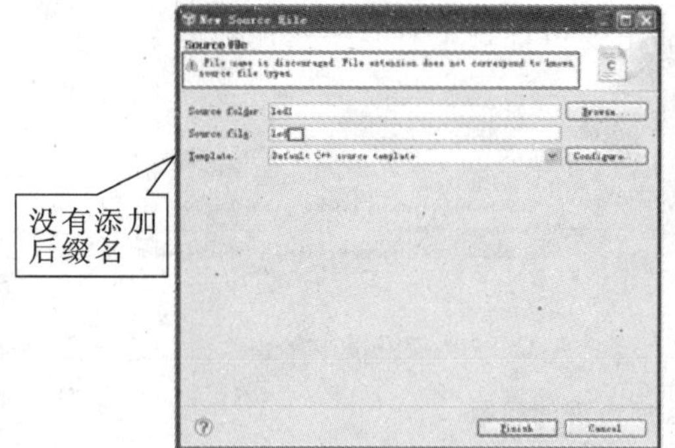

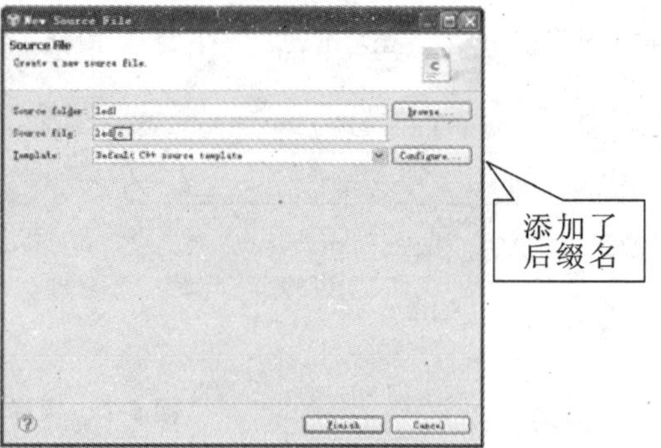

图 5-5　完成创建新文件

5.2.2　向工程添加文件

上面介绍了如何创建一个.c文件，当创建完成后该文件已经添加到工程中，如图 5-6 所示。那么，如何将其他需要的文件添加到工程中去呢？具体步骤如下。

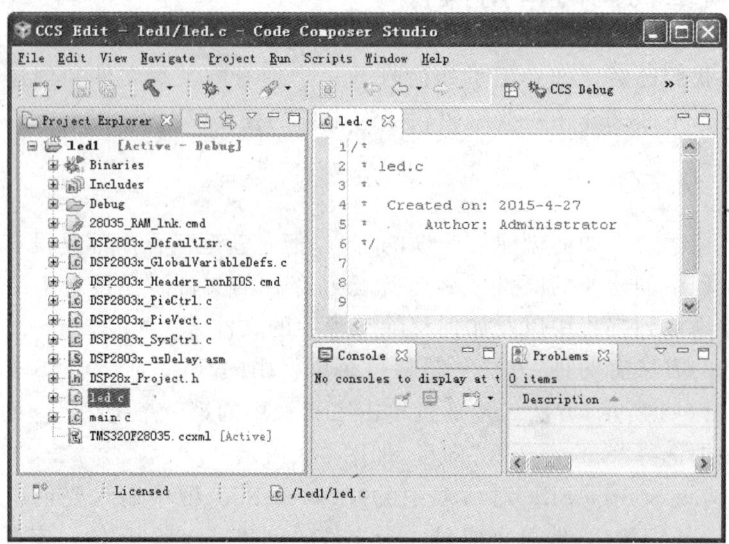

图 5-6　工程中新创建的文件

（1）选中要添加文件的工程，右键单击，弹出快捷菜单，单击“Add Files…”选项，如图 5-7所示。

（2）在弹出的对话框中选中需要添加的文件，然后单击“打开”按钮，即可完成添加操作，如图 5-8 所示。

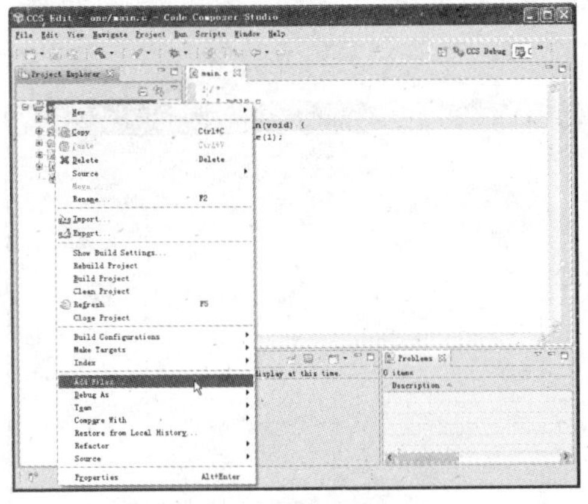

图 5-7　添加文件第一步

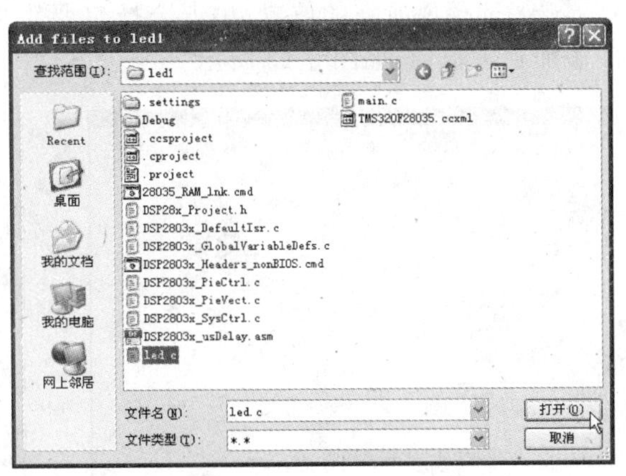

图 5-8　添加文件第二步

5.2.3　移除工程中的文件

前面已经讲了如何添加新的文件，但是在实际编译过程中我们发现该文件是多余的，那么如何移除工程中的文件呢？具体步骤如下。

（1）在项目管理器窗口中选中要移除的工程的文件，右键单击，在弹出的快捷菜单中选择“Delete”选项，如图 5-9 所示。

（2）单击“Delete”选项后会弹出图 5-10 所示的提示框，单击“OK”按钮即可移除文件。

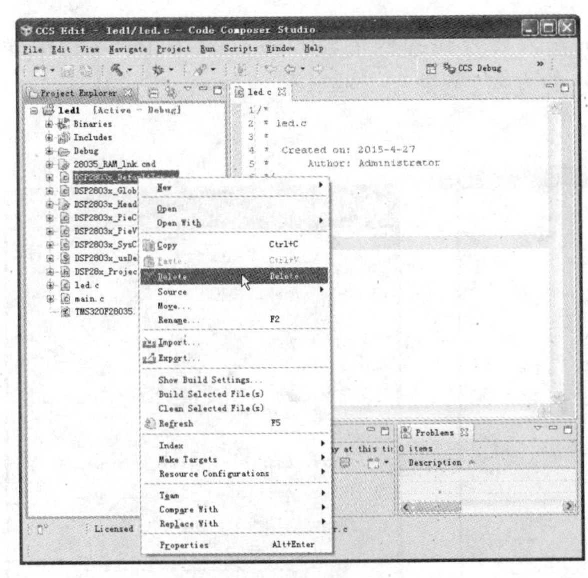

图 5-9　删除工程中的文件

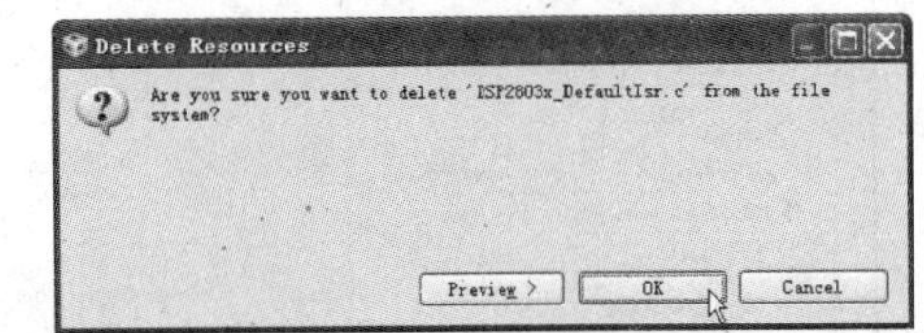

图 5-10　确认删除文件

5.2.4　给工程添加库文件

前面已经讲到过，一个完整的 F28035 工程需要由头文件、源文件、库文件和 CMD 文件组成，因此创建新工程时，经常需要为新建的工程添加库文件。添加库文件的方法和添加文件的方法相差不大，具体步骤如下。

(1) 选中要添加库文件的工程，右键单击，在弹出的快捷菜单中选择“Add Files…”项，如图 5-11 所示。

(2) 选择库所在的位置，单击选择想要添加的库文件，再单击“打开”按钮，即可将库文件添加到工程中，如图 5-12 所示。

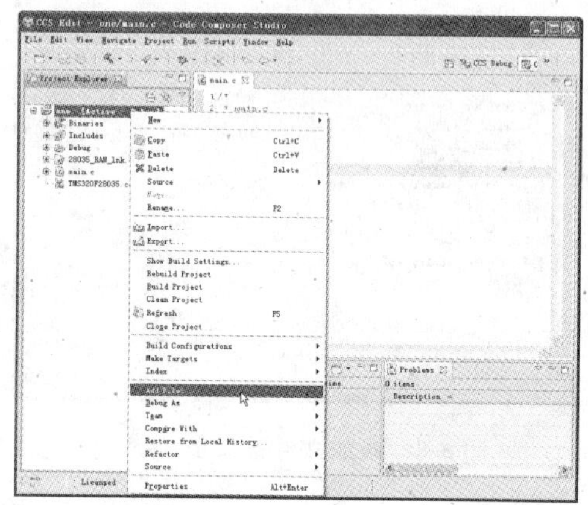

图 5-11　向工程中添加文件

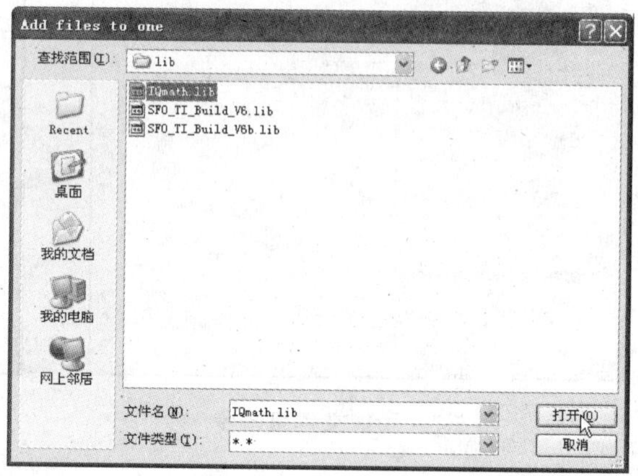

图 5-12　向工程中添加库文件

5.2.5　查找/替换变量

通常在一个工程中用到的变量很多，如果单纯地用肉眼去查找所有的变量，可能会有所遗漏并且非常浪费时间，这时就需要用“查找/替换变量”的功能。实现的具体步骤如下。

(1) 单击菜单栏中的“Edit”选项，在弹出的下拉菜单中单击“Find/Replace”，如图 5-13 所示。

(2) 在弹出的对话框中的“Find”一栏中输入要查找的变量，在“Replace with”一栏中输入替换的变量，然后根据工程需要，选择查找的方向、范围和一些其他的选项，然后从图 5-14 的红框中选择一个操作来执行即可。

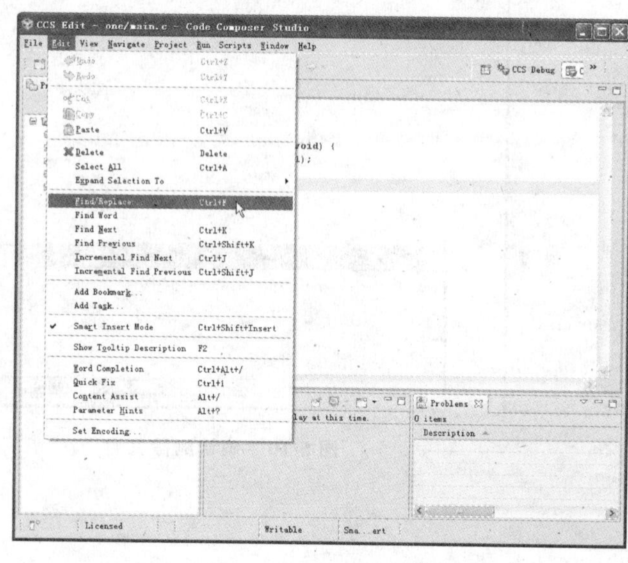

图 5-13　单击“Find/Replace”

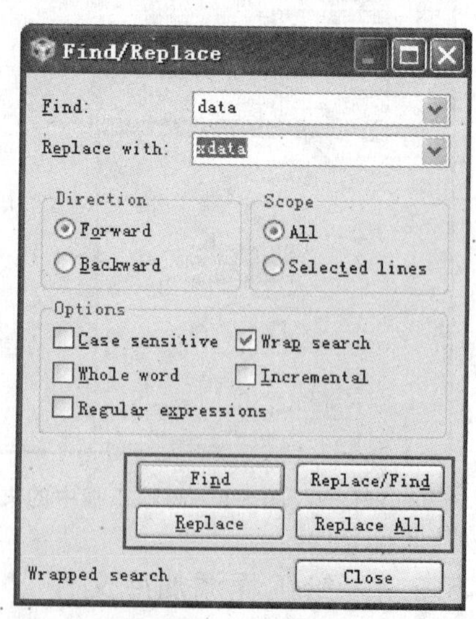

图 5-14　查找/替换变量

5.2.6 查看源码

一个工程由多个文件组成，如何查看这些文件的源码呢？其实很简单，只需双击想要查看源码的文件，就会出现源码，如图 5-15 所示，出现的源码如图 5-16 所示。

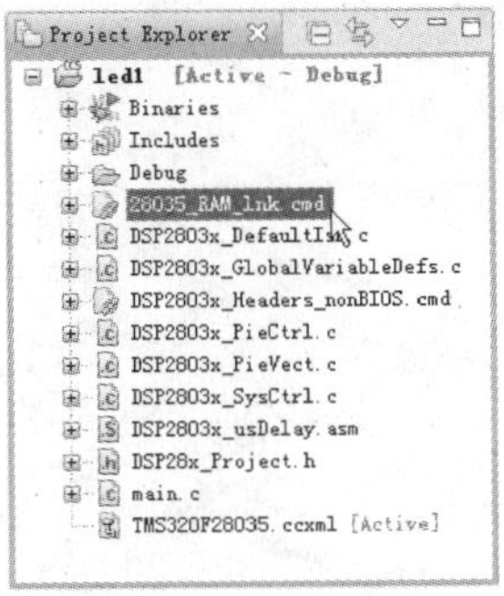

图 5-15　双击想要查看源码的文件

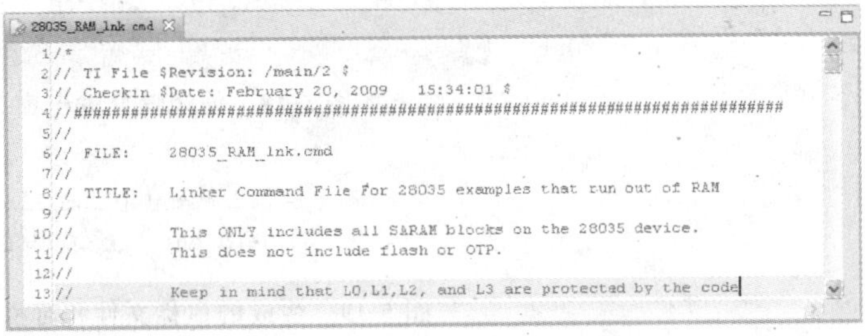

图 5-16　查看.cmd 文件源码

5.3　编辑完成后常用的操作

如果已经在 CCS 5.2 中写好程序的代码，那么如何将其编译成二进制文件，又如何将其下载到 DSP 中呢？接下来就介绍这些操作。

5.3.1 生成可执行代码

在讲解生成可执行代码前先了解一下编译和链接的概念。编译是将源文件处理成目标文件的过程，而目标文件并不是下载到 DSP 中能够运行的可执行代码，它通常包含许多位置代码。链接则是将许多目标文件合并处理成可执行的文件。由此可见，如果对程序单纯地编译是不能产生可执行文件的，只有通过编译和链接才能生成可执行的文件。

生成可执行代码的步骤如下。

(1) 编写好程序后，单击 按钮，即开始进行程序的编译，如图 5-17 所示。

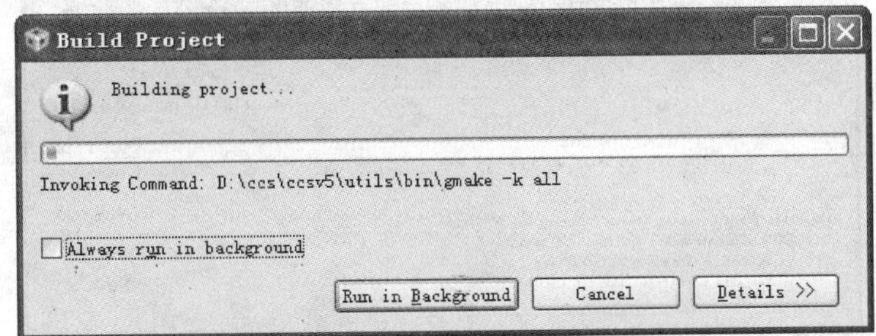

图 5-17　程序编译

(2) 编译完成后，若没有错误，则已生成可执行的代码，如图 5-18 所示。

在编译完成后，我们会发现在工程文件下多了一个“Debug”的文件夹，单击其前面的“+”号，可以看到主函数的目标文件“main.obj”和生成的可执行文件“led.out”，如图 5-19 所示。

5.3.2 将可执行文件链接和载入 DSP

通过前面的操作生成了可执行的文件，下面就需要将可执行文件下载到开发板内进行调试，程序编译无误不代表能够实现功能。将仿真器、开发板和电源线与计算机正确连接

```
Console
CDT Build Console [led1]
project led1 ****

D:\program
files\CCS5_2\ccsv5\utils\bin\gmake -k all
gmake: Nothing to be done for `all'.

**** Build Finished ****
```

```
Problems
0 items
Description
```

图 5-18　编译信息输出窗口

```
led.out - [C2000/le]
main.obj - [C2000/le]
```

图 5-19　生成的目标文件和可执行文件

后，单击 ，弹出图 5-20 所示的下载图，完成后即可将可执行文件下载到开发板内。注意：这里与普通单片机不同的是，此时只将可执行文件下载到了 F28035 的 RAM 区，主要用于调试，断电即丢失，在调试完毕确定无误后就需要将可执行文件下载到 F28035 的 Flash 区，即程序固化。

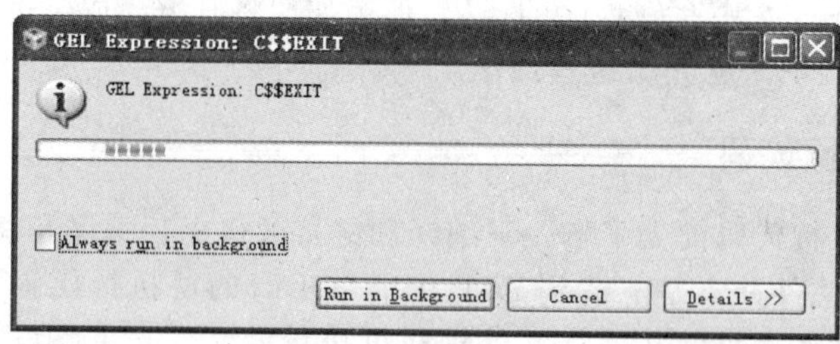

图 5-20　程序载入 DSP

下载完成后的画面如图 5-21 所示。

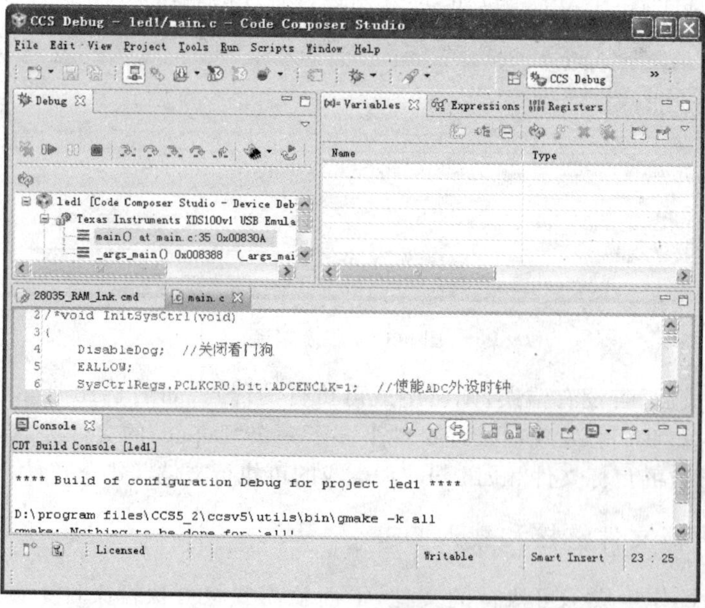

图 5-21　程序下载完毕

5.3.3 运行、暂停程序

(1) 链接和载入完成后，单击按钮，即可运行程序，如图 5-22 所示。当然，也可以通过菜单栏中的“Run”选项的下拉菜单中的“Resume”项来运行程序。

(2) 单击按钮，即可暂停程序，如图 5-23 所示。也可以通过菜单栏中的“Run”选项的下拉菜单中的“Suspend”项来暂停程序。

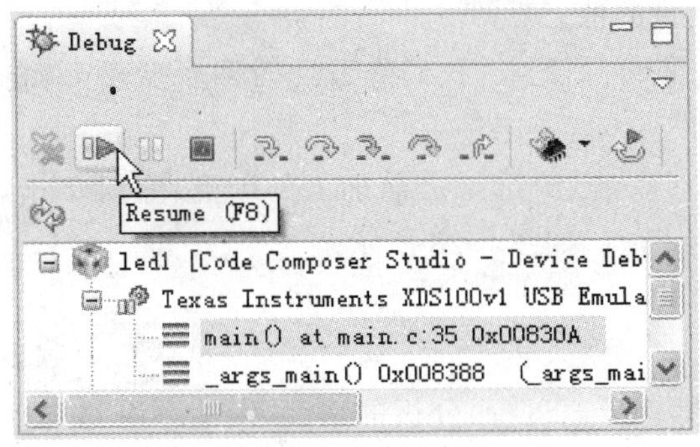

图 5-22 运行程序

图 5-23 暂停程序

(3) 单击按钮，即可终止程序的执行，返回到程序编辑界面，如图 5-24 所示。也可以通过菜单栏中的“Run”选项的下拉菜单中的“Terminate”项来终止程序的执行。

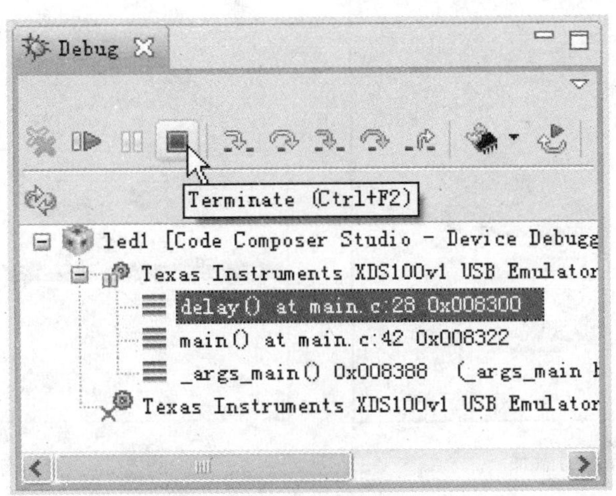

图 5-24 终止程序执行

5.4 调试时常用的操作

程序通过了编译并不能说明程序已经开发成功了。程序通过编译只说明该程序没有语法错误，而程序能不能实现相应的功能还不清楚，那么就需要我们对程序进行慢慢的调试来验证功能。下面来介绍程序调试过程中常用的操作。

5.4.1 添加、移除断点

断点是程序调试中经常用到的一种方式，其意思也很好理解，就是使程序中断的点，即程序运行到断点处就停下来。调试时经常要看看某一行的代码是否被执行、执行前后某些变量的状态或者执行该段代码所消耗的时间等，此时只需要在这一行的代码前设置一个断点即可。下面将介绍添加断点和移除断点的方法。

（1）选中要添加断点程序的位置，右键单击，在弹出的快捷菜单中选择“Breakpoint (Code Composer Studio)”，再选择“Breakpoint”，即可添加断点，如图 5-25 所示。

（2）在“Breakpoints”一栏中我们可以看到新添加进去的断点，如图 5-26 所示。在该栏中我们还可以查看寄存器的值、表达式的值和变量的值。

（3）运行程序，可以看到程序在断点处的位置停了下来，我们查看此时两个变量 i、j 的值，如图 5-27 所示。

（4）当要移除断点时，只需要在“Breakpoints”一栏中选择之前加入的断点，右键单击，在弹出的快捷菜单中选择“Remove”项，即可移除断点，如图 5-28 所示。

5.4.2 单步调试

有时在调试程序的时候经常会遇到需要一步一步地运行、分析的情况，因为只有这样才能发现问题所在，这时候单步调试对于 DSP 开发者来说尤为重要。CCS 5.2 提供单步调试的工具按钮有两种，一种是针对 C 语言程序的，另一种是针对反汇编程序的，如图 5-29 所示。下面我们来一起认识一下这几个单步调试工具按钮。

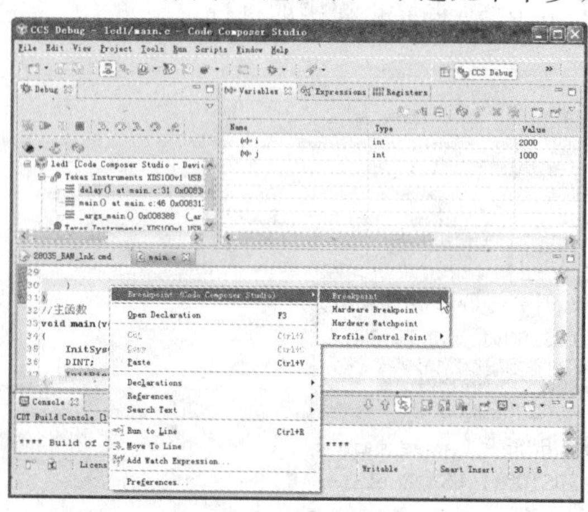

图 5-25 断点的添加

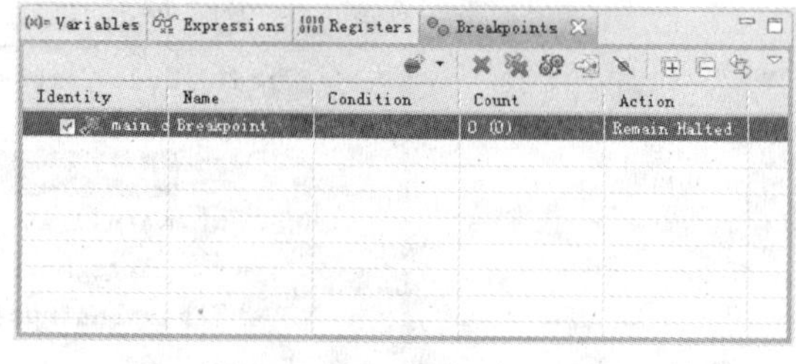

图 5-26 查看新添加的断点

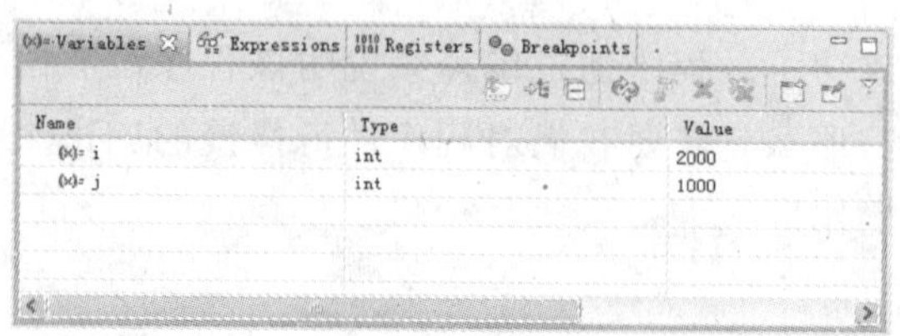

图 5-27 查看变量的值

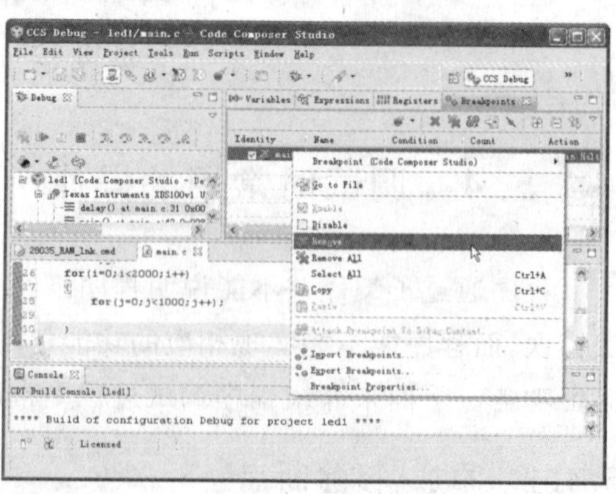

图 5-28 移除断点

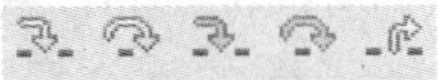

图 5-29 单步调试工具按钮

(1) 表示 Step Into。源程序的单步运行按钮，即单击该按钮一下，程序运行一步，执行一行的代码。

(2) 表示 Step Over。该按钮的功能是在单步执行时，如果遇到子函数则不会进入到子函数的内部，而是将子函数作为一步来执行。如在主函数内调用一个延时函数，单击该调试按钮则不会进入到延时函数的内部，而是将该延时函数作为一步执行。

(3) 表示 Assembly Step Into。该按钮是反汇编的单步按钮，用于调试反汇编语言，其作用也是每单击一下该按钮程序执行一步。

(4) 表示 Assembly Step Over。该按钮与“Step Over”按钮的功能一样，遇到子函数不会进入到子函数内部执行，而是将子函数作为一步来执行。

(5) 表示 Step Return。该按钮主要用于当单步运行到子函数内部时，使用该按钮可以执行完子函数余下的部分，并返回到上一层函数。

下面我们以 LED 灯闪烁的源程序为例来讲解使用单步调试工具调试程序的方法。首先将程序当前运行的位置置于主程序的 while 循环处，如图 5-30 所示。

程序当前运行位置
28035_RAM_lnk.cmd
main.c
while(1)
{
GpioDataRegs.GPBDAT.bit.GPIO40=0; //将GPIO40置为低电平，即LED灯亮
delay(); //延时
GpioDataRegs.GPBDAT.bit.GPIO40=1; //将GPIO置为高电平，即LED灯灭
delay(); //延时
}
}

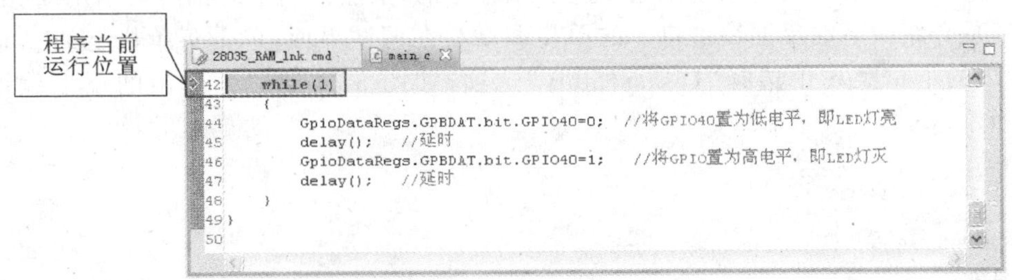

图 5-30 程序当前位置

单击“Step Into”按钮，观察蓝色箭头移动的方向和位置，如图 5-31 所示。从图中可以看到程序向下执行了一步，继续单击“Step Into”按钮，蓝色箭头跳到延时子函数前，此时开发板上的 LED 灯亮，当再次单击“Step Into”按钮时程序会跳到延时子函数内，如图 5-32 所示。

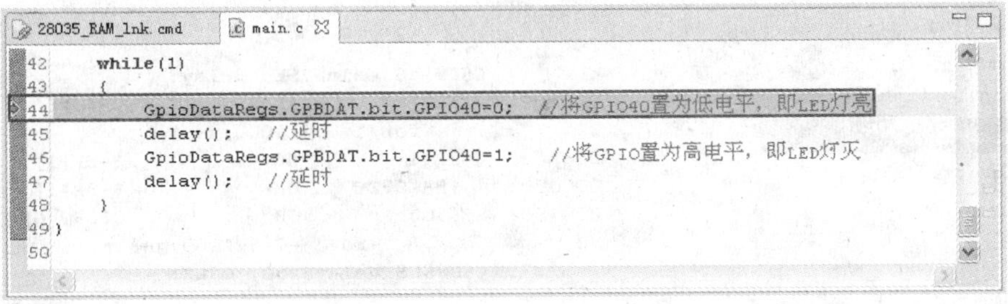

28035_RAM_lnk.cmd
main.c
while(1)
{
GpioDataRegs.GPBDAT.bit.GPIO40=0; //将GPIO40置为低电平，即LED灯亮
delay(); //延时
GpioDataRegs.GPBDAT.bit.GPIO40=1; //将GPIO置为高电平，即LED灯灭
delay(); //延时
}
}

图 5-31 单击“Step Into”按钮一次

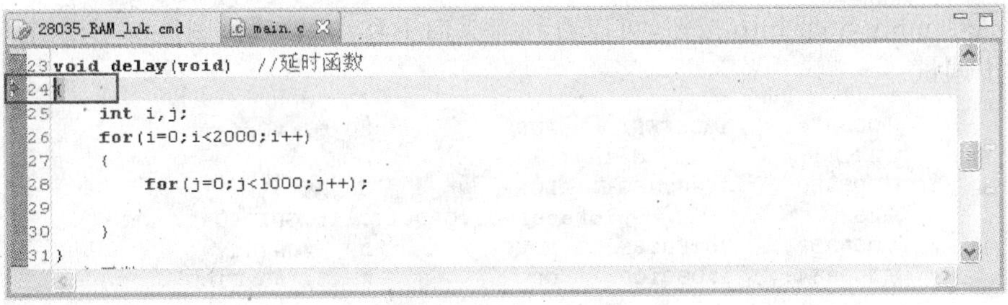

28035_RAM_lnk.cmd
main.c
void delay(void) //延时函数
{
int i,j;
for(i=0;i<2000;i++)
{
for(j=0;j<1000;j++);
}
}

图 5-32 调用延时子函数

此时如果还单击“Step Into”按钮，则程序将在延时子函数里面执行 1000×2000 次，所以此时我们单击“Step Return”按钮，程序会跳出延时子函数，到延时子函数的下一段程序处，如图 5-33 所示。

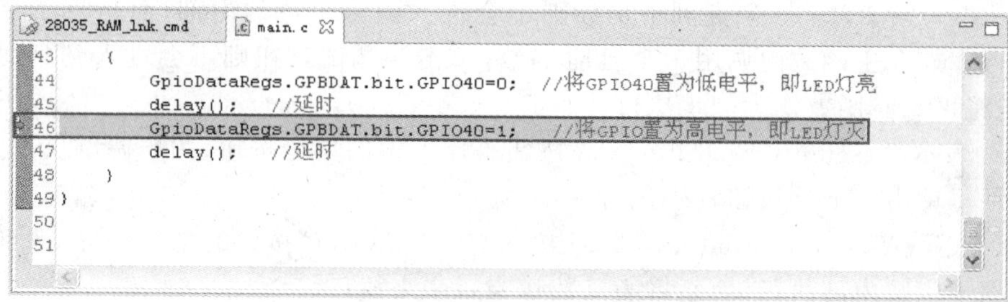

图 5-33 单击“Step Return”按钮

当再次单击“Step Into”按钮时，蓝色箭头跳到延时子函数前，此时开发板上的 LED 灯熄灭。

在单步调试中还有两个按钮是用于反汇编程序的，虽然我们平时都习惯于用 C 语言，但是这里还是介绍一下在反汇编窗口下的单步调试。在调试界面，单击菜单栏上的“View”选项，在弹出的下拉菜单中选择“Disassembly”选项，如图 5-34 所示。弹出的反汇编窗口如图 5-35所示。

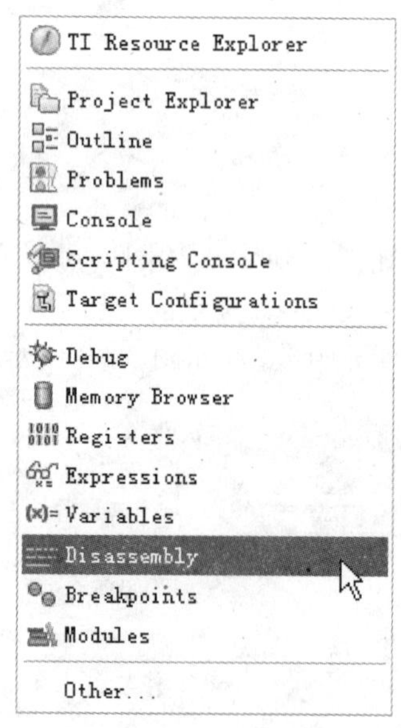

图 5-34 反汇编选项

```
00837e:   1808FEFF    AND          @0x8, #0xfeff
24             delay();
008380:   76408389    LCR          delay
25             GpioDataRegs.GPBDAT.bit.GPIO40=1;
008382:   761F01BF    MOVW         DP, #0x1bf
008384:   1A080100    OR           @0x8, #0x0100
26             delay();
008386:   76408389    LCR          delay
21          while(1)
008388:   6FF4        SB           C$L1, UNC
30         {
        C$DW$L$_main$2$E, delay:
008389:   FE02        ADDB         SP, #2
32           for(i=0;i<2000;i++)
00838a:   2B41        MOV          *-SP[1], #0
00838b:   1B4107D0    CMP          *-SP[1], #2000
00838d:   630D        SB           C$L5, GEQ
34             for(j=0;j<1000;j++);
        C$DW$L$_delay$2$B, C$L2:
```

图 5-35 反汇编窗口

单击 Assembly Step Into 按钮，可以看到箭头向下移动了一行，图 5-36 所示为反汇编程序下的单步调试。

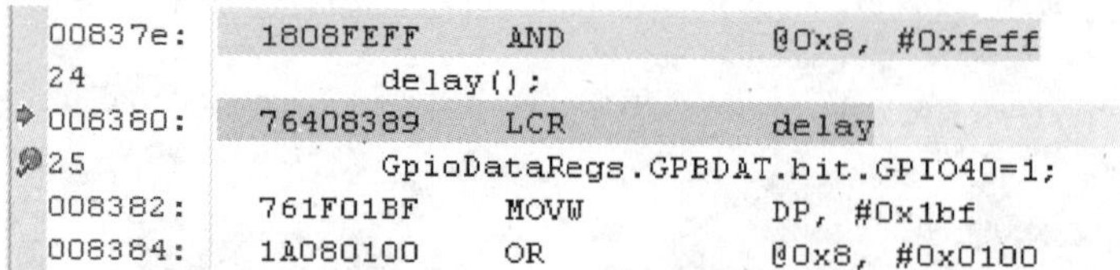

图 5-36 反汇编程序下的单步调试

有时候一行 C 语言代码用反汇编语言来表示可能需要好几行，所以在进行单步调试的过程中，源程序窗口下移一行对应的反汇编窗口中的箭头可能会下移好几行代码；反过来，当反汇编窗口中的程序下移一行，源程序中的箭头可能还在原地未动，并未向下移动，因为还没有完成一行 C 语言代码的执行。

5.4.3 使用 Watch Window 观察变量

一个程序中往往会有许多变量，而我们在程序调试时通常又希望看到某一个或者某些变量的值，以便于观察程序是否正常运行。这时我们可以通过 CCS 5.2 的 Watch Window 的功能来查看变量的值。如图 5-37 所示，在延时子函数的尾部设置一个断点，单击“运行”按钮，可以看到程序运行到断点处停了下来，我们此时来查看变量 i 和 j 的值。分别选中变量 i 和 j，单击右键，在弹出的快捷菜单中选择“Add Watch Expression…”，如图 5-38 所示。添加完成后可使用 Watch Window 观察变量的值，如图 5-39 为运行到断点处变量 i 和 j 的值。

```
28035_RAM_lnk.cmd    main.c
    int i,j;
    for(i=0;i<2000;i++)
    {
        for(j=0;j<1000;j++);
    }
}
//主函数
void main(void)
```

图 5-37　设置断点

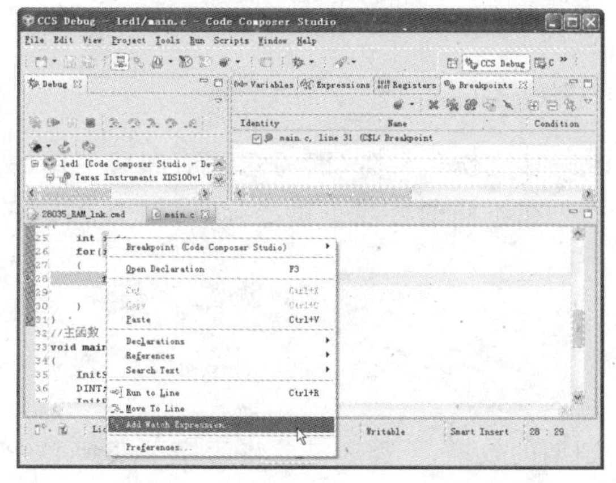

图 5-38　添加变量到 Watch Window 中

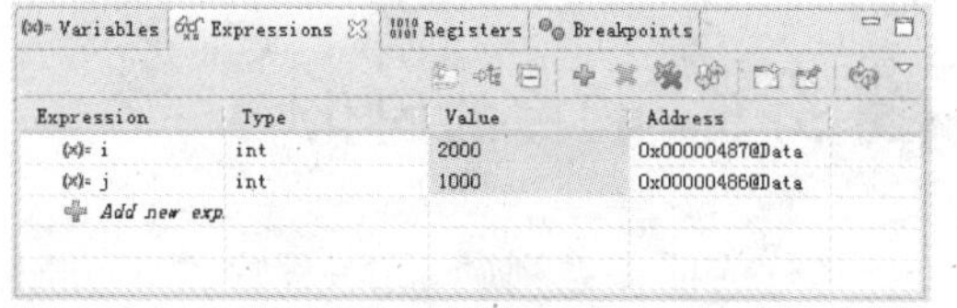

Expression	Type	Value	Address
i	int	2000	0x00000487@Data
j	int	1000	0x00000486@Data
Add new exp			

图 5-39　变量 i 和 j 的值

5.4.4 程序代码运行时间的统计

在实际的工程项目中我们会对程序的执行时间有一定的要求，所以我们有必要掌握在 CCS 5.2 中如何统计程序代码的运行时间。将可执行文件下载到 DSP 的 RAM 存储区内，下载完成后箭头指向 main()函数的入口处。

下面调出统计时间的时钟，单击调试界面菜单栏中的“Run”，在弹出的下拉菜单中选择“Clock”，在弹出的子菜单中选择“Enable”，如图 5-40 所示。此时我们可以在调试界面的最下面一栏看到一个如钟表的图形，如图 5-41 所示。

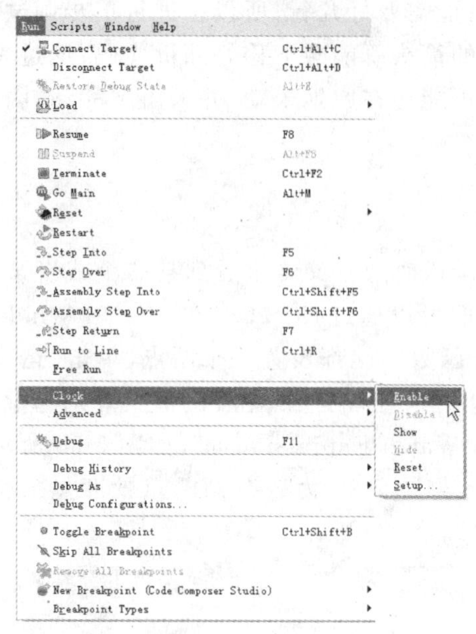

图 5-40 使能时钟

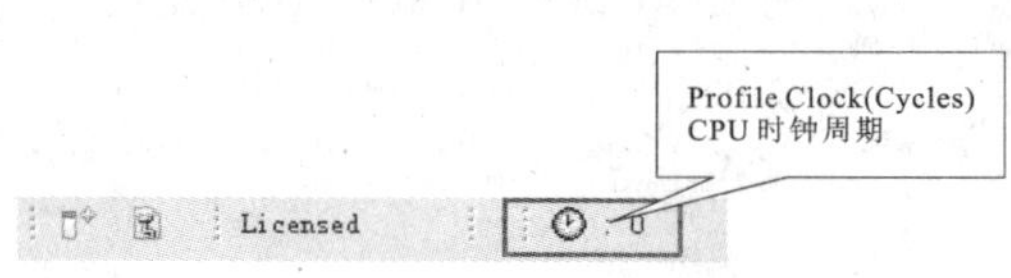

图 5-41 Clock 工具

单击单步调试中的“Step Into”按钮，源程序中执行一行的代码，可以看到运行这一行代码所需的 CPU 时钟周期如图 5-42 所示。这里运行的是一个初始化系统的子函数，可以看到共消耗 1052 个 CPU 时钟周期。

图 5-42 代码运行时间统计

当然，统计到的时间不一定是精确的，这个时间只能作为参考，因为它的值和所使用的硬件环境是相关的，如仿真器、DSP 等。相同的代码在不同的环境下做统计，时间上是有一定差异的。

5.5 程序的固化

经过前面一系列的调试，程序终于可以达到预期的效果，下面就需要将程序下载到 DSP 的 Flash 区，即将程序固化，其操作步骤如下。

（1）调用 TI 公司官方 CMD 文件 F28035.CMD，和烧写相关的语句如下：

```
RAML0       :origin=0x008000,length=0x000800
FLASHD      :origin=0x3F0000,length=0x002000
ramfuncs    :LOAD=FLASHD,
             RUN=RAML0,
             LOAD_START(_RamfuncsLoadStart),
             LOAD_END(_RamfuncsLoadEnd),
             RUN_START(_RamfuncsRunStart),
             PAGE=0
```

(2) 在工程中添加 DSP2803x_MemCopy.c 文件，内容如下：

```
#include "DSP2803x_Device.h"
voidMemCopy(Uint16* SourceAddr,Uint16* SourceEndAddr,Uint16* DestAddr)
{
    while(SourceAddr< SourceEndAddr)
    {
      * DestAddr++=*SourceAddr++;
    }
    return;
}
```

(3) 将 DSP2803x_SysCtrl.c 添加进入工程，其需包含的内容如下：

```
voidInitFlash(void)
{
   EALLOW;
  FlashRegs.FOPT.bit.ENPIPE=1;
  FlashRegs.FBANKWAIT.bit.PAGEWAIT=2;
  FlashRegs.FBANKWAIT.bit.RANDWAIT=2;
  FlashRegs.FOTPWAIT.bit.OTPWAIT=2;
  FlashRegs.FSTDBYWAIT.bit.STDBYWAIT=0x01FF;
  FlashRegs.FACTIVEWAIT.bit.ACTIVEWAIT=0x01FF;
  EDIS;
  asm("RPT#7 || NOP");
}
```

(4) 在 main()函数之前定义三个变量：

```
extern Uint16RamfuncsLoadStart;
extern Uint16RamfuncsLoadEnd;
extern Uint16RamfuncsRunStart;
```

(5) 在 main()函数中初始化系统需添加以下语句：

```
MemCopy(&RamfuncsLoadStart,&RamfuncsLoadEnd,&RamfuncsRunStart);
InitFlash();
```

(6) 在工程中添加 DSP2803x_CodeStartBranch.asm，内容如下：

```
WD_DISABLE.set1             ;set to 1 to disable WD,else set to 0
    .ref _c_int00
    .globalcode_start
    .sect "codestart"
code_start:
    .if WD_DISABLE==1
        LBwd_disable        ;Branch to watchdog disable code
    .else
        LB _c_int00         ;Branch to start ofboot.asm in RTS library
    .endif
    .if WD_DISABLE==1
    .text
```

```
wd_disable:
    SETC OBJMODE ;Set OBJMODE for 28x object code
    EALLOW  ;Enable EALLOW protected register access
    MOVZ DP,#7029h>>6 ;Set data page for WDCR register
    MOV@7029h,#0068h ;Set WDDIS bit in WDCR to disable WD
    EDIS        ;Disable EALLOW protected register access
    LB _c_int00 ;Branch to start ofboot.asm in RTS library
    .endif
    .end
```

(7) 重新编译一次，正确无误后将程序下载到 DSP 芯片内部，下载完成，此时该程序固化在 DSP 芯片的 Flash 区，断开仿真器的连接，可以看到程序能够正常运行。

本章小结

本章只选取 CCS 5.2 中经常用到的一些知识点进行介绍和讲解，包括 CCS 5.2 界面布局和结构、编译代码时常用的操作、编译完成后常用的操作和调试过程中常用的操作。在接下来的章节中我们将开始介绍 DSP 开发时需要用到的基本 C 语言的知识。

本章习题

1. CCS 5.2 编辑界面由哪几部分构成？每一部分的作用是什么？
2. 如何新建一个工程？
3. 编译、链接的概念是什么？怎样才能生成一个可执行文件？
4. 程序调试有哪些步骤？
5. 单步调试工具主要有哪两种，它们的主要功能是什么？

第6章 用C语言操作DSP的寄存器

在嵌入式系统开发过程中，我们经常用到的两种编程语言是汇编语言和C语言。汇编语言给大多数的编程人员带来的感觉就是难以理解，不形象，所以如果一个复杂的工程要求用汇编语言来实现，估计大多数的编程人员都会心虚；如果换成用C语言来实现，估计编程人员都会得心应手，毕竟C语言给人的感觉是形象，更加贴近平时的语言习惯。F28035的开发既支持C语言也支持汇编语言，在大多数的DSP开发中用得较多的是C语言，只有在非常严格的情况下才会插入汇编语言。本章将以F28035的外设SCI为例，详细分析如何使用C语言中的结构体和位定义的方法实现对DSP寄存器的操作。

6.1 用C语言访问寄存器

DSP的寄存器能够实现对系统和外设功能的配置和控制，因此，在开发的过程中，对于寄存器的操作是极其重要的，对寄存器的操作是否方便直接决定了DSP开发的过程是否方便。F28035为大家提供了位定义和寄存器结构体的方式，能够方便地实现对DSP内部寄存器的访问和控制。下面以SCI为例，为大家介绍如何使用C语言的位定义和寄存器结构体的方式来实现对SCI寄存器的访问。

6.1.1 SCI的寄存器

该小节本来应该在介绍SCI的时候才讲的，但是为了大家能够对SCI的寄存器有一定的基本了解，这里也稍作介绍。F28035的SCI模块具有两个相同的串行通信接口SCIA和SCIB，体现到硬件上的话，F28035支持两个串口。SCIA和SCIB具有相同的寄存器文件，如表6-1和表6-2所示。

表6-1 SCIA寄存器文件

寄存器名	地址	占用空间	功能描述
SCICCR	0x0000-7050	16位	SCIA通信控制寄存器
SCICTL1	0x0000-7051	16位	SCIA控制寄存器1
SCIHBAUD	0x0000-7052	16位	SCIA波特率设置寄存器(高字节)
SCILBAUD	0x0000-7053	16位	SCIA波特率设置寄存器(低字节)
SCICTL2	0x0000-7054	16位	SCIA控制寄存器2
SCIRXST	0x0000-7055	16位	SCIA接收状态寄存器
SCIRXEMU	0x0000-7056	16位	SCIA接收仿真数据缓冲寄存器
SCIRXBUF	0x0000-7057	16位	SCIA接收数据缓冲寄存器
SCITXBUF	0x0000-7059	16位	SCIA发送数据缓冲寄存器
SCIFFTX	0x0000-705A	16位	SCIA FIFO发送寄存器

续表

寄存器名	地　址	占用空间	功能描述
SCIFFRX	0x0000-705B	16位	SCIA　FIFO接收寄存器
SCIFFCT	0x0000-705C	16位	SCIA　FIFO控制寄存器
SCIPRI	0x0000-705F	16位	SCIA极性控制寄存器

表6-2　SCIB寄存器文件

寄存器名	地　址	占用空间	功能描述
SCICCR	0x0000-7750	16位	SCIB通信控制寄存器
SCICTL1	0x0000-7751	16位	SCIB控制寄存器1
SCIHBAUD	0x0000-7752	16位	SCIB波特率设置寄存器(高字节)
SCILBAUD	0x0000-7753	16位	SCIB波特率设置寄存器(低字节)
SCICTL2	0x0000-7754	16位	SCIB控制寄存器2
SCIRXST	0x0000-7755	16位	SCIB接收状态寄存器
SCIRXEMU	0x0000-7756	16位	SCIB接收仿真数据缓冲寄存器
SCIRXBUF	0x0000-7757	16位	SCIB接收数据缓冲寄存器
SCITXBUF	0x0000-7759	16位	SCIB发送数据缓冲寄存器
SCIFFTX	0x0000-775A	16位	SCIB　FIFO发送寄存器
SCIFFRX	0x0000-775B	16位	SCIB　FIFO接收寄存器
SCIFFCT	0x0000-775C	16位	SCIB　FIFO控制寄存器
SCIPRI	0x0000-775F	16位	SCIB极性控制寄存器

从表6-1和表6-2可以看到，外设SCIA和SCIB的每一个寄存器都占据1字，即16位宽度。从其地址分布来看，SCIA的寄存器地址从0x0000-7050到0x0000-705F，中间缺少了0x0000-7058、0x0000-705D、0x0000-705E。SCIB的寄存器地址从0x0000-7750到0x0000-775F，中间缺少了0x0000-7758、0x0000-775D、0x0000-775E。中间缺少的这些地址为系统保留的寄存器空间，暂时没有使用。表6-1和表6-2所列出的寄存器位于F28035寄存器空间的外设帧2内，是在物理上实实在在存在的存储器单元。事实上，这些寄存器就是定义了具体功能的存储单元，系统会根据这些存储单元中具体的配置来进行工作。

6.1.2　用位定义的方法定义寄存器

首先介绍C语言中一种被称为位域或者位段的数据结构。所谓位域，就是把一个字节中的二进制位划分为几个不同的区域，并说明每个区域的位数。每个域都有一个域名，使程序可以按域名进行操作。位域的定义和位域变量的说明同结构体定义和其成员说明类似，语法格式为：

```
Struct 位域结构名
{
  类型说明符　位域名1:位域长度;
  类型说明符　位域名2:位域长度;
  …
  类型说明符　位域名n:位域长度;
};
```

其中：类型说明符就是基本的数据类型，例如 int、char 等；位域名可以任意取，能够反映其位域的功能就好；位域长度是指这个位域是由多少个位组成的。和结构体定义一样，花括号最后的分号不可缺少，否则会出错。

图 6-1 所示是将一个名为 bs 字的 16 位划分为 3 个位域，其中 D0～D7 共 8 位为位域 a，D8～D11 共 4 位为位域 b，D12～D15 共 4 位为位域 c，用位域的方式来定义的结果如下。

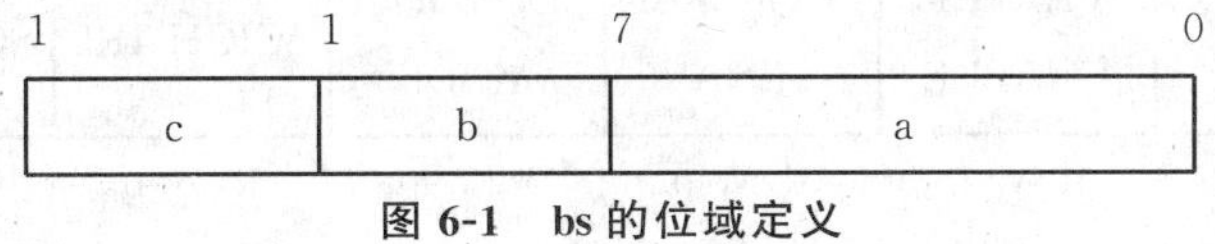

图 6-1　bs 的位域定义

【例 6-1】

```
struct bs           //定义位域
{
  int a:8;
  int b:4;
  int c:4;
};
struct bs bs0;      //声明 bs 型变量 bs0
```

位域是 C 语言中的一种数据结构，所以需要遵循先声明后使用的原则。在例 6-1 中，声明了 bs0，说明 bs0 是 bs 型变量，共占 2 个字节，其中位域 a 占 8 位，位域 b 占 4 位，位域 c 占 4 位。关于位域的定义还有以下几点说明。

(1) 位域的定义必须从右至左，意思就是说从最低位开始定义。

(2) 一个位域必须存储在同一个字节中。如果一个字节所剩空间不够存放另一域时，应该从下一个单元起存放该域，如例 6-2 所示。

【例 6-2】

```
struct bs           //定义位域
{
  int a:5;
  int :0;           //空域
  int b:4;          //从第二个字节开始存放
  int c:4;
};
```

在这个位域中，第一个位域 a 占第一个字节的 5 位，而第二个位域 b 占 4 位，所以第一个字节剩下的 3 位不够存放位域 b，因此第一个字节的后 3 位写 0 留空，b 从第二个字节开始存放。

(3) 位域的长度不能大于一个字节的长度，也就是说，一个位域不能超过 8 位。

(4) 位域可以无位域名，此时，它只用于填充或调整位置。无名的位域不能使用，如例 6-3 所示。

【例 6-3】

```
struct bs
{
  int a:5;
  int :3;         //这 3 位不能使用
  int b:4;
  int c:4;
};
```

掌握了C语言中位域的知识后，下面以SCIA的通信控制寄存器SCICCR为例来说明如何使用位域的方法来定义寄存器。图6-2所示为SCIA通信控制寄存器SCICCR的具体定义。

7	6	5	4	3	2	1	0
STOP BITS	EVEN/ODD PARITY	PARITY ENABLE	LOOPBACK ENA	ADDR/IDLE MODE	SCICHAR2	SCICHAR1	SCICHAR0
R/W-0	R/W-0	R/W-0	R/W-0	R/W-0	R/W-0	R/W-0	R/W-0

图6-2　SCIA通信控制寄存器SCICCR

SCIA模块所有的寄存器都是8位的，当一个寄存器被访问时，寄存器数据位于低8位，高8位为0。SCICCR的D0～D2为字符长度控制位SCICHAR，占据了3位。D3为SCI多处理器模式控制位ADDRIDLE_MODE，占据1位。D4为SCI回送测试模式使能位LOOPBKENA，占据1位。D5为SCI极性使能位PARITYENA，占据1位。D6为SCI奇/偶极性使能位PARITY，占据1位。D7为SCI结束位(也称停止位)的个数STOP BITS，也占据1位。D8～D15保留，共8位。因此，可以将寄存器SCICCR用位域的方式表示为例6-4所示的数据结构。

【例6-4】

```
struct SCICCR_BITS
{
  Uint16 SCICHAR:3;                //字符长度控制位
  Uint16 ADDRIDLE_MODE:1;          //多处理器模式控制位
  Uint16 LOOPBKENA:1;              //回送测试模式使能位
  Uint16 PARITYENA:1;              //极性使能位
  Uint16 PARITY:1;                 //奇/偶极性选择位
  Uint16 STOPBITS:1;               //停止位个数
  Uint16 rsvd1:8;                  //保留
};
struct SCICCR_BITS bit;
bit.SCICHAR=7;                     //SCI字符长度控制位为8位
```

在寄存器中，被保留的空间也要在位域中定义，只是定义的变量不会被调用。一般位域中的元素是按地址的顺序来定义的，所以中间如果有空间保留，那么就需要一个变量来代替。虽然变量并不会被调用，但是必须要添加，以防后续寄存器位的地址混乱。

6.1.3　声明共同体

使用位定义的方法定义寄存器可以方便地实现对寄存器功能位进行操作，但是有时候如果需要对整个寄存器进行操作，那么位操作就比较麻烦了，因此有必要引入能够对寄存器整体进行操作的方式，这样想要进行整体操作的时候就用整体操作的方式，想要进行位操作的时候就进行位操作的方式。对SCI的通信控制寄存器SCICCR进行共同体的定义，使得用户可以方便地选择对位或者寄存器整体进行操作，如例6-5所示。

【例 6-5】

```
union SCICCR_REG
{
    Uint16 all;
    struct SCICCR_BITS bit;
};
union SCICR_REG SCICCR;
SCICCR.all=0x0007;
SCICCR.bit.SCICHAR=6;
```

例 6-5 先定义了一个共同体 SCICCR_REG,然后声明了一个 SCICCR_REG 变量 SCICCR,接下来变量 SCICCR 就可以对寄存器实现整体操作或者进行位操作了,相当方便。该例中,先是通过整体操作对寄存器的各个位进行了配置,SCICHAR 位被赋值为 7,相当于 SCI 数据位长度为 8;接着,变量 SCICCR 通过位操作的方式,将 SCICHAR 的值改为 6,即 SCI 数据位长度为 7。

6.1.4 创建结构体文件

由前面的表 6-1 和表 6-2 可以看出来,SCI 模块除了寄存器 SCICCR 之外还有很多其他的寄存器。为了方便管理,需要创建一个结构体,用来包含 SCI 模块的所有寄存器,如例 6-6 所示。

【例 6-6】

```
struct  SCI_REGS
{
   union SCICCR_REG      SCICCR;          //通信控制寄存器
   union SCICTL1_REG     SCICTL1;         //控制寄存器 1
   Uint16                SCIHBAUD;        //波特率寄存器 (高字节)
   Uint16                SCILBAUD;        //波特率寄存器 (低字节)
   union SCICTL2_REG     SCICTL2;         //控制寄存器 2
   union SCIRXST_REG     SCIRXST;         //接收状态寄存器
   Uint16                SCIRXEMU;        //接收仿真数据缓冲寄存器
   union SCIRXBUF_REG    SCIRXBUF;        //接收数据缓冲寄存器
   Uint16                rsvd1;           //保留
   Uint16                SCITXBUF;        //发送数据缓冲寄存器
   union SCIFFTX_REG     SCIFFTX;         //FIFO 发送寄存器
   union SCIFFRX_REG     SCIFFRX;         //FIFO 接收寄存器
   union SCIFFCT_REG     SCIFFCT;         //FIFO 控制寄存器
   Uint16                rsvd2;           //保留
   Uint16                rsvd3;           //保留
   union SCIPRI_REG      SCIPRI;
};
extern volatilestruct SCI_REGS SciaRegs;
extern volatilestruct SCI_REGS ScibRegs;
```

上面所示的 SCI 寄存器结构体 SCI_REGS 中,有的成员是 union 形式的,有的是 Uint16 形式的。定义为 union 形式的成员既可以实现对寄存器的整体操作,也可以实现对寄存器进行位操作;而定义为 Uint16 的成员只能直接对寄存器进行操作。

无论是 SCIA 还是 SCIB,在其寄存器的存储空间中,有 3 个存储单元是被保留的,在对 SCI 的寄存器进行结构体定义时,也要将其保留。保留的寄存器空间采用变量来代替,但是该变量不会被调用,如 rsvd1、rsvd2、rsvd3 等。

在定义了结构体 SCI_REGS 之后,需要声明 SCI_REGS 型的变量 SciaRegs 和 ScibRegs,分别用于代表 SCIA 的寄存器和 SCIB 的寄存器。关键字“extern”表示“外部”的意思,说明该变量在外部文件中被调用,是一个全局变量;关键字“volatile”表示“易变的”意思,说明该寄存器的值能够被外部代码任意改变,如果不使用该关键字,则寄存器的值只能被程序代码改变。

如果将所有的 SCI 寄存器用位定义的方式来表示,然后根据需要来定义共同体,最后定义寄存器结构体文件,这样可以发现,这个就是 DSP2803x_Sci.h 里面的内容。因为 F28035 的寄存器结构是固定的,因此系统的头文件是可以直接拿过来用的,一般情况下是不需要修改的。

定义了结构体 SCI_REGS 型的变量 SciaRegs 和 ScibRegs 之后,就可以方便地实现对寄存器的操作了。

【例 6-7】 对 SCICCR 进行位操作。

```
SciaReg.SCICCR.bit.STOPBITS=0;              //1 位停止位
SciaReg.SCICCR.bit.PARITYENA=0;             //禁止极性功能
SciaReg.SCICCR.bit.LOOPBKENA=0;             //禁止回送测试模式功能
SciaReg.SCICCR.bit.ADDRIDLE_MODE=0;         //空闲线模式
SciaReg.SCICCR.bit.SCICHAR=7;               //8 位数据位
```

【例 6-8】 对 SCICCR 进行整体操作。

```
SciaRegs.SCICCR.all=0x0007;
```

从例 6-7 和例 6-8 中我们可以发现二者的作用是一样的,都是对 SCIA 的寄存器进行初始化操作,只是初始化的方式不同,例 6-7 是对 SCICCR 进行按位操作,而例 6-8 是对 SCICCR 进行整体操作。在例 6-6 的结构体 SCI_REGS 中我们还可以看到定义 SCIHBAUD 和 SCILBAUD 为 Uint16 型的,那么我们如何对这类寄存器进行操作呢? 如例 6-9 所示。

【例 6-9】 对 SCIHBAUD 和 SCILBAUD 进行操作。

```
SciaRegs.SCIHBAUD=0x01;
SciaRegs.SCILBAUD=0xF1;
```

上述的两个寄存器不能通过 bit 和 all 进行操作,因为定义它们时用的是 Uint16 型的,只能直接给寄存器整体进行赋值。

在例 6-7、例 6-8 和例 6-9 中介绍的三种对寄存器的操作方式几乎涵盖了在 F28035 开发过程中所用到的所有方式。

由于 DSP 里面的寄存器太多了,所以 CCS 5.2 为大家书写程序时提供了非常方便的功能。当想要对 SciaRegs 里的寄存器进行操作时,只需输入 SciaRegs,然后后面加上“.”,就会自动弹出下拉菜单。若要输入“SciaRegs. SCICCR. bit. STOPBITS=0”,步骤如下。

(1) 在程序编辑区输入“SciaRegs”,然后输入“.”,选择 SCICCR 寄存器,如图 6-3 所示。

(2) 继续输入“.”,选择 bit,如图 6-4 所示。

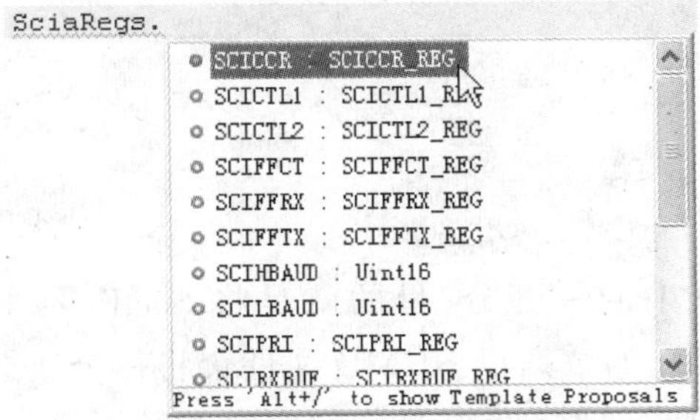

图 6-3　选择 SCICCR 寄存器

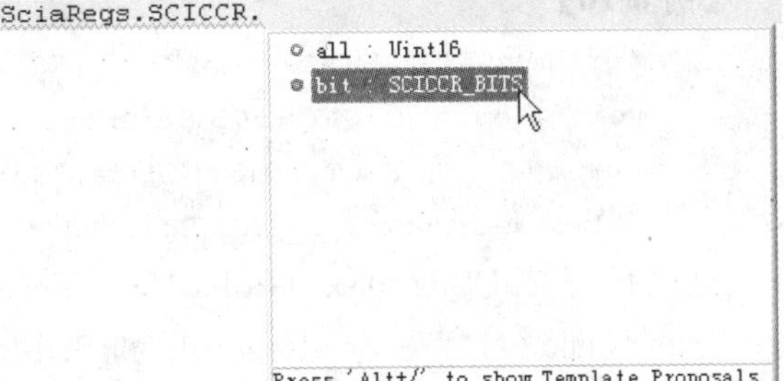

图 6-4　选择位操作

(3) 继续输入“.”,选择 STOPBITS,如图 6-5 所示。

(4) 输入配置的数值,然后加上分号即可,如图 6-6 所示。

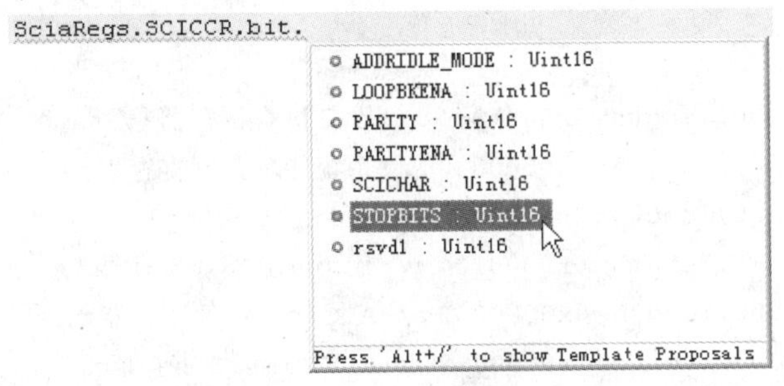

图 6-5　选择 STOPBITS

```
SciaRegs.SCICCR.bit.STOPBITS=0;
```

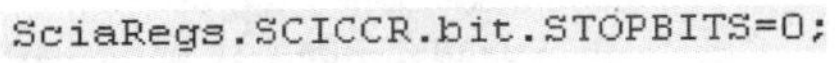

图 6-6　位操作完成

这里需要特别注意的是,在输入过程中一定要区分大小写,只有每个大小写都符合才会出现下拉列表框。这是 CCS 的一个感应功能,当然要使用这个感应功能的前提是在工程中添加了 F28035 的头文件,比如上述输入的“SciaRegs. SCICCR. bit. STOPBITS=0”这个表达式,就必须在工程文件中添加“DSP2803x_Sci. h”这个头文件,否则编译时将会报错。

 6.2　寄存器文件的空间分配

我们之前所做的工作只是将 F28035 的寄存器按照 C 语言中位域和寄存器结构体的方式组织了数据结构,当编译时,编译器会把这些变量分配到存储空间中,那么如何将这些代表寄存器数据的变量同实实在在的物理寄存器结合呢?其步骤如下。

1. 使用 DATA_SECTION 方法将寄存器文件分配到数据空间

编译器产生可重新定位的数据和代码模块,这些模块就称为段。这些段可以根据不同的系统配置分配到相应的地址空间,各段的具体分配方式在 CMD 文件中定义。在采用硬件抽象层设计方法的情况下,变量可以采用“#pragma DATA_SECTION”命令分配到特殊的数据空间,编程方式如下:

```
#pragma DATA_SECTION(symbol,"section name");
```

其中,“symbol”是变量名,而“section name”是数据段名。下面以变量 SciaRegs 和 ScibRegs 为例,将这两个变量分配到名字为 SciaRegsFile 和 ScibRegsFile 的数据段,如例 6-10所示。

【例 6-10】

```
#pragma DATA_SECTION(SciaRegs,"SciaRegsFile");
volatilestruct SCI_REGS SciaRegs;
#pragma DATA_SECTION(ScibRegs,"ScibRegsFile");
volatilestruct SCI_REGS ScibRegs;
```

这段程序是 DSP2803x_GlobalVariableDefs.c 中的一部分，目的就是将 SciaRegs 和 ScibRegs 分配到名字为 SciaRegsFile 和 ScibRegsFile 的数据段。CMD 文件会将每个数据段直接映射到相应的存储空间里。那么，如何将数据段映射到相应的存储空间里呢？

2. 将数据段映射到寄存器对应的存储空间

程序如下：

```
MEMORY
{
PAGE 0:  /*Program Memory*/
PAGE 1:  /*Data Memory*/
  DEV_EMU        :origin=0x000880,length=0x000105    /*设备仿真寄存器*/
SYS_PWR_CTL      :origin=0x000985,length=0x000003    /*系统能量控制寄存器*/
  FLASH_REGS     :origin=0x000A80,length=0x000060    /*FLASH 寄存器*/
  CSM            :origin=0x000AE0,length=0x000010    /*代码安全模块寄存器*/
  ADC_RESULT     :origin=0x000B00,length=0x000020    /*ADC 结果镜像寄存器*/
  CPU_TIMER0     :origin=0x000C00,length=0x000008    /*CPU Timer0 寄存器*/
  CPU_TIMER1     :origin=0x000C08,length=0x000008    /*CPU Timer0 寄存器(CPU
Timer1 & Timer2)*/
  CPU_TIMER2     :origin=0x000C10,length=0x000008    /*CPU Timer0 寄存器(CPU
Timer1 & Timer2)*/
  PIE_CTRL       :origin=0x000CE0,length=0x000020    /*PIE 控制寄存器*/
  PIE_VECT       :origin=0x000D00,length=0x000100    /*PIE 向量表*/
  CLA1           :origin=0x001400,length=0x000080    /*CLA 寄存器*/
  ECANA          :origin = 0x006000,length=0x000040  /*eCAN-A 控制和状态寄存器*/
  ECANA_LAM      :origin=0x006040,length=0x000040    /*eCAN-A 本地接收*/
  ECANA_MOTS     :origin=0x006080,length=0x000040    /*eCAN-A 信息时间戳*/
  ECANA_MOTO     :origin=0x0060C0,length=0x000040    /*eCAN-A 超时寄存器*/
  ECANA_MBOX     :origin=0x006100,length=0x000100    /*eCAN-A 邮箱*/
  COMP1          :origin=0x006400,length=0x000020    /*比较器+DAC 1 寄存器*/
  COMP2          :origin=0x006420,length=0x000020    /*比较器+DAC 2 寄存器*/
  COMP3          :origin=0x006440,length=0x000020    /*比较器+DAC 3 寄存器*/
  EPWM1          :origin=0x006800,length=0x000040    /*增强型 PWM 1 寄存器*/
  EPWM2          :origin=0x006840,length=0x000040    /*增强型 PWM 2 寄存器*/
  EPWM3          :origin=0x006880,length=0x000040    /*增强型 PWM 3 寄存器*/
  EPWM4          :origin=0x0068C0,length=0x000040    /*增强型 PWM 4 寄存器*/
  EPWM5          :origin=0x006900,length=0x000040    /*增强型 PWM 5 寄存器*/
  EPWM6          :origin=0x006940,length=0x000040    /*增强型 PWM 6 寄存器*/
  EPWM7          :origin=0x006980,length=0x000040    /*增强型 PWM 7 寄存器*/
  ECAP1          :origin=0x006A00,length=0x000020    /*增强型捕获 1 寄存器*/
  EQEP1          :origin=0x006B00,length=0x000040    /*增强型 QEP 1 寄存器*/
```

```
   LINA        :origin=0x006C00,length=0x000080    /*LIN-A 寄存器*/
   GPIOCTRL    :origin=0x006F80,length=0x000040    /*GPIO 控制寄存器*/
   GPIODAT     :origin=0x006FC0,length=0x000020    /*GPIO 数据寄存器*/
   GPIOINT     :origin=0x006FE0,length=0x000020    /*GPIO 中断/LPM 寄存器*/
   SYSTEM      :origin=0x007010,length=0x000020    /*系统控制寄存器*/
   SPIA        :origin=0x007040,length=0x000010    /*SPI-A 寄存器*/
   SPIB        :origin=0x007740,length=0x000010    /*SPI-B 寄存器*/
   SCIA        :origin=0x007050,length=0x000010    /*SCI-A 寄存器*/
   NMIINTRUPT  :origin=0x007060,length=0x000010    /*NMI 看门狗中断寄存器*/
   XINTRUPT    :origin=0x007070,length=0x000010    /*外部中断寄存器*/
   ADC         :origin=0x007100,length=0x000080    /*ADC 寄存器*/
   I2CA        :origin=0x007900,length=0x000040    /*I2C-A 寄存器*/
   PARTID      :origin=0x3D7E80,length=0x000001    /*部分 ID 寄存器 location*/
   CSM_PWL     :origin=0x3F7FF8,length=0x000008    /*部分 FLASHA.CSM 本地密码.*/
}
SECTIONS
{
            /***PIEVect Table and Boot ROM Variables Structures***/
UNION run=PIE_VECT,PAGE=1
{
  PieVectTableFile
  GROUP
  {
    EmuKeyVar
    EmuBModeVar
    FlashCallbackVar
    FlashScalingVar
  }
}
            /***Peripheral Frame 0 Register Structures***/
DevEmuRegsFile          :> DEV_EMU,       PAGE=1
SysPwrCtrlRegsFile      :> SYS_PWR_CTL,   PAGE=1
FlashRegsFile           :> FLASH_REGS,    PAGE=1
CsmRegsFile             :> CSM,           PAGE=1
AdcResultFile           :> ADC_RESULT,    PAGE=1
CpuTimer0RegsFile       :> CPU_TIMER0,    PAGE=1
CpuTimer1RegsFile       :> CPU_TIMER1,    PAGE=1
CpuTimer2RegsFile       :> CPU_TIMER2,    PAGE=1
PieCtrlRegsFile         :> PIE_CTRL,      PAGE=1
Cla1RegsFile            :> CLA1,          PAGE=1

/***Peripheral Frame 1 Register Structures***/
ECanaRegsFile           :> ECANA,         PAGE=1
```

```
    ECanaLAMRegsFile   :> ECANA_LAM,  PAGE=1
    ECanaMboxesFile    :> ECANA_MBOX, PAGE=1
    ECanaMOTSRegsFile  :> ECANA_MOTS, PAGE=1
    ECanaMOTORegsFile  :> ECANA_MOTO, PAGE=1
    ECap1RegsFile      :> ECAP1,      PAGE=1
    EQep1RegsFile      :> EQEP1,      PAGE=1
    LinaRegsFile       :> LINA,       PAGE=1
    GpioCtrlRegsFile   :> GPIOCTRL,   PAGE=1
    GpioDataRegsFile   :> GPIODAT,    PAGE=1
    GpioIntRegsFile    :> GPIOINT,    PAGE=1

    /***Peripheral Frame 2 Register Structures***/
    SysCtrlRegsFile    :> SYSTEM,     PAGE=1
    SpiaRegsFile       :> SPIA,       PAGE=1
    SpibRegsFile       :> SPIB,       PAGE=1
    SciaRegsFile       :> SCIA,       PAGE=1
    NmiIntruptRegsFile:> NMIINTRUPT, PAGE=1
    XIntruptRegsFile   :> XINTRUPT,   PAGE=1
    AdcRegsFile        :> ADC,        PAGE=1
    I2caRegsFile       :> I2CA,       PAGE=1

    /***Peripheral Frame 3 Register Structures***/
    Comp1RegsFile      :> COMP1,      PAGE=1
    Comp2RegsFile      :> COMP2,      PAGE=1
    Comp3RegsFile      :> COMP3,      PAGE=1
    EPwm1RegsFile      :> EPWM1,      PAGE=1
    EPwm2RegsFile      :> EPWM2,      PAGE=1
    EPwm3RegsFile      :> EPWM3,      PAGE=1
    EPwm4RegsFile      :> EPWM4,      PAGE=1
    EPwm5RegsFile      :> EPWM5,      PAGE=1
    EPwm6RegsFile      :> EPWM6,      PAGE=1
    EPwm7RegsFile      :> EPWM7,      PAGE=1
      /***Code Security Module Register Structures***/
      CsmPwlFile         :> CSM_PWL,    PAGE=1

      /***Device Part ID Register Structures***/
      PartIdRegsFile     :> PARTID,     PAGE=1
}
```

上述为全部数据段映射到寄存器对应的存储空间，其中关于 SCIA 的如下：

```
SCIA      :origin=0x007050,length=0x000010
SciaRegsFile     :>SCIA,    PAGE=1
```

从上述程序可以看出，在 MEMORY 部分，SCI-A 寄存器的物理地址从 0x007050 开始，长度为 16；在 SECTIONS 部分，数据段 SciaRegsFile 被映射到了 SCI-A，实现了数据段映射到相应的存储空间。

通过以上两部分的操作，完成了将外设寄存器的文件映射到寄存器的物理地址空间，这样才能够通过 C 语言来实现对 F28035 寄存器的操作。

本章小结

本章详细介绍了如何使用 C 语言对 F28035 的寄存器进行操作，以及存储空间的分配和 CMD 文件，同时也对头文件的编写进行了详细的讲解，相信大家已经对头文件的编写有了系统的了解和认识。

本章习题

1. 嵌入式开发系统过程中我们常用的两种语言是什么？比较这两种语言的优缺点。

2. F28035 有几个串行接口？它们的起始地址分别是多少？每一位寄存器所占用的空间大小是多少？

3. 定义位域时需要注意什么？

4. 简单叙述声明共同体有哪些好处？

5. 关键字“volatile”的意思是什么？加上该关键字与不加该关键字的区别是什么？

第7章 F2803x的时钟和系统控制

DSP和其他CPU正常运行的前提条件是有一个类似于心脏的模块来提供其运行的动力和节奏，即振荡器OSC、锁相环PLL和时钟机制。同时，为了保证DSP在跑飞和卡死的状态能够迅速恢复，需要看门狗模块。本章将主要讲解F2803x的时钟和系统控制方面的内容。

7.1 振荡器OSC和锁相环PLL

为了能让F28035正常工作，除了提供DSP相应的电源以外，还需要向CPU不断地提供规律的时钟脉冲，这一功能由F28035内部振荡器OSC和基于锁相环PLL的时钟模块来实现。图7-1所示为F28035芯片内的OSC和PLL时钟模块。

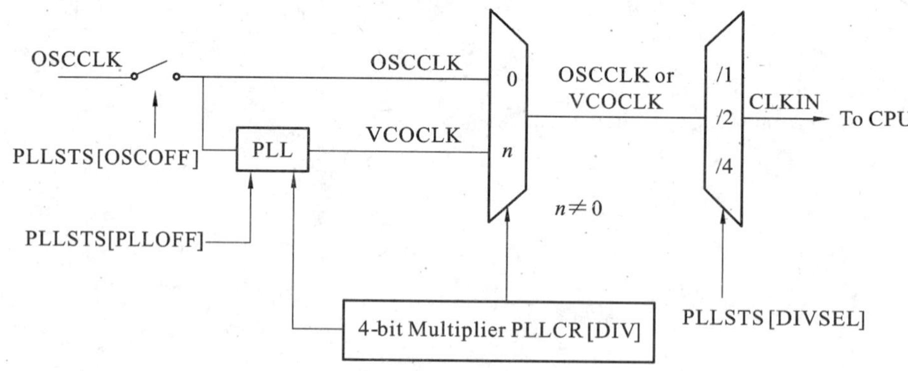

图7-1 F28035芯片的OSC和PLL时钟模块

锁相环是一种控制晶振使其相对于参考信号保持恒定的电路，在数字通信系统中使用比较广泛。当前DSP上集成的锁相环PLL模块主要用于提高系统的灵活性和可靠性。除此之外，由于可以通过软件对锁相环进行编程，所以外部晶振的工作频率可以较低，经过锁相环模块来提供较高频率的系统时钟，这种设计可以有效地降低系统对外部时钟的依赖和电磁干扰，提高系统启动和运行时的可靠性，降低系统对硬件设计的要求。

外部晶振通过片内振荡器OSC和PLL模块，产生了时钟信号，提供给CPU。外部晶振和送至CPU的时钟信号之间的关系有3种，如表7-1所示。

表7-1 PLL的配置模式

PLL模式	注释	PLLSTS[DIVSEL]	CLKIN和SYSCLKOUT
PLL关闭	通过将PLLSTS寄存器中的PLLOFF位置1可将PLL模块关闭。在此模式中，PLL模块被禁用，从而减少系统噪声和功率损耗。在进入此模式之前，必须先将PLLCR寄存器设置为0x0000(PLL旁路)。CPU时钟(CLKIN)直接源自X1/X2，X1或者XCLKIN中任意一个上的时钟输入	0,1 2 3	OSCCLK/4 OSCCLK/2 OSCCLK/1

续表

PLL 模式	注　释	PLLSTS[DIVSEL]	CLKIN 和 SYSCLKOUT
PLL 旁路	上电复位或者外部复位($\overline{XRS}$)后默认进入 PLL 旁路模式。当 PLLCR 寄存器设置为 0x0000 时或在 PLLCR 寄存器已经被修改之后 PLL 锁定至新频率时,选择此模式。在此模式中,PLL 本身被旁路,但未关闭	0,1 2 3	OSCCLK/4 OSCCLK/2 OSCCLK/1
PLL 使能	通过将非零值 n 写入 PLLCR 寄存器使能 PLL 模块。一旦数据写入 PLLCR,PLL 就进入旁路模式,直到 PLL 稳定	0,1 2 3	OSCCLK×n/4 OSCCLK×n/2 OSCCLK×n/1

实际使用时,经常使用 PLL 使能模式。通常 F28035 的外部晶振为 10 MHz,经过 12 倍频后,可达到 60 MHz。

7.2 F28035 中各种时钟信号的产生

F28035 芯片内各种时钟信号的产生情况如图 7-2 所示。CLKIN 是经过锁相环 PLL 模块后送往 CPU 的时钟信号,再经过 CPU 分发,作为 SYSCLKOUT 送至各个外设。因此,SYSCLKOUT＝CLKIN。

在使用 F28035 开发的时候,通常会用到一些外设,例如 ePWM、SCIA 等,这时就需要按照下面的程序对它们的时钟进行使能。

```
SysCtrlRegs.PCLKCR1.bit.EPWM1ENCLK=1;      //ePWM1
SysCtrlRegs.PCLKCR1.bit.EPWM2ENCLK=1;      //ePWM2
SysCtrlRegs.PCLKCR1.bit.EPWM3ENCLK=1;      //ePWM3
SysCtrlRegs.PCLKCR1.bit.EPWM4ENCLK=1;      //ePWM4
SysCtrlRegs.PCLKCR1.bit.EPWM5ENCLK=1;      //ePWM5
SysCtrlRegs.PCLKCR1.bit.EPWM6ENCLK=1;      //ePWM6
SysCtrlRegs.PCLKCR1.bit.EPWM7ENCLK=1;      //ePWM7
SysCtrlRegs.PCLKCR0.bit.SCIAENCLK=1;       //SCI-A
```

从图 7-2 可以看出,SYSCLKOUT 信号经过低速外设时钟预定标寄存器 LOSPCP 变成 LSPCLK,提供给低速外设 SCI-A、SPI-A、SPI-B;eCAN-A 和 LIN-A 的时钟信号是 SYSCLKOUT 经过 2 分频得到的;其余的都是 SYSCLKOUT 信号直接提供的。在实际的运用中,为了降低系统功耗,不使用的外设最好将其时钟禁止。

7.3 看门狗电路

在介绍 DSP 看门狗电路之前,我们有必要先了解一下看门狗的概念和 MCU 中看门狗工作的原理。由于 F28035 中的看门狗电路的作用和 MCU 中看门狗电路的作用相差不多,所以了解 MCU 中看门狗电路的原理对大家更好地理解 DSP 中的看门狗电路是有帮助的。在 MCU 中,由于单片机工作经常会受到外界磁场的干扰,造成程序跑飞或者卡死,程序的正常工作被打断,单片机控制的系统无法继续工作,会造成整个系统陷入停滞状态,所以出

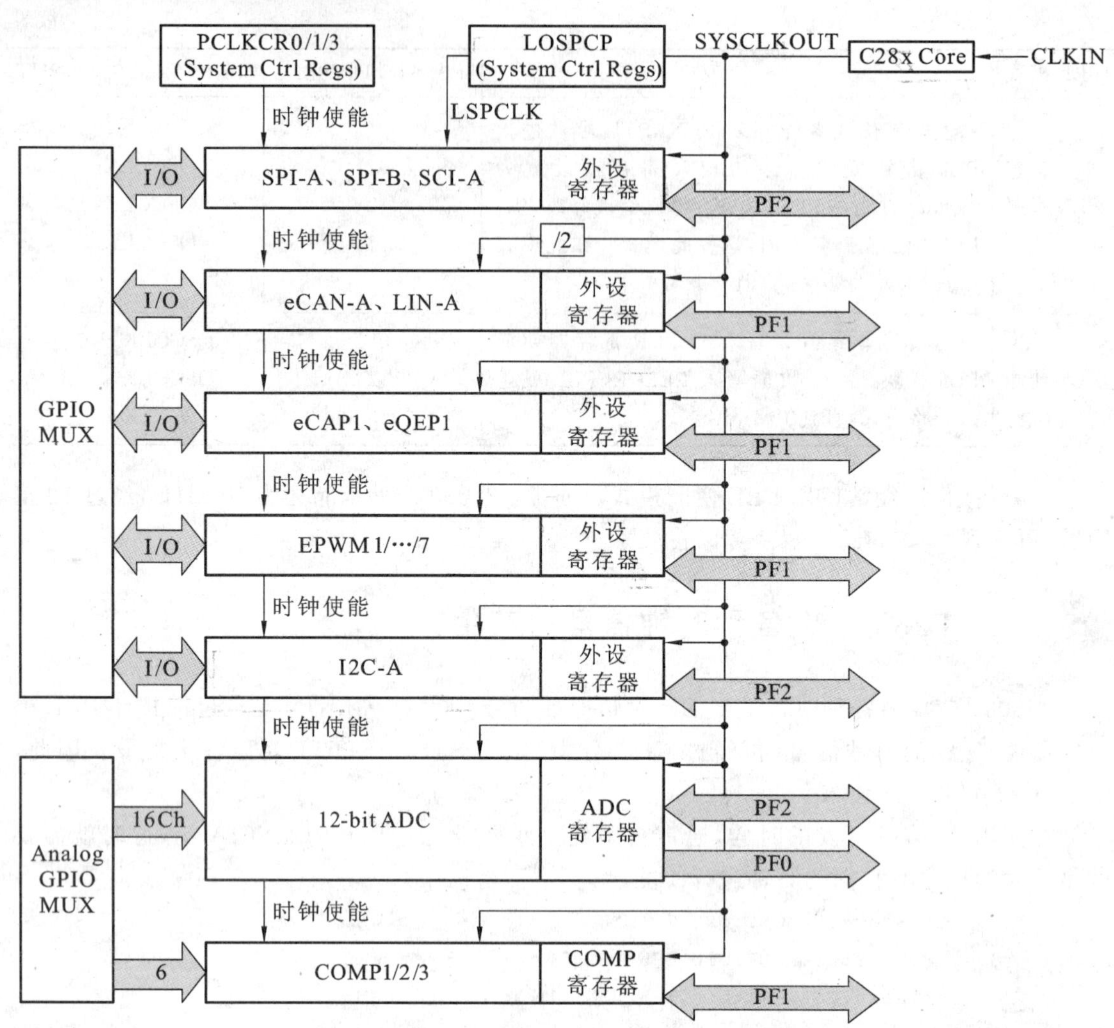

图 7-2　F28035 芯片内各种时钟信号的产生情况

于对单片机实施监控的考虑,便产生了一种专门用于监测单片机程序运行状态的电路,俗称看门狗电路。

看门狗电路在单片机中的应用,使得单片机可以在无人监控的状态下实现连续的工作。其工作的原理是:将看门狗电路和单片机的一个 I/O 引脚相连,该 I/O 引脚通过程序控制它定时地往看门狗的这个引脚上送入高电平(或低电平),这一程序语句分散地放在单片机其他控制语句中间,一旦单片机由于干扰造成程序跑飞后陷入一个程序段或者进入死循环,写看门狗引脚的程序便不被执行。这个时候看门狗电路由于得不到单片机送来的信号,便在它与单片机复位引脚连接的引脚上送出一个复位信号,使得单片机产生复位,然后程序从程序存储器的起始位置重新开始执行,这样就实现了单片机的复位。

F28035 中的看门狗电路的原理和上述 MCU 中的看门狗电路的原理类似,其作用是监测 DSP 运行状况,一旦发现程序跑飞或者状态不正常,便立即使 DSP 复位,从而提高系统的可靠性,图 7-3 所示为 F28035 的看门狗电路功能框图。

从图 7-3 中可以看到,F28035 的看门狗电路有一个 8 位看门狗加法计数器 WDCNTR,当 WDCNTR 计数到达最大值时,看门狗模块就会产生一个输出脉冲,脉冲宽度为 512 个振荡器时钟宽度。为了防止 WDCNTR 溢出,通常采用两种方法:①禁止看门狗运行,使得计

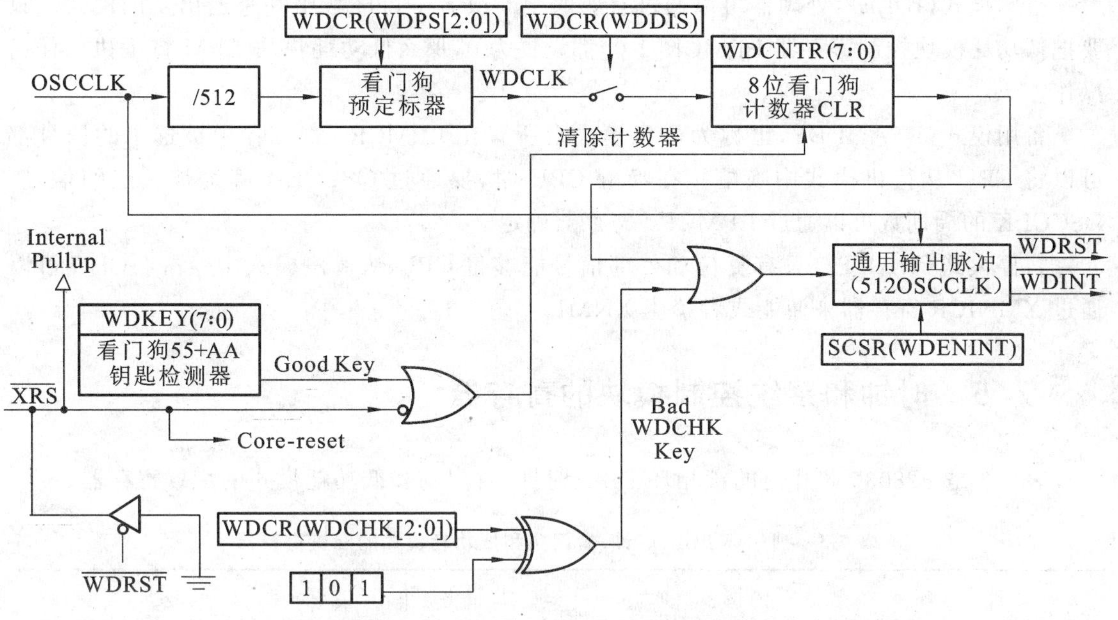

图 7-3 F28035 的看门狗电路功能框图

数器 WDCNTR 无效；②定期通过软件向负责复位的看门狗计数器的看门狗密钥寄存器周期性地写入 0x55+0xAA，紧跟着 0x55 写入 0xAA 能够清除 WDCNTR。当向 WDKEY 写入 0x55 时，WDCNTR 复位到使能的位置；只有在向 WDKEY 写入 0xAA 后才会使 WDCNTR 真正地被清除。如果改为其他值，就会导致 DSP 立即复位。但只要向 WDKEY 写 0x55 和 0xAA，不管写的顺序如何，都不会导致系统复位；当先写 0x55 再写 0xAA 时，WDCNTR 清 0。

逻辑校验位是看门狗的另一个安全机制，所有对看门狗控制寄存器的写操作中，相应的校验位 WDCHK 必须是“101”，否则将会拒绝访问并立即触发系统复位。

7.4 低功耗模式

F28035 的低功耗模式如表 7-2 所列。F28035 的各种低功耗模式的操作如下。

表 7-2 F28035 的低功耗模式

模式	LPMCR(1-0)	OSCCLK	CLKIN	SYSCLKOUT	EXIT
空闲	00	开	开	开	$\overline{XRS}$，CPU 安全装置中断和任意使能的中断
备用	01	开(CPU 安全装置仍然运行)	关	关	$\overline{XRS}$，CPU 安全装置中断 GPIO 端口 A 信号，仿真调试
暂停	1x	关(片载振荡器和 PLL 关闭，零引脚振荡器和 CPU 安全装置状态取决于用户代码)	关	关	$\overline{XRS}$，GPIO 端口 A 信号，仿真调试，CPU 安全装置

空闲模式(IDLE):处理器可以通过有效的中断或者不可屏蔽中断来退出空闲模式。只要把低功耗模块控制寄存器 LPMCR[1-0]都设置为 0,那么低功耗模块 LPM 将不执行任何操作。

备用模式(STANDBY,也称为待机模式):所有在 LPMCR1 寄存器中被选中的信号都可以将 CPU 从待机模式中唤醒。在唤醒 CPU 时,要通过 OSCCLK 确定被选定的信号,OSCCLK 的周期数可以通过 LPMCR0 寄存器确定。

暂停模式(HALT):只有复位和外部信号能够将 CPU 从暂停模式中唤醒。CPU 可以通过 XMNICR 寄存器来使能或者禁止 XNMI。

7.5 时钟和系统控制模块的寄存器

表 7-3 是 F28035 芯片内的锁相环 PLL、时钟、看门狗和低功耗模式的配置寄存器。

表 7-3 锁相环 PLL、时钟、看门狗和低功耗模式的配置寄存器

名　称	地　址	地址空间	说　明
XCLK	0x0000-7010	1×16	XCLKOUT/XCLKIN 控制
PLLSTS	0x0000-7011	1×16	PLL 状态寄存器
CLKCTL	0x0000-7012	1×16	时钟控制寄存器
PLLLOCKORD	0x0000-7013	1×16	PLL 锁定时间寄存器
INTOSC1TRIM	0x0000-7014	1×16	内部晶振 1 削减寄存器
INTOSC2TRIM	0x0000-7016	1×16	内部晶振 2 削减寄存器
LOSPCP	0x0000-701B	1×16	低速外设时钟预定标寄存器
PCLKCR0	0x0000-701C	1×16	外设时钟控制寄存器 0
PCLKCR1	0x0000-701D	1×16	外设时钟控制寄存器 1
LPMCR0	0x0000-701E	1×16	低功耗模式控制寄存器 0
PCLKCR3	0x0000-7020	1×16	外设时钟控制寄存器 3
PLLCR	0x0000-7021	1×16	PLL 控制寄存器
SCSR	0x0000-7022	1×16	系统控制和状态寄存器
WDCNTR	0x0000-7023	1×16	看门狗计数器寄存器
WDKEY	0x0000-7025	1×16	看门狗复位密钥寄存器
WDCR	0x0000-7029	1×16	看门狗控制寄存器
BORCFG	0x000985	1×16	BOR 配置寄存器

1. 外设时钟控制寄存器 0

外设时钟控制寄存器 0 能够控制片内各种时钟的工作状态,使能或者禁止相关外设的时钟。图 7-4 列出了 PCLKCR0 寄存器各位的情况,表 7-4 为每一位的描述。

15	14	13	12	11	10	9	8
保留	ECANAEN CLK	保留			SCIAEN CLK	SPIBEN CLK	SPIAEN CLK
R-0	R/W-0	R-0			R/W-0	R/W-0	R/W-0

7	6	5	4	3	2	1	0
保留			I2CAEN CLK	ADCEN CLK	TBCLK SYNC	LINAEN CLK	HRPWMEN CLK
R-0			R/W-0	R/W-0	R/W-0	R/W-0	R/W-0

图 7-4　外设时钟控制寄存器 0

说明：R/W＝读/写；R＝只读；$-n$＝复位后的值。

表 7-4　外设时钟控制寄存器 0 各位的说明

位	域	值	说　明
15	Reserved		保留
14	ECANAENCLK		eCAN-A 时钟使能。
		0	eCAN-A 时钟模块无效(默认)。
		1	eCAN-A 时钟模块有效(SYSCLKOUT/2)
13～11	Reserved		保留
10	SCIAENCLK		SCI-A 时钟使能。
		0	SCI-A 时钟模块无效(默认)。
		1	SCI-A 外设低速时钟有效(LSPCLK)
9	SPIBENCLK		SPI-B 时钟使能。
		0	SPI-B 时钟模块无效(默认)。
		1	SPI-B 外设低速时钟有效(LSPCLK)
8	SPIAENCLK		SPI-A 时钟使能。
		0	SPI-A 时钟模块无效(默认)。
		1	SPI-A 外设低速时钟有效(LSPCLK)
7～5	Reserved		保留
4	I2CAENCLK		I2C 时钟使能。
		0	I2C 时钟模块无效(默认)。
		1	I2C 时钟模块有效
3	ADCENCLK		ADC 时钟使能。
		0	ADC 时钟模块无效(默认)。
		1	ADC 时钟模块有效

续表

位	域	值	说　明
2	TBCLKSYNC		ePWM 模块同步时基时钟(TBCLK)信号:允许用户在全球范围内基于时基时钟同步启用所有 ePWM 模块。
		0	所有 ePWM 模块的 TBCLK 信号停止。然而,如果 ePWM 时钟使能位被放置在 PCLKCR1 寄存器中,即使 TBCLKSYNC 是 0 状态,ePWM 时钟模块也会被 SYSCLKOUT 启用。
		1	ePWM 所有的时钟使能模块在 TBCLK 的首次上升沿的时候启用。在理想的同步 TBCLKs 下,TBCTL 寄存器中的每一个 ePWM 模块的预定标器位必须设置相同。正确使能 ePWM 时钟模块顺序如下: ● 在 PCLKCR1 寄存器中使能 ePWM 时钟模块; ● 置 TBCLKSYNC 值为 0; ● 配置预定标器的值和 ePWM 模式; ● 置 TBCLKSYNC 的值为 1
1	LINAENCLK		LIN-A 时钟使能。
		0	LIN-A 时钟未使能。
		1	LIN-A 时钟使能
0	HRPWMENCLK		HRPWM 时钟使能。
		0	HRPWM 时钟未使能。
		1	HRPWM 时钟使能

2. 外设时钟控制寄存器 1

外设时钟控制寄存器 1 能够控制片内各种时钟的工作状态,使能或者禁止相关外设的时钟。图 7-5 列出了 PCLKCR1 寄存器各位的情况,表 7-5 为寄存器中每一位的描述。

15	14	13	12	11	10	9	8
保留	EQEP1EN CLK	保留					ECAP1EN CLK
R-0	R/W-0	R-0					R/W-0

7	6	5	4	3	2	1	0
保留	EPWM7EN CLK	EPWM6EN CLK	EPWM5EN CLK	EPWM4EN CLK	EPWM3EN CLK	EPWM2EN CLK	EPWM1EN CLK
	R-0		R/W-0	R/W-0	R/W-0	R/W-0	R/W-0

图 7-5　外设时钟控制寄存器 1

表 7-5　外设时钟控制寄存器 1 各位的说明

位	域	值	说　明
15	Reserved		保留
14	EQEP1ENCLK	 0 1	eQEP1 时钟使能。 eQEP1 时钟模块无效(默认)。 eQEP1 时钟模块被系统时钟定时(SYSCLKOUT)
13～9	Reserved		保留
8	ECAP1ENCLK	 0 1	eCAP1 时钟使能。 eCAP1 时钟模块无效(默认)。 eCAP1 时钟模块被系统时钟定时(SYSCLKOUT)
7	Reserved		保留
6	EPWM7ENCLK	 0 1	ePWM7 时钟使能。 ePWM7 时钟模块无效(默认)。 ePWM7 时钟模块被系统时钟定时(SYSCLKOUT)
5	EPWM6ENCLK	 0 1	ePWM6 时钟使能。 ePWM6 时钟模块无效(默认)。 ePWM6 时钟模块被系统时钟定时(SYSCLKOUT)
4	EPWM5ENCLK	 0 1	ePWM5 时钟使能。 ePWM5 时钟模块无效(默认)。 ePWM5 时钟模块被系统时钟定时(SYSCLKOUT)
3	EPWM4ENCLK	 0 1	ePWM4 时钟使能。 ePWM4 时钟模块无效(默认)。 ePWM4 时钟模块被系统时钟定时(SYSCLKOUT)
2	EPWM3ENCLK	 0 1	ePWM3 时钟使能。 ePWM3 时钟模块无效(默认)。 ePWM3 时钟模块被系统时钟定时(SYSCLKOUT)
1	EPWM2ENCLK	 0 1	ePWM2 时钟使能。 ePWM2 时钟模块无效(默认)。 ePWM2 时钟模块被系统时钟定时(SYSCLKOUT)
0	EPWM1ENCLK	 0 1	ePWM1 时钟使能。 ePWM1 时钟模块无效(默认)。 ePWM1 时钟模块被系统时钟定时(SYSCLKOUT)

3. 外设时钟控制寄存器 3

外设时钟控制寄存器 3 能够控制片内各种时钟的工作状态，使能或者禁止相关外设的时钟。图 7-6 列出了 PCLKCR3 寄存器各位的情况，表 7-6 为每一位的描述。

15	14	13	12	11	10	9	8
保留	CLA1EN CLK	GPIOINEN CLK	保留		CPUTIMER 2ENCLK	CPUTIMER 1ENCLK	CPUTIMER 0ENCLK
R-0	R/W-0	R/W-1	R-0		R/W-1	R/W-1	R/W-1

7	6	5	4	3	2	1	0
保留					COMP3EN CLK	COMP2EN CLK	COMP1EN CLK
R-0							

图 7-6　外设时钟控制寄存器 3

说明：R/W=读/写；R=只读；$-n$=复位后的值。

表 7-6　外设时钟控制寄存器 3 各位的说明

位	域	值	说　明
15	Reserved		保留
14	CLA1ENCLK	 0 1	CLA 模块时钟使能。 关闭 CLA 时钟信号。 使能 CLA 时钟信号
13	GPIOINENCLK	 0 1	GPIO 输入时钟使能。 关闭 GPIO 输入时钟信号。 使能 GPIO 输入时钟信号
12～11	Reserved		保留
10	CPUTIMER2ENCLK	 0 1	CPU 定时器 2 时钟使能。 关闭 CPU 定时器 2 时钟信号。 使能 CPU 定时器 2 时钟信号
9	CPUTIMER1ENCLK	 0 1	CPU 定时器 1 时钟使能。 关闭定时器 1 时钟信号。 使能定时器 1 时钟信号
8	CPUTIMER0ENCLK	 0 1	CPU 定时器 0 时钟使能。 关闭定时器 0 时钟信号。 使能定时器 0 时钟信号
7～3	Reserved		保留
2	COMP3ENCLK	 0 1	Comparator3 时钟使能。 关闭比较器 3 时钟信号。 使能比较器 3 时钟信号
1	COMP2ENCLK	 0 1	Comparator2 时钟使能。 关闭比较器 2 时钟信号。 使能比较器 2 时钟信号
0	COMP1ENCLK	 0 1	Comparator1 时钟使能。 关闭比较器 1 时钟信号。 使能比较器 1 时钟信号

4. 低速外设时钟预定标寄存器

低速外设时钟预定标寄存器用来配置低速外设时钟。图 7-7 列出了 LOSPCP 寄存器各位的情况，表 7-7 为每一位的描述。

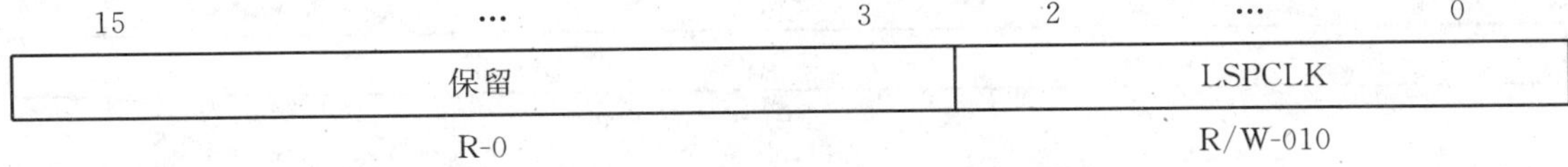

图 7-7 低速外设时钟预定标寄存器

说明：R/W＝读/写；R＝只读；－*n*＝复位后的值。

表 7-7 低速外设时钟预定标寄存器

位	域	值	说明
15～3	Reserved		保留
2～0	LSPCLK	 000 001 010 011 100 101 110 111	相对于 SYSCLKOUT 配置 LSPCLK 这些位的率： 如果 LOSPCP≠0，那么 LSPCLK＝SYSCLKOUT/(LOSPCP×2)； 如果 LOSPCP＝0，那么 LSPCLK＝SYSCLKOUT。 低速时钟＝ SYSCLKOUT/1。 低速时钟＝ SYSCLKOUT/2。 低速时钟＝ SYSCLKOUT/4(默认值)。 低速时钟＝ SYSCLKOUT/6。 低速时钟＝ SYSCLKOUT/8。 低速时钟＝ SYSCLKOUT/10。 低速时钟＝ SYSCLKOUT/12。 低速时钟＝ SYSCLKOUT/14

5. 内部晶振削减寄存器(包含 1 和 2)

INTOSC1 和 INTOSC2 在名义上都是 10 MHz。两个 16 位的寄存器能够削减晶振的频率。图 7-8 列出了内部晶振削减寄存器各位的情况，表 7-8 为每一位的描述。

15	14 … 9	8	7 … 0
保留	FINETRIM	保留	COARSETRIM
R-0	R/W-0	R-0	R/W-0

图 7-8 内部晶振削减寄存器

说明：R/W＝读/写；R＝只读；－*n*＝复位后的值。

表 7-8 内部晶振削减寄存器

位	域	值	说明
15	Reserved		任意写入这些位必须有一个 0 值
14～9	FINETRIM		6 位最佳削减值：符号量值范围(－31 到＋31)
8	Reserved		任意写入这些位必须有一个 0 值
7～0	COARSETRIM		8 位粗略削减值：符号量值范围(－127 到＋127)

6. XCLK 寄存器

XCLK 寄存器用于选择 XCLKIN 输入的 GPIO 引脚和配置 XCLKOUT 引脚的频率。图 7-9 列出了 XCLK 寄存器各位的情况，表 7-9 为每一位的描述。

15 … 8
保留
R-0

7	6	5 4 3 2	1 0
保留	XCLKIN SEL	保留	XCLKOUTDIV
R-0	R/W-1	R-0	R/W-0

图 7-9 XCLK 寄存器

说明：R/W＝读/写；R＝只读；$-n$＝复位后的值。

表 7-9 XCLK 寄存器

位	域	值	说明
15～7	Reserved		保留
6	XCLKINSEL	 0 1	XCLKIN 源选择位：该位选择源。 GPIO38 是 XCLKIN 的输入源(也是 JTAG 端口 TCK 源)。 GPIO19 是 XCLKIN 的输入源
5～2	Reserved		保留
1～0	XCLKOUTDIV	 00 01 10 11	XCLKOUT 分频比：相对于 SYSCLKOUT 选择频率比。这个比率是： XCLKOUT＝SYSCLKOUT/4； XCLKOUT＝SYSCLKOUT/2； XCLKOUT＝SYSCLKOUT； XCLKOUT＝Off

7. 时钟控制寄存器

时钟控制寄存器被用来选择可用的时钟源和配置设备在无时钟状态下的行为。图 7-10 列出了 CLKCTL 寄存器各位的情况，表 7-10 为每一位的描述。

15	14	13	12	11	10	9	8
NMIRESET SEL	XTALOSC OFF	XCLKIN OFF	WDHALTI	INTOSC2 HALTI	INTOSC2 OFF	INTOSC1 HALTI	INTOSC1 OFF
R/W-0	R/W-0	R/W-0	R/W-0	R/W-0	R/W-0	R/W-0	R/W-0

7 6 5	4 3	2	1	0
TMR2CLKPRESCALE	TMR2CLKSRCSEL	WDCLK SRCSEL	OSCCLK SRC2SEL	OSCCLK SRCSEL
R/W-0	R/W-0	R/W-0	R/W-0	R/W-0

图 7-10 时钟控制寄存器

说明：R/W＝读/写；$-n$＝复位后的值。

表 7-10 时钟控制寄存器

位	域	值	说 明
15	NMIRESETSEL	 0 1	NMI 复位选择位：被发现错过了时钟条件而产生了直接的 $\overline{\text{MCLKRS}}$信号或者$\overline{\text{NMIRS}}$复位被使用而选择了该位。 $\overline{\text{MCLKRS}}$的驱动不需要任何延迟。 NMI 的看门狗复位($\overline{\text{NMIRS}}$)启动$\overline{\text{MCLKRS}}$。 注意：$\overline{\text{CLOCKFAIL}}$信号的产生与该模式的选择无关
14	XTALOSCOFF	 0 1	晶振的关闭位：在不使用晶振的情况下可以使用该位来关闭晶振。 晶振打开(默认为重置)。 晶振关闭
13	XCLKINOFF	 0 1	XCLKIN 关闭位：该位关闭外部的晶振输入。 XCLKIN 晶振输入打开(默认为重置)。 XCLKIN 晶振输入关闭。 注意：需要通过在 XCLK 寄存器的 XCLKINSET 位选择一个 XCLKIN GPIO 引脚资源。要更加详细地了解，请看 XCLK 寄存器的说明。如果 XCLKIN 被用了，那么 XTALOSCOFF 必须置 1
12	WDHALTI	 0 1	看门狗的停止状态忽视位：该位会被选择在停止状态下如果看门狗自动地开/关。基于这个特点，在停止状态下该位可以被选择用来作为 WDCLK 的资源来定时看门狗，这样会使看门狗使能并周期地唤醒设备。 通过停止看门狗自动的开/关(默认为重置)。 看门狗忽略停止状态
11	INTOSC2HALTI	 0 1	内部振荡器 2 停止状态忽略位：该位会被选择在停止状态下如果内部振荡器 2 自动地打开/关闭。这个特点可以用来在停止状态下允许内部振荡器继续定时。这可能会使能快速唤醒从停止状态。 通过停止内部振荡器 2 自动打开/关闭(默认为重置)。 内部振荡器 2 忽略停止状态
10	INTOSC2OFF	 0 1	内部振荡器 2 关闭位：该位关闭振荡器 2。 内部振荡器 2 打开(默认为重置)。 内部振荡器 2 关闭。如果该位没有被使用，用户可以通过该位来关闭内部振荡器 2。该位不会受到失踪时钟电路的影响
9	INTOSC1HALTI	 0 1	内部振荡器 1 停止模式忽略位：该位的选择在停止状态下如果内部振荡器 1 自动打开/关闭。 通过停止内部振荡器 1 自动打开/关闭(默认为重置)。 内部振荡器 1 忽略停止状态。这个特点可以用来在停止状态下允许内部振荡器继续定时。这可能会使能快速唤醒从停止状态
8	INTOSC1OFF	 0 1	内部振荡器 1 停止位：该位关闭振荡器 1。 内部振荡器 1 打开(默认为重置)。 内部振荡器 1 关闭。如果该位没有被使用，用户可以通过该位来关闭内部振荡器 2。该位不会受到失踪时钟电路的影响

续表

位	域	值	说　明
7～5	TMR2CLKPRESCALE		CPU 定时器 2 时钟预定标器值：这些位选择了预定标器的值为 CPU 定时器 2 中的时钟选择资源。该位的选择不会受到失踪时钟检测电路的影响。
		000	/1(默认为重置)
		001	/2
		010	/4
		011	/8
		100	/16
		101	保留
		110	保留
		111	保留
4～3	TMR2CLKSRCSEL		CPU 定时器 2 时钟资源选择位：该位选择资源给 CPU 定时器 2。
		00	选择 SYSCLKOUT(默认为重置，忽略预定标器)。
		01	选择外部振荡器(在 XOR 输出)。
		10	选择内部振荡器 1。
		11	选择内部振荡器 2。该位的选择不会受到失踪时钟检测电路的影响
2	WDCLKSRCSEL		看门狗时钟资源选择位：该位选择资源给 WDCLK。默认情况下，内部振荡器 1 是被选择的，在 $\overline{XRS}$ 低电平然后变为高电平。在初始化的过程中，用户可能会选择外部振荡器或内部振荡器 2。如果失踪时钟检测电路检测到一个失踪时钟，该位会被强制为 0 并选择内部振荡器 1。用户改变该位的值不会影响 PLLCR 的值。
		0	选择内部振荡器 1(默认为重置)。
		1	选择外部振荡器或者内部振荡器 2
1	OSCCLKSRC2SEL		振荡器 2 时钟资源选择位：该位的选择在内部振荡器 2 或外部振荡器之间。该位的选择不会受到失踪时钟检测电路的影响。
		0	选择外部振荡器(默认为重置)。
		1	选择内部振荡器 2
0	OSCCLKSRCSEL		振荡器时钟资源选择位：该位选择的资源给 OSCCLK。默认情况下，内部振荡器 1 是被选择的，在 $\overline{XRS}$ 低电平然后变为高电平。在初始化的过程中，用户可能会选择外部振荡器或内部振荡器 2。无论何时用户使用该位改变时钟资源，PLLCR 寄存器将自动地强制为 0，这样阻止了潜在的 PLL 过冲。用户向 PLLCR 寄存器中写入值来配置合适的比率。如果有必要，用户可以通过 PLLLOCKPRD 寄存器来配置 PLL 锁定周期从而降低锁定时间。如果失踪时钟电路检测到失踪时钟，该位会自动地强制为 0 并选择内部振荡器 1。PLLCR 寄存器也将自动地强制为 0 来阻止任何潜在的过冲。
		0	选择内部振荡器 1(默认为重置)。
		1	选择外部振荡器或者内部振荡器 2。应注意：如果用户希望通过使用振荡器 2 或者外部振荡器来定时 CPU，首先必须配置该位，然后写入 OSCCLKSRCSEL 位

8. PLL 状态寄存器

PLL 状态寄存器主要用于查看各个功能的状态。图 7-11 列出了 PLL 状态寄存器各位的情况，表 7-11 为每一位的描述。

15	14 … 9	8
NORMRDYE	保留	DIVSEL
	R-0	R/W-0

7	6	5	4	3	2	1	0
DIVSEL	MCLKOFF	OSCOFF	MCLKCLR	MCLKSTS	PLLOFF	Reserved	PLLLOCKS
R/W-0	R/W-0	R/W-0	R/W-0	R-0	R/W-0	R-0	R-1

图 7-11　PLL 状态寄存器

说明：R/W＝读/写；R＝只读；－n＝复位后的值。

表 7-11　PLL 状态寄存器

位	域	值	说　明
15	NORMRDYE		NORMDAY 使能位：当 VREG 失调时，该位被选择（如果来自于 VREG 门的信号 NORMRDY 被打开）。 来自于 VREG 的信号 NORMRDY 不是 PLL 门（PLL 忽略 NORMRDY）。 来自于 VREG 的信号 NORMRDY 将是 PLL 门（PLL 关闭，当 NORMRDY 低电平时）。 当 VREG 失调时，来自于 VREG 的信号 NORMRDY 是低电平，当 VREG 在可调范围内时，该信号变为高电平
14～9	Reserved		保留
8～7	DIVSEL	 00,01 10 11	划分选择：该位用来选择 CPU 中 CLKIN 的 4 分频、2 分频和 1 分频划分位的配置如下： CLKIN 的 4 分频； CLKIN 的 2 分频； CLKIN 的 1 分频（这种模式只能用于 PLL 关闭或者忽略 PLL）
6	MCLKOFF	 0 1	错失时钟检测关闭位。 主振荡器失效启用逻辑。 主振荡器失效逻辑不可用，PLL 也不会发出 limp 模式的时钟。采用这种模式，代码将不会受到检测电路的影响

续表

位	域	值	说　明
5	OSCOFF	 0 1	振荡时钟关闭位。 来自于 X1、X1/X2 或者 XCLKIN 的 OSCCLK 信号传输给 PLL 时钟(默认)。 来自于 X1、X1/X2 或者 XCLKIN 的 OSCCLK 信号没有传输给 PLL 时钟。这个将不会关闭内部振荡器。OSCOFF 位被用来测试错失的时钟检测逻辑。当 OSCOFF 被置位,不会进入到 HALT 或者 STANDBY 模式或者向 PLLCR 写入,这些操作会导致不可预测的动作发生。 当 OSCOFF 被置位,看门狗的动作将取决于哪个输入时钟资源被使用(X1、X1/X2 或者 XCLKIN)。 ● X1 或者 X1/X2:看门狗没有功能。 ● XCLKIN:看门狗具有功能性并且在置位 OSCOFF 前关闭
4	MCLKCLR	 0 1	错失时钟清除位。 写入 0 是没有用的,该位通常是读取 0。 强制将失踪时钟检测电路清除或复位。如果 OSCCLK 仍然错失,检测电路将再一次复位系统,置位失踪时钟的状态位(MCLKSTS),CPU 将被运行在 limp mode 模式下的 PLL 供电
3	MCLKSTS	 0 1	Missing Clock Status Bit。复位后检查该位的状态决定是否错失的振荡器条件被检查。正常条件下,该位的值应该为 0,通过写入 MCLKCLR 位或者强制性地外部复位可以将该位清除。 正常运行。错失时钟条件没有侦测到。 表示侦测到 OSCCLK 错失信号。主振荡器侦测已经复位装置的逻辑失败,CPU 已经计时通过 PLL 工作在 limp 模式下
2	PLLOFF	 0 1	PLL 关闭位。该位关闭 PLL。这个对系统噪声的检测很有用。该模式的使用仅当 PLLCR 寄存器被置为 0x0000。 PLL 打开。 PLL 关闭。PLL 关闭位将 PLL 模块设置为休眠状态。 装置必须置为 PLL 的旁路模式(PLLCR=0x0000)在向 PLLOFF 中写入 1 之前。当 PLL 变为关闭(PLLODD=1)时,不要向 PLLCR 中写入非 0 的值。 当 PLLOFF 等于 1 时,STANDBY 和 HALT 将工作在低功耗模式。在从 HALT 或者 STANDBY 唤醒后,PLL 模块仍然保持休眠状态
1	Reserved		保留
0	PLLLOCKS	 0 1	PLL 锁定状态位。 表明 PLLCR 寄存器已经被写入并且 PLL 当前被锁定。CPU 通过 OSCCLK/2 定时直到 PLL 锁定。 表明 PLL 已经完成锁定并且现在稳定

9. PLL 锁定时间寄存器

图 7-12 列出了 PLL 锁定时间寄存器各位的情况,表 7-12 为每一位的描述。

15	…	0
PLLLOCKPRD		
	R/W-FFFFh	R/W-0

图 7-12 PLL 锁定时间寄存器

说明:R/W=读/写;—n=复位后的值。

表 7-12 PLL 锁定时间寄存器

位	域	值	说明
15～0	PLLLOCKPRD	 FFFFh FFFEh ⋮ 0001h 0000h	PLL 时钟计数器的值。 这 16 位选择 PLL 时钟计数周期。这个值是可编程的,很短的 PLL 锁存时间供用户编程使用。用户需要计算 OSCCLK 周期的值(基于设计中的被用到的 OSCCLK 的值)和修改寄存器。 PLL 锁存周期。 65535 OSCLK 周期(默认为重置)。 65534 OSCLK 周期。 ⋮ 1 OSCCLK 周期。 0 OSCCLK 周期(没有 PLL 锁存周期)

10. 低功耗模式控制寄存器 0

图 7-13 列出了 LPMCR0 寄存器各位的情况,表 7-13 为每一位的描述。

15	14 … 8	7 … 2	1 0
WDINTE	Reserved	QUALSTDBY	LPM
R/W-0	R-0	R/W-1	R/W-0

图 7-13 低功耗模式控制寄存器 0

说明:R/W=读/写;R=只读;—n=复位后的值。

表 7-13 低功耗模式控制寄存器 0

位	域	值	说明
15	WDINTE	 0 1	看门狗中断使能。 看门狗中断不允许从 STANDBY 唤醒设备装置(默认)。 看门狗中断允许从 STANDBY 唤醒设备装置。在 SCSR 寄存器中看门狗中断必须使能
14～8	Reserved		保留

续表

位	域	值	说　明
7～2	QUALSTDBY	 000000 000001 ⋮ 111111	选择若干个 OSCCLK 时钟周期来限制所选择的 GPIO 输入来唤醒 STANDBY 模式下的装置。这个限制条件仅仅只能用在 STANDBY 模式下。GPIO 信号可以唤醒来自 STANDBY 的装置被指定在 GPIOLPMSEL 寄存器中。 2 OSCCLKS(默认)。 3 OSCCLKS。 ⋮ 65 OSCCLKS
1～0	LPM	 00 01 10 11	这些位置为装置的低功耗模式。 低功耗模式设置为 IDLE(默认)。 低功耗模式设置为 STANDBY。 低功耗模式设置为 HALT。 低功耗模式设置为 HALT

11. 系统控制和状态寄存器

图 7-14 列出了 SCSR 寄存器各位的情况，表 7-14 为每一位的描述。

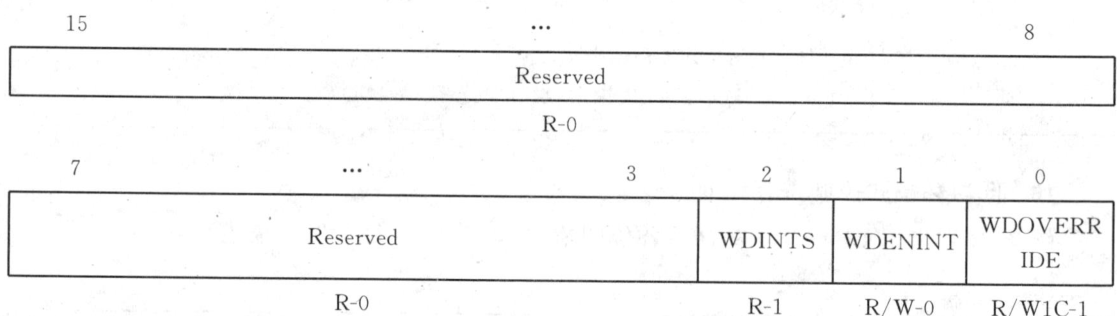

图 7-14　系统控制和状态寄存器

说明:R/W=读/写;R=只读;R/W1C=读/写 1 清除;$-n$=复位后的值。

表 7-14　系统控制和状态寄存器

位	域	值	说　明
15～3	Reserved		保留
2	WDINTS	 0 1	看门狗中断状态位。WDINTS 反应来自于看门狗时钟的 $\overline{\text{WDINT}}$ 的当前状态信号。WDINT 遵循 2 个 SYSCLKOUT 周期的 $\overline{\text{WDINT}}$ 状态。 如果看门狗中断被用来唤醒来自于 IDLE 或者 STANDBY 低功率模式的装置，采用该位可以确定 $\overline{\text{WDINT}}$ 没有处于激活状态在试图返回 IDLE 或者 STANDBY 模式之前。 看门狗中断信号($\overline{\text{WDINT}}$)激活。 看门狗中断信号($\overline{\text{WDINT}}$)未激活

续表

位	域	值	说　明
1	WDENINT		看门狗中断使能。
		0	看门狗复位($\overline{\mathrm{WDRST}}$)输出信号使能,看门狗中断($\overline{\mathrm{WDINT}}$)输出信号不使能。这是复位的一个缺省状态($\overline{\mathrm{XRS}}$)。当看门狗中断发生,$\overline{\mathrm{WDRST}}$信号将保持512OSCCLK周期的低电平。 如果WDENINT位被清除在$\overline{\mathrm{WDINT}}$处于低电平期间,复位会立马发生。WDINTS位可以被读取来决定$\overline{\mathrm{WDINT}}$信号的状态。
		1	$\overline{\mathrm{WDRST}}$输出信号不使能,$\overline{\mathrm{WDINT}}$输出信号使能。当看门狗中断发生,$\overline{\mathrm{WDINT}}$信号将保持512OSCCLK周期的低电平。 如果看门狗中断被用来唤醒来自于IDLE或者STANDBY低功率模式的装置,采用WDINTS位可以确定$\overline{\mathrm{WDINT}}$没有处于激活状态在试图返回IDLE或者STANDBY模式之前
0	WDOVERRIDE		看门狗重载。
		0	写入一个0是没有用的。如果该位被清除了,它也会保持这个状态直到复位的发生。该位当前的状态相对于用户来说是可读的。
		1	可以在看门狗控制寄存器(WDCR)中改变看门狗禁用位(WDDIS)的状态。如果通过写入1清除了WDOVERRIDE位,用户将不能修改WDDIS的位

12. 看门狗计数器寄存器

图7-15列出了WDCNTR寄存器各位的情况,表7-15为每一位的描述。

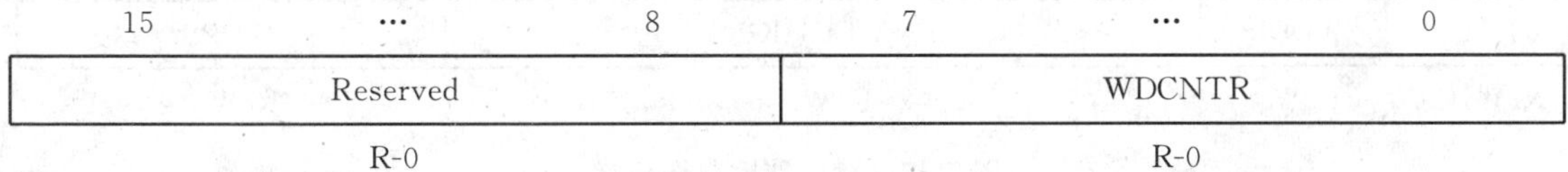

图7-15　看门狗计数器寄存器

说明:R=只读;-n=复位后的值。

表7-15　看门狗计数器寄存器

位	域	说　明
15～8	Reserved	保留
7～0	WDCNTR	这些位包含了WD计数器的当前值。8位计数器不断地增加来监督WDCLK的比率。如果计数器溢出了,看门狗就会复位。如果WDKEY寄存器写入的是一个有效的组合,计数器会复位为0。看门狗时钟频率在WDCR寄存器中配置

13. 看门狗复位密钥寄存器

图7-16列出了WDKEY寄存器各位的情况,表7-16为每一位的描述。

15 … 8	7 … 0
Reserved	WDKEY
R-0	R-0

图 7-16 看门狗复位密钥寄存器

说明:R=只读;-n=复位后的值。

表 7-16 看门狗复位密钥寄存器

位	域	值	说明
15～8	Reserved		保留
7～0	WDKEY	0x55+0xAA 其他值	写入 0x55 随后写入 0xAA 造成 WDCNTR 位被清除。 写入除了 0x55 和 0xAA 的其他值将不会产生动作。如果在 0x55 后写入其他的值除了 0xAA,那么序列将重新从 0x55 开始。将从 WDKEY 读取到的值返回到 WDCR 寄存器中

14. 看门狗控制寄存器

图 7-17 列出了 WDCR 寄存器各位的情况,表 7-17 为每一位的描述。

15 … 8
Reserved
R-0

7	6	5 … 3	2 … 0
WDFLAG	WDDIS	WDCHK	WDPS
R/W1C-0	R/W-0	R/W-0	R/W-0

图 7-17 看门狗控制寄存器

说明:R/W=读/写;R=只读;R/W1C=读/写 1 清除;-n=复位后的值。

表 7-17 看门狗控制寄存器

位	域	值	说明
15～8	Reserved		保留
7	WDFLAG		看门狗复位状态标志位。
		0	复位触发由 $\overline{\text{XRS}}$ 引脚或者电压提高。该位保持锁存直到用户写入 1 来清理这个状态。写入 0 是被忽略的。
		1	表明看门狗复位($\overline{\text{WDRST}}$)产生复位状态
6	WDDIS		看门狗禁用。复位,看门狗模块使能。
		0	看门狗模块使能。WDDIS 可以被修改仅在 SCSR 寄存器中的 WDOVERRIDE 位被置位。
		1	看门狗模块无效

续表

位	域	值	说　明
5～3	WDCHK	0,0,0	看门狗核对。 每当执行写入这个寄存器时,用户必须写入 1,0,1 这些位,除非目的是通过软件复位装置。 如果看门狗使能,然后写入任何其他值造成装置立即复位或看门狗中断。这三位总是读回 0(0,0,0)。这个特点可以用来产生 DSP 的软件复位
2～0	WDPS		看门狗的 pre-scale。这些位配置看门狗的计数时钟(WDCLK)率相对于 OSCCLK/512。
		000	WDCLK＝OSCCLK/512/1
		001	WDCLK＝OSCCLK/512/1
		010	WDCLK＝OSCCLK/512/2
		011	WDCLK＝OSCCLK/512/4
		100	WDCLK＝OSCCLK/512/8
		101	WDCLK＝OSCCLK/512/16
		110	WDCLK＝OSCCLK/512/32
		111	WDCLK＝OSCCLK/512/64

7.6　系统初始化函数的编写

要使 F28035 能够正常工作,在上电开始的时候就需要对 F28035 进行系统初始化,以达到正常运行的基本条件。这些都是通过系统初始化函数来实现的,那么如何编写初始化函数呢？具体的函数程序如下。

```
void IntOsc2Sel (void)
{
    EALLOW;
    SysCtrlRegs.CLKCTL.bit.INTOSC2OFF=0;        //打开 INTOSC2
    SysCtrlRegs.CLKCTL.bit.OSCCLKSRC2SEL=1;     //切换到 INTOSC2
    SysCtrlRegs.CLKCTL.bit.XCLKINOFF=1;         //关闭 XCLKIN
    SysCtrlRegs.CLKCTL.bit.XTALOSCOFF=1;        //关闭 XTALOSC
    SysCtrlRegs.CLKCTL.bit.OSCCLKSRCSEL=1;      //切换到内部晶振 2
    SysCtrlRegs.CLKCTL.bit.WDCLKSRCSEL=1;       //切换看门狗时钟源到 INTOSC2
    SysCtrlRegs.CLKCTL.bit.INTOSC1OFF=1;        //关闭 INTOSC1
    EDIS;
}

void InitPeripheralClocks(void)
{
   EALLOW;
   GpioCtrlRegs.GPAMUX2.bit.GPIO18=3;           //GPIO18=XCLKOUT
   SysCtrlRegs.LOSPCP.all=0x0002;
   SysCtrlRegs.XCLK.bit.XCLKOUTDIV=2;
   //外设时钟使能
   SysCtrlRegs.PCLKCR0.bit.ADCENCLK=1;          //ADC
   SysCtrlRegs.PCLKCR3.bit.COMP1ENCLK=1;        //COMP1
```

```
    SysCtrlRegs.PCLKCR3.bit.COMP2ENCLK=1;        //COMP2
    SysCtrlRegs.PCLKCR3.bit.COMP3ENCLK=1;        //COMP3
    SysCtrlRegs.PCLKCR1.bit.ECAP1ENCLK=1;        //eCAP1
    SysCtrlRegs.PCLKCR0.bit.ECANAENCLK=1;        //eCAN-A
    SysCtrlRegs.PCLKCR1.bit.EQEP1ENCLK=1;        //eQEP1
    SysCtrlRegs.PCLKCR1.bit.EPWM1ENCLK=1;        //ePWM1
    SysCtrlRegs.PCLKCR1.bit.EPWM2ENCLK=1;        //ePWM2
    SysCtrlRegs.PCLKCR1.bit.EPWM3ENCLK=1;        //ePWM3
    SysCtrlRegs.PCLKCR1.bit.EPWM4ENCLK=1;        //ePWM4
    SysCtrlRegs.PCLKCR1.bit.EPWM5ENCLK=1;        //ePWM5
    SysCtrlRegs.PCLKCR1.bit.EPWM6ENCLK=1;        //ePWM6
    SysCtrlRegs.PCLKCR1.bit.EPWM7ENCLK=1;        //ePWM7
    SysCtrlRegs.PCLKCR0.bit.HRPWMENCLK=1;        //HRPWM
    SysCtrlRegs.PCLKCR0.bit.I2CAENCLK=1;         //I2C
    SysCtrlRegs.PCLKCR0.bit.LINAENCLK=1;         //LIN-A
    SysCtrlRegs.PCLKCR3.bit.CLA1ENCLK=1;         //CLA1
    SysCtrlRegs.PCLKCR0.bit.SCIAENCLK=1;         //SCI-A
    SysCtrlRegs.PCLKCR0.bit.SPIAENCLK=1;         //SPI-A
    SysCtrlRegs.PCLKCR0.bit.SPIBENCLK=1;         //SPI-B
    SysCtrlRegs.PCLKCR0.bit.TBCLKSYNC=1;         //在 ePWM 内使能 TBCLK
    EDIS;
  }

void InitPll(Uint16 val,Uint16 divsel)
  {
    volatile Uint16 iVol;
    //确保 PLL 不是运行在 limp 模式
    if (SysCtrlRegs.PLLSTS.bit.MCLKSTS!=0)
    {
       EALLOW;
       //OSCCLKSRC1 错误检测,PLL 运行在 limp 模式
       //重新使能缺失的时钟逻辑
       SysCtrlRegs.PLLSTS.bit.MCLKCLR=1;
       EDIS;
       asm("ESTOP0");          //用于调试目的
    }
    if (SysCtrlRegs.PLLSTS.bit.DIVSEL!=0)
    {
       EALLOW;
       SysCtrlRegs.PLLSTS.bit.DIVSEL=0;
       EDIS;
    }
    //改变 PLLCR
    if (SysCtrlRegs.PLLCR.bit.DIV!=val)
    {
       EALLOW;
       //在设定 PLLCR 之前,关闭缺失的时钟检测逻辑
```

```
        SysCtrlRegs.PLLSTS.bit.MCLKOFF=1;
        SysCtrlRegs.PLLCR.bit.DIV=val;
        EDIS;
        //关闭看门狗
        DisableDog();
        while(SysCtrlRegs.PLLSTS.bit.PLLLOCKS!=1)
        {
            //开启看门狗
            //ServiceDog();
        }
        EALLOW;
        SysCtrlRegs.PLLSTS.bit.MCLKOFF=0;
        EDIS;
    }
    //如果转换到 1/2
    if((divsel==1)||(divsel==2))
    {
        EALLOW;
        SysCtrlRegs.PLLSTS.bit.DIVSEL=divsel;
        EDIS;
    }
    //如果转换到 1/1,首先执行 1/2 并且提供能量,然后转换到 1/1
    if(divsel==3)
    {
        EALLOW;
        SysCtrlRegs.PLLSTS.bit.DIVSEL=2;
        DELAY_US(50L);
        SysCtrlRegs.PLLSTS.bit.DIVSEL=3;
        EDIS;
    }
}
void DisableDog(void)
{
    EALLOW;
    SysCtrlRegs.WDCR=0x0068;
    EDIS;
}
void InitSysCtrl(void)
{
   //关闭看门狗
   DisableDog();
   EALLOW;
   SysCtrlRegs.PCLKCR0.bit.ADCENCLK=1;    //使能 ADC 外部时钟
   (*Device_cal)();
   SysCtrlRegs.PCLKCR0.bit.ADCENCLK=0;    //返回 ADC 时钟到起始状态
   EDIS;
   IntOsc2Sel();  //使用外部无源晶振
```

```
    //初始化 PLL 控制:PLLCR and CLKINDIV
    InitPll(DSP28_PLLCR,DSP28_DIVSEL);
    //初始化外部时钟
    InitPeripheralClocks();
}
```

TI 公司的 DSP 为了提高安全性能对很多关键的寄存器做了保护处理。如通过状态寄存器 1 的位 D6 设置与复位,来决定是否允许 DSP 指令对关键寄存器进行操作。EALLOW 表示允许,EDIS 表示不允许。

本章小结

本章详细介绍了 F2803xDSP 的系统时钟模块、看门狗模块及低功耗模式等内容,相信大家对 F2803x 的时钟和系统控制已经有了详细的了解。

本章习题

1. 什么叫看门狗电路?看门狗电路的原理是什么?
2. 在看门狗电路中,为了防止 WDSNTR 发生溢出,通常采用的方法有哪两种?
3. 低功耗模式有哪几种?简单叙述各个低功耗模式的操作。
4. 外设时钟控制寄存器 0、1、3 各自的功能是什么?
5. 低速外设时钟预定标寄存器的主要功能是什么?

第8章 通用输入/输出多路复用器 GPIO

我们知道人与外界打交道是通过相应的器官来完成的，相应的器官接收外界的信息并做出相应的反应；同样的道理，DSP 为了与外界进行信息的交换，需要通过输入/输出引脚来完成。F28035 芯片提供了 45 个多功能引脚，为了节省资源，这些引脚是复用的，它们既可以作为通用的 I/O 接口，也可以复用为其他功能来进行操作。本章将详细介绍由这些引脚所组成的输入/输出多路复用器 GPIO 的工作原理及相关寄存器。

8.1 GPIO 的寄存器

F28035 为用户提供了 45 个复用引脚。复用的意思是这些引脚既可以作为 DSP 片内外设，又可以作为通用 I/O 接口。引脚是否复用取决于相关寄存器。

GPIO0～GPIO31 的多功能复用原理图如图 8-1 所示。

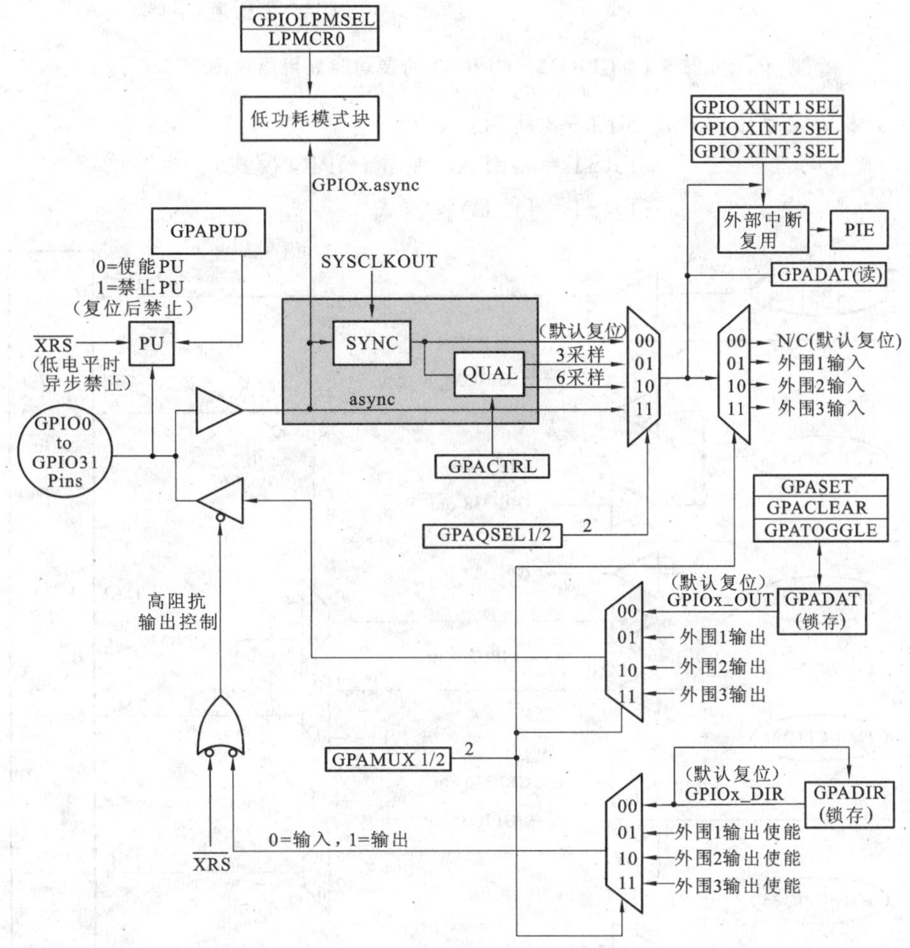

图 8-1　GPIO0～GPIO31 的多功能复用原理图

GPIO32～GPIO33 的多功能复用原理图如图 8-2 所示。

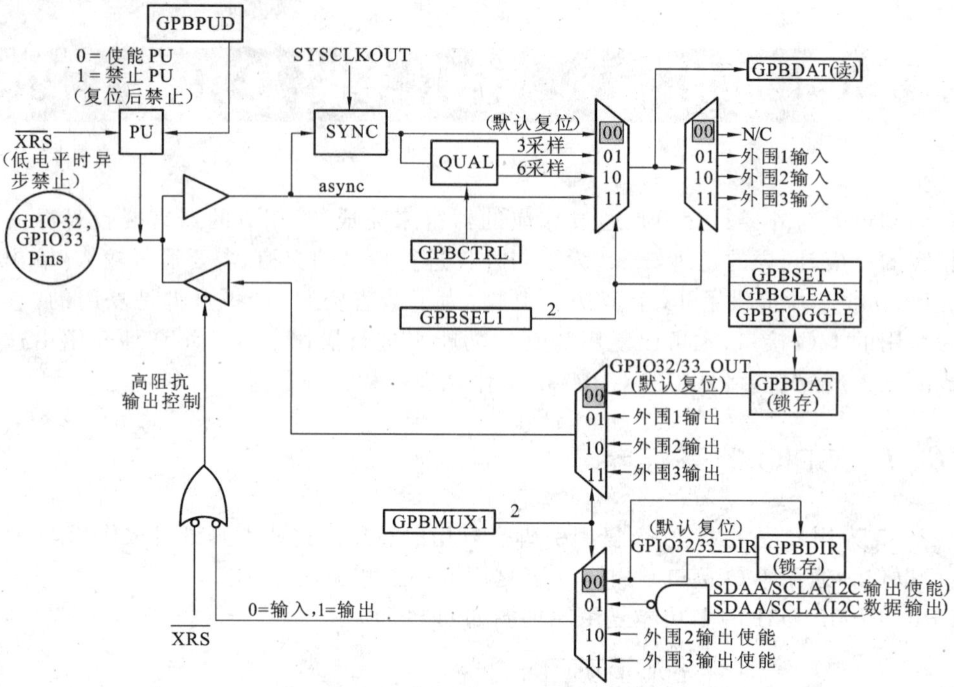

图 8-2　GPIO32～GPIO33 的多功能复用原理图

JTAG 多功能复用原理图如图 8-3 所示。

$\overline{\text{TRST}}$=0:JTAG 禁止(GPIO 模式)

$\overline{\text{TRST}}$=1:JTAG 模式

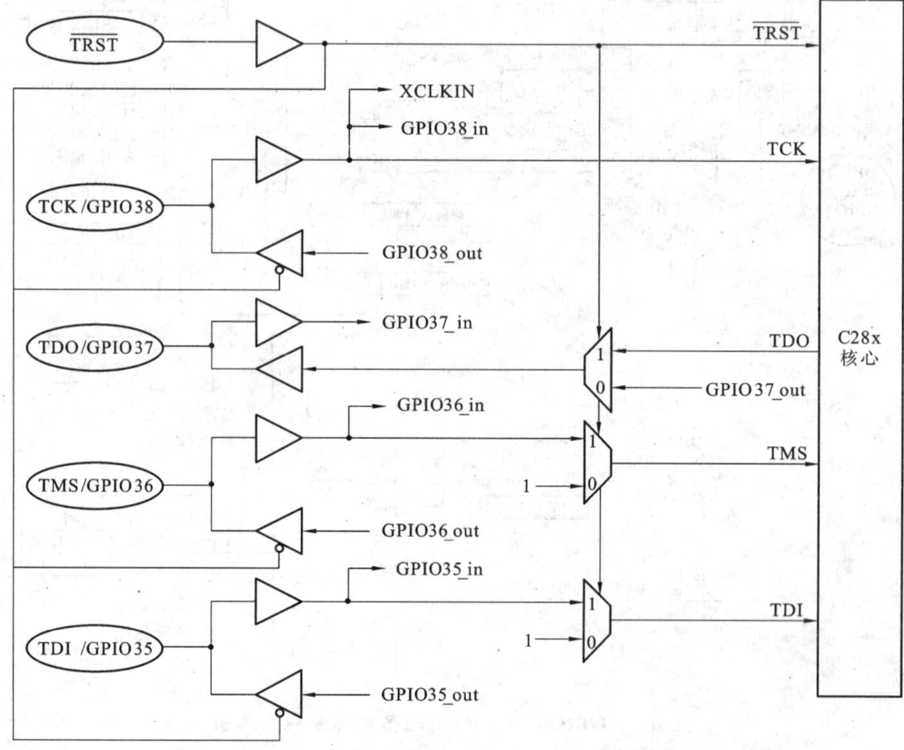

图 8-3　JTAG 多功能复用原理图

模拟量输入 I/O 多功能复用原理图如图 8-4 所示。

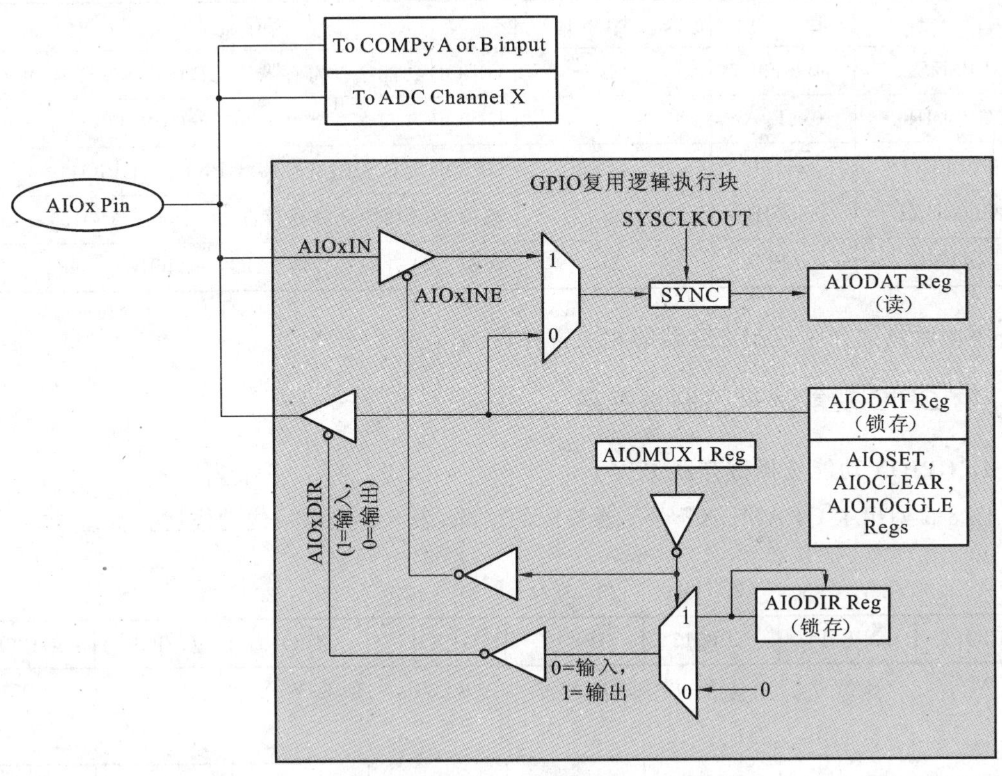

图 8-4　模拟量输入 I/O 多功能复用原理图

对于 DSP 输入/输出引脚的操作都是通过对相关寄存器的设置来实现的。比如通用 I/O 是作为输入还是输出,输出的电平是高电平还是低电平,这些都是通过配置相关寄存器来完成的。GPIO 的寄存器分为两大类:一类是控制寄存器,控制寄存器包含 GPIO 功能选择控制寄存器(GPxMUX)、GPIO 方向控制寄存器(GPxDIR)、GPIO 内部上拉寄存器(GPxPUD)、GPIO 输入限定控制寄存器(GPxQSEL);另一类是数据寄存器,数据寄存器包含数据寄存器(GPxDAT)、GPIO 置位寄存器(GPxSET)、GPIO 复位寄存器(GPxCLEAR)、GPIO 电平翻转寄存器(GPxTOGGLE)。表 8-1 所示为 GPIO 的控制寄存器列表。

表 8-1　GPIO 控制寄存器

名　称	地　址	大　小(×16)	寄存器说明
GPACTRL	0x6F80	2	GPIOA 控制寄存器(GPIO0～GPIO31)
GPAQSEL1	0x6F82	2	GPIOA 限定选择寄存器 1(GPIO0～GPIO15)
GPAQSEL2	0x6F84	2	GPIOA 限定选择寄存器 2(GPIO16～GPIO31)
GPAMUX1	0x6F86	2	GPIOA 功能选择寄存器 1(GPIO0～GPIO15)
GPAMUX2	0x6F88	2	GPIOA 功能选择寄存器 2(GPIO16～GPIO31)
GPADIR	0x6F8A	2	GPIOA 方向寄存器(GPIO0～GPIO31)
GPAPUD	0x6F8C	2	GPIOA 上拉关闭寄存器(GPIO0～GPIO31)
GPBCTRL	0x6F90	2	GPIOB 控制寄存器(GPIO32～GPIO44)
GPBQSEL1	0x6F92	2	GPIOB 限定选择寄存器 1(GPIO32～GPIO44)

续表

名　称	地　址	大　小(×16)	寄存器说明
GPBMUX1	0x6F96	2	GPIOB 功能选择寄存器 1(GPIO32～GPIO44)
GPBDIR	0x6F9A	2	GPIOB 方向寄存器(GPIO32～GPIO44)
GPBPUD	0x6F9C	2	GPIOB 上拉关闭寄存器(GPIO32～GPIO44)
AIOMUX1	0x6FB6	2	模拟 I/O 功能选择寄存器 1(AIO0～AIO15)
AIODIR	0x6FBA	2	模拟 I/O 方向寄存器(AIO0～AIO15)

下面就具体介绍控制寄存器的相关寄存器。

8.1.1 GPIO 功能选择控制寄存器

1. GPIOA 功能选择寄存器 1

图 8-5 列出了 GPAMUX1 寄存器各位的情况，表 8-2 为每一位的描述。

31　30	29　28	27　26	25　24	23　22	21　20	19　18	17　16
GPIO15	GPIO14	GPIO13	GPIO12	GPIO11	GPIO10	GPIO9	GPIO8
R/W-0	R/W-0	R/W-0	R/W-0	R/W-0	R/W-0	R/W-0	R/W-0

15　14	13　12	11　10	9　8	7　6	5　4	3　2	1　0
GPIO7	GPIO6	GPIO5	GPIO4	GPIO3	GPIO2	GPIO1	GPIO0
R/W-0	R/W-0	R/W-0	R/W-0	R/W-0	R/W-0	R/W-0	R/W-0

图 8-5　GPIOA 功能选择寄存器 1

说明:R/W＝读/写；－*n*＝复位后的值。

表 8-2　GPIOA 功能选择寄存器 1 各位的说明

位	名　称	值	说　明
31～30	GPIO15		GPIO15 引脚配置如下：
		00	GPIO15——通用 I/O 口 15(默认)(I/O)。
		01	$\overline{\text{TZ1}}$——动作区域 1。该选项引脚功能是基于 GPADIR 寄存器中的选择。如果该引脚配置为输入，那么$\overline{\text{TZ1}}$功能被选择。
		10	LINRXA——LIN A 接收(I)。
		11	$\overline{\text{SPISTEB}}$——SPI-B 从站传输使能
29～28	GPIO14		GPIO14 引脚配置如下：
		00	GPIO14——通用的 I/O 口 14(默认)(I/O)。
		01	$\overline{\text{TZ3}}$——动作区域 3。
		10	LINTXA——LIN A 传输(O)。
		11	SPICLKB——SPI-B 时钟。若设备上没有 SPI-B 口，该选项将被保留

续表

位	名称	值	说　明
27～26	GPIO13	 00 01 10 11	GPIO13 引脚配置如下： GPIO13——通用的 I/O 口 13(默认)(I/O)。 $\overline{TZ2}$——动作区域 2(I)。 保留。 SPIS0MIB(I/O)——SPI-B 从站输出/主站输入。 若设备上没有 SPI-B 口,该选项将被保留
25～24	GPIO12	 00 01 10 11	GPIO12 引脚配置如下： GPIO12——通用 I/O 口 12(默认)(I/O)。 $\overline{TZ1}$——动作区域 1(I)。 SCITXDA——SCI-A 传输(O)。 SPISIMOB(I/O)——SPI-B 从站输入/主站输出。 若设备上没有 SPI-B 口,该选项将被保留
23～22	GPIO11	 00 01 10 11	GPIO11 引脚配置如下： GPIO11——通用 I/O 口 11(默认)(I/O)。 EPWM6B——ePWM6 输出 B(O)。 LINRXA——LIN A 接收(I)。 保留
21～20	GPIO10	 00 01 10 11	GPIO10 引脚配置如下： GPIO10——通用 I/O 口 10(默认)(I/O)。 EPWM6A——ePWM6 输出 A(O)。 保留。 $\overline{ADCSOCBO}$——ADC 转换开始(O)
19～18	GPIO9	 00 01 10 11	GPIO9 引脚配置如下： GPIO9——通用 I/O 口 9(默认)(I/O)。 EPWM5B——ePWM5 输出 B。 LINTXA——LIN-A 传输(B)。 保留
17～16	GPIO8	 00 01 10 11	GPIO8 引脚配置如下： GPIO8——通用 I/O 口 8(默认)(I/O)。 EPWM5A——ePWM5 输出 A(O)。 保留。 $\overline{ADCSOCAO}$——ADC 转换开始
15～14	GPIO7	 00 01 10 11	GPIO7 引脚配置如下： GPIO7——通用 I/O 口 7(默认)(I/O)。 EPWM4B——ePWM4 输出 B(O)。 SCIRXDA(I)——SCI-A 接收(I)。 保留
13～12	GPIO6	 00 01 10 11	GPIO6 引脚配置如下： GPIO6——通用 I/O 口 6(默认)(I/O)。 EPWM4A——ePWM4 输出 A(O)。 EPWMSYNCI——ePWM 同步输入(I)。 EPWMSYNCO——ePWM 同步输出(O)

续表

位	名称	值	说　明
11～10	GPIO5	 00 01 10 11	GPIO5 引脚配置如下： GPIO5——通用 I/O 口 5(默认)(I/O)。 EPWM3B——ePWM3 输出 B。 SPISIMOA(I/O)——SPI-A 从站输入/主站输出。 ECAP1——eCAP1(I/O)
9～8	GPIO4	 00 01 10 11	GPIO4 引脚配置如下： GPIO4——通用 I/O 口 4(默认)(I/O)。 EPWM3A——ePWM3 输出 A(O)。 保留。 保留
7～6	GPIO3	 00 01 10 11	GPIO3 引脚配置如下： GPIO3——通用 I/O 口 3(默认)(I/O)。 EPWM2B——ePWM2 输出 B(O)。 SPISOMIA(I/O)——SPI-A 从站输出/主站输入。 COMP2OUT(O)——比较器 2 输出
5～4	GPIO2	 00 01 10 11	GPIO2 引脚配置如下： GPIO2(I/O)——通用 I/O 口 2(默认)(I/O)。 EPWM2A——ePWM2 输出 A(O)。 保留。 保留
3～2	GPIO1	 00 01 10 11	GPIO1 引脚配置如下： GPIO1——通用 I/O 口 1(默认)(I/O)。 EPWM1B——ePWM1 输出 B(O)。 保留。 COMP1OUT(O)——比较器 1 输出
1～0	GPIO0	 00 01 10 11	GPIO0 引脚配置如下： GPIO0——通用 I/O 口 0(默认)(I/O)。 EPWM1A——ePWM1 输出 A(O)。 保留。 保留

上述表格为 PORTA 口 MUX1 对应的 GPIO 口为 0～15。下面用 GPIO0 来说明如何通过配置 GPIO 实现功能选择。

```
GpioCtrlRegs.GPAMUX1.bit.GPIO0=0;        //GPIO0 作为普通 IO
GpioCtrlRegs.GPAMUX1.bit.GPIO0=1;        //GPIO0 作为复用 IO,功能为输出 PWM 波
GpioCtrlRegs.GPAMUX1.bit.GPIO0=2;        //GPIO0 保留,即无功能
GpioCtrlRegs.GPAMUX1.bit.GPIO0=3;        //GPIO0 保留,即无功能
```

这里有一点需要注意的是,GPIO 的控制寄存器都是受 EALLOW 保护的,所以在对 GPIO 的控制寄存器操作之前需要使用 EALLOW,操作完成之后使用 EDIS。现在假设将 GPIO0 设置为通用的 I/O 口,编写的程序如下：

```
EALLOW;
GpioCtrlRegs.GPAMUX1.bit.GPIO0=0;
EDIS;
```

2. GPIOA 功能选择寄存器 2

图 8-6 列出了 GPAMUX2 寄存器各位的情况，表 8-3 为每一位的描述。

31　30	29　28	27　26	25　24	23　22	21　20	19　18	17　16
GPIO31	GPIO30	GPIO29	GPIO28	GPIO27	GPIO26	GPIO25	GPIO24
R/W-0	R/W-0	R/W-0	R/W-0	R/W-0	R/W-0	R/W-0	R/W-0
15　14	**13　12**	**11　10**	**9　8**	**7　6**	**5　4**	**3　2**	**1　0**
GPIO23	GPIO22	GPIO21	GPIO20	GPIO19/XCLKIN	GPIO18	GPIO17	GPIO16
R/W-0	R/W-0	R/W-0	R/W-0	R/W-0	R/W-0	R/W-0	R/W-0

图 8-6　GPIOA 功能选择寄存器 2

说明：R/W＝读/写；$-n$＝复位后的值。

表 8-3　GPIOA 功能选择寄存器 2 各位的说明

位	名　称	值	说　明
31～30	GPIO31	 00 01 10 or 11	GPIO31 引脚配置如下： GPIO31——通用 I/O 口 31(默认)(I/O)。 CANTXA——eCAN-A 传输(O)。 保留
29～28	GPIO30	 00 01 10 or 11	GPIO30 引脚配置如下： GPIO30——通用的 I/O 口 30(默认)(I/O)。 CANRXA——eCAN-A 接收(I)。 保留
27～26	GPIO29	 00 01 10 11	GPIO29 引脚配置如下： GPIO29——通用的 I/O 口 29(默认)(I/O)。 SCITXDA——SCI-A 传输(O)。 SCLA——I2C 时钟打开双向口(I/O)。 $\overline{\text{TZ3}}$——动作区域 3(I)
25～24	GPIO28	 00 01 10 11	GPIO28 引脚配置如下： GPIO28——通用 I/O 口 28(默认)(I/O)。 SCIRXDA——SCI-A 接收(I)。 SDAA——I2C 数据打开双向端口(I/O)。 $\overline{\text{TZ3}}$——动作区域 2(I)
23～22	GPIO27	 00 01 10 11	GPIO27 引脚配置如下： GPIO27——通用 I/O 口 27(默认)(I/O)。 保留。 保留。 $\overline{\text{SPISTEB}}$(I/O)——SPI-B 从站传输使能

续表

位	名称	值	说　明
21～20	GPIO26	 00 01 10 11	GPIO26 引脚配置如下： GPIO26——通用 I/O 口 26(默认)(I/O)。 保留。 保留。 SPICLKB(I/O)——SPI-B 时钟
19～18	GPIO25	 00 01 10 11	GPIO25 引脚配置如下： GPIO25——通用 I/O 口 25(默认)(I/O)。 保留。 保留。 SPISOMIB(I/O)——SPI-B 从站输出/主站输入
17～16	GPIO24	 00 01 10 11	GPIO24 引脚配置如下： GPIO24——通用 I/O 口 24(默认)(I/O)。 ECAP1——eCAP1(I/O)。 保留。 SPISIMOB(I/O)——SPI-B 从站输入/主站输出
15～14	GPIO23	 00 01 10 11	GPIO23 引脚配置如下： GPIO23——通用 I/O 口 23(默认)(I/O)。 EQEP1I——eQEP1 指标(I/O)。 保留。 LINRXA——LIN A 接收(I)
13～12	GPIO22	 00 01 10 11	GPIO22 引脚配置如下： GPIO22——通用 I/O 口 22(默认)(I/O)。 EQEP1S——eQEP1 选通(I/O)。 保留。 LINTXA——LIN A 传输(O)
11～10	GPIO21	 00 01 10 11	GPIO21 引脚配置如下： GPIO21——通用 I/O 口 21(默认)(I/O)。 EQEP1B——eQEP1 输入 B(I)。 保留。 COMP2OUT(O)——比较器 2 输出
9～8	GPIO20	 00 01 10 11	GPIO20 引脚配置如下： GPIO20——通用 I/O 口 20(默认)(I/O)。 EQEP1A——eQEP1 输入 A(I)。 保留。 COMP1OUT(O)——比较器 1 输出
7～6	GPIO19 /XCLKIN	 00 01 10 11	GPIO19 引脚配置如下： GPIO19——通用 I/O 口 19(默认)(I/O)。 $\overline{\text{SPISTEA}}$——SPI-A 从站传输使能(I/O)。 LINRXA(I)——LIN A 接收(I)。 ECAP1——eCAP1(I/O)

续表

位	名称	值	说　明
5～4	GPIO18	 00 01 10 11	GPIO18 引脚配置如下： GPIO18(I/O)——通用 I/O 口 18(默认)(I/O)。 SPICLKA——SPI-A 时钟(I/O)。 LINTXA(O)——LIN A 传输(O)。 XCLKOUT(O)——外部时钟输出
3～2	GPIO17	 00 01 10 11	GPIO17 引脚配置如下： GPIO17——通用 I/O 口 17(默认)(I/O)。 SPISOMIA——SPI-A 从站输出/主站输入。 保留。 $\overline{\text{TZ3}}$——动作区域 3(I)
1～0	GPIO16	 00 01 10 11	GPIO16 引脚配置如下： GPIO16——通用 I/O 口 16(默认)(I/O)。 SPISIMOA——SPI-A 从站输入,主站输出(I/O)。 保留。 $\overline{\text{TZ2}}$——动作区域 2(I)

上述表格为 PORTA 口 MUX2 对应的 GPIO 口为 16～31。下面用 GPIO16 来说明如何通过配置 GPIO 实现功能选择。

```
GpioCtrlRegs.GPAMUX2.bit.GPIO16=0;  //GPIO16 作为普通 IO
GpioCtrlRegs.GPAMUX2.bit.GPIO16=1;  //GPIO16 作为复用 IO,功能为 SPI,从站输入,主站输出
GpioCtrlRegs.GPAMUX2.bit.GPIO16=2;  //GPIO16 无功能
GpioCtrlRegs.GPAMUX2.bit.GPIO16=3;  //GPIO16 作为复用 IO,功能为错误区域控制
```

3. GPIOB 功能选择寄存器 1

图 8-7 列出了 GPBMUX1 寄存器各位的情况，表 8-4 为每一位的描述。

31 … 26	25 24	23 22	21 20	19 18	17 16
Reserved	GPIO44	GPIO43	GPIO42	GPIO41	GPIO40
R-0	R/W-0	R/W-0	R/W-0	R/W-0	R/W-0

15 14	13 12	11 10	9 8	7 6	5 4	3 2	1 0
GPIO39	GPIO38/XCLKIN(TCK)	GPIO37 (TDO)	GPIO36 (TMS)	GPIO35 (TDI)	GPIO34	GPIO33	GPIO32
R/W-0	R/W-0	R/W-0	R/W-0	R/W-0	R/W-0	R/W-0	R/W-0

图 8-7　GPIOB 功能选择器寄存器 1

说明:R/W=读/写;R=只读;−*n*=复位后的值。

表 8-4　GPIOB 功能选择寄存器 1 各位的说明

位	名　称	值	说　明
31～26	Reserved		保留
25～24	GPIO44	 00 01 10 or 11	GPIO44 引脚配置如下： GPIO44——通用 I/O 口 44(默认)。 保留。 保留
23～22	GPIO43	 00 01 or 10 11	GPIO43 引脚配置如下： GPIO43——通用 I/O 口 43(默认)。 保留。 COMP2OUT(O)——比较器 2 输出
21～20	GPIO42	 00 01 or 10 11	GPIO42 引脚配置如下： GPIO42——通用 I/O 口 41(默认)。 保留。 COMP1OUT(O)——比较器 1 输出
19～18	GPIO41	 00 01 10 or 11	GPIO41 引脚配置如下： GPIO41——通用 I/O 口 41(默认)。 EPWM7B(O)——ePWM7 输出 B(O)。 保留
17～16	GPIO40	 00 01 10 or 11	GPIO40 引脚配置如下： GPIO40——通用 I/O 口 40(默认)。 EPWM7A(O)——ePWM7 输出 A(O)。 保留
15～14	GPIO39	 00 01 10 or 11	GPIO39 引脚配置如下： GPIO39——通用 I/O 口 39(默认)。 保留。 保留
13～12	GPIO38/XCLKIN (TCK)	 00 01 10 or 11	GPIO38 引脚配置如下： GPIO38——通用 I/O 口 38(默认)。如果$\overline{TRST}=1$,该引脚被选作为 JTAG TCK 的功能。该引脚同样可以用来提供一个时钟,从外部振荡器到核心。 保留。 保留
11～10	GPIO37(TDO)	 00 01 10 or 11	GPIO37 引脚配置如下： GPIO37——通用 I/O 口 37(默认)。如果$\overline{TRST}=1$,该引脚被选作为 JTAG TDO 的功能。 保留。 保留
9～8	GPIO36(TMS)	 00 01 10 or 11	GPIO36 引脚配置如下： GPIO36——通用 I/O 口 36(默认)。如果$\overline{TRST}=1$,该引脚被选作为 JTAG TMS 的功能。 保留。 保留
7～6	GPIO35(TDI)	 00 01 10 or 11	GPIO35 引脚配置如下： GPIO35——通用 I/O 口 35(默认)。如果$\overline{TRST}=1$,该引脚被选作为 JTAG TDI 的功能。 保留。 保留

续表

位	名称	值	说　明
5～4	GPIO34	 00 01 10 11	GPIO34 引脚配置如下： GPIO34——通用 I/O 口 34(默认)。 COMP2OUT(O)——比较器 2 输出。 保留。 COMP3OUT(O)——比较器 3 输出
3～2	GPIO33	 00 01 10 11	GPIO33 引脚配置如下： GPIO33——通用 I/O 口 33(默认)。 SCLA——I2C 时钟打开双向端口(I/O)。 EPWMSYNCO——外部 ePWM 同步脉冲输出(O)。 $\overline{\text{ADCSOCBO}}$——ADC 开始转化为 B(O)
1～0	GPIO32	 00 01 10 11	GPIO32 引脚配置如下： GPIO32——通用 I/O 口 32(默认)。 SDAA——I2C 数据打开双向端口(I/O)。 EPWMSYNCI——外部 ePWM 同步脉冲输入(I)。 $\overline{\text{ADCSOCBO}}$——ADC 开始转化为 A(O)

上述表格为 PORTB 口 MUX1 对应的 GPIO 口为 32～44。下面用 GPIO32 来说明如何通过配置 GPIO 实现功能选择。

```
GpioCtrlRegs.GPBMUX1.bit.GPIO32=0;  //GPIO32 作为普通 IO
GpioCtrlRegs.GPBMUX1.bit.GPIO32=1;  //GPIO32 作为复用 IO,功能为 I2C
GpioCtrlRegs.GPBMUX1.bit.GPIO32=2;  //GPIO32 作为复用 IO,功能为 ePWM 同步脉冲输入
GpioCtrlRegs.GPBMUX1.bit.GPIO32=3;  //GPIO32 作为复用 IO,功能为 ADC 转换开始
```

8.1.2 GPIO 方向控制寄存器

1. GPIOA 方向寄存器

图 8-8 列出了 GPADIR 寄存器各位的情况，表 8-5 为每一位的描述。

31	30	29	28	27	26	25	24
GPIO31	GPIO30	GPIO29	GPIO28	GPIO27	GPIO26	GPIO25	GPIO24
R/W-0	R/W-0	R/W-0	R/W-0	R/W-0	R/W-0	R/W-0	R/W-0
23	22	21	20	19	18	17	16
GPIO23	GPIO22	GPIO21	GPIO20	GPIO19	GPIO18	GPIO17	GPIO16
R/W-0	R/W-0	R/W-0	R/W-0	R/W-0	R/W-0	R/W-0	R/W-0
15	14	13	12	11	10	9	8
GPIO15	GPIO14	GPIO13	GPIO12	GPIO11	GPIO10	GPIO9	GPIO8
R/W-0	R/W-0	R/W-0	R/W-0	R/W-0	R/W-0	R/W-0	R/W-0
7	6	5	4	3	2	1	0
GPIO7	GPIO6	GPIO5	GPIO4	GPIO3	GPIO2	GPIO1	GPIO0
R/W-0	R/W-0	R/W-0	R/W-0	R/W-0	R/W-0	R/W-0	R/W-0

图 8-8　GPIOA 方向寄存器

说明：R/W＝读/写；$-n$＝复位后的值。

表 8-5　GPIOA 方向寄存器各位的说明

位	名　称	值	说　明
31～0	GPIO31～GPIO0	 0 1	当指定的引脚在合适的 GPAMUX1 或者 GPAMUX2 寄存器配置为 GPIO 时可以控制 GPIO Port A 引脚的方向。 GPIO 引脚配置为输入(默认)。 GPIO 引脚配置为输出。 GPADAT 输出锁存当前值对引脚进行驱动。初始化 GPADAT 锁存要在引脚状态从输入转变为输出之前，使用 GPASET、GPACLEAR 和 GPATOGGLE 寄存器

上述表格为 PORTA 口 DIR 对应的 GPIO 口为 0～31。下面用 GPIO0 来说明如何通过配置 GPIO 实现方向控制。

```
GpioCtrlRegs.GPADIR.bit.GPIO0= 0;      //GPIO0 方向为输入
GpioCtrlRegs.GPADIR.bit.GPIO0= 1;      //GPIO0 方向为输出
```

2. GPIOB 方向寄存器

图 8-9 列出了 GPBDIR 寄存器各位的情况，表 8-6 为每一位的描述。

31 … 13	12	11	10	9	8
Reserved	GPIO44	GPIO43	GPIO42	GPIO41	GPIO40
R-0	R/W-0	R/W-0	R/W-0	R/W-0	R/W-0

7	6	5	4	3	2	1	0
GPIO39	GPIO38	GPIO37	GPIO36	GPIO35	GPIO34	GPIO33	GPIO32
R-0	R/W-0	R/W-0	R/W-0	R/W-0	R/W-0	R/W-0	R/W-0

图 8-9　GPIOB 方向寄存器

说明：R/W＝读/写；R＝只读；$-n$＝复位后的值。

表 8-6　GPIOB 方向寄存器各位的说明

位	名　称	值	说　明
31～13	Reserved		保留
12～0	GPIO44～GPIO32	 0 1	当选择 GPIO 模式时控制 GPIO 的方向引脚。读取寄存器的设置并返回当前值。 配置 GPIO 引脚为输入(默认)。 配置 GPIO 引脚为输出

上述表格为 PORTB 口 DIR 对应的 GPIO 口为 32～44。下面用 GPIO32 来说明如何通过配置 GPIO 实现方向控制。

```
GpioCtrlRegs.GPBDIR.bit.GPIO32=0;         //GPIO32 方向为输入
GpioCtrlRegs.GPBDIR.bit.GPIO32=1          //GPIO32 方向为输出
```

8.1.3 GPIO 内部上拉寄存器

1. GPIOA 上拉关闭寄存器

图 8-10 列出了 GPAPUD 寄存器各位的情况，表 8-7 为每一位的描述。

31	30	29	28	27	26	25	24
GPIO31	GPIO30	GPIO29	GPIO28	GPIO27	GPIO26	GPIO25	GPIO24
R/W-0	R/W-0	R/W-0	R/W-0	R/W-0	R/W-0	R/W-0	R/W-0

23	22	21	20	19	18	17	16
GPIO23	GPIO22	GPIO21	GPIO20	GPIO19	GPIO18	GPIO17	GPIO16
R/W-0	R/W-0	R/W-0	R/W-0	R/W-0	R/W-0	R/W-0	R/W-0

15	14	13	12	11	10	9	8
GPIO15	GPIO14	GPIO13	GPIO12	GPIO11	GPIO10	GPIO9	GPIO8
R/W-0	R/W-0	R/W-0	R/W-0	R/W-1	R/W-1	R/W-1	R/W-1

7	6	5	4	3	2	1	0
GPIO7	GPIO6	GPIO5	GPIO4	GPIO3	GPIO2	GPIO1	GPIO0
R/W-1	R/W-1	R/W-1	R/W-1	R/W-1	R/W-1	R/W-1	R/W-1

图 8-10　GPIOA 上拉关闭寄存器

说明:R/W＝读/写;－*n*＝复位后的值。

表 8-7　GPIOA 上拉关闭寄存器各位的说明

位	名　称	值	说　明
31～0	GPIO31～GPIO0		在选择的 GPIO Port A 引脚上配置内部上拉寄存器。每一个 GPIO 引脚相当于寄存器中的一位。
		0	在指定的引脚上使能内部上拉(默认是 GPIO12～GPIO31)。
		1	在指定的引脚上禁止内部上拉(默认是 GPIO0～GPIO11)

上述表格为 PORTA 口 PUD 对应的 GPIO 口为 0～31。下面用 GPIO0 来说明如何通过配置 GPIO 实现内部上拉控制。

```
GpioCtrlRegs.GPAPUD.bit.GPIO0=0;        //开启 GPIO0 内部上拉
GpioCtrlRegs.GPAPUD.bit.GPIO0=1;        //关闭 GPIO0 内部上拉
```

2. GPIOB 上拉关闭寄存器

图 8-11 列出了 GPBPUD 寄存器各位的情况，表 8-8 为每一位的描述。

31	…	16
	Reserved	
	R-0	

15	…	13	12	11	10	9	8
	Reserved		GPIO44	GPIO43	GPIO42	GPIO41	GPIO40
			R/W-0	R/W-0	R/W-0	R/W-1	R/W-1

7	6	5	4	3	2	1	0
GPIO39	GPIO38	GPIO37	GPIO36	GPIO35	GPIO34	GPIO33	GPIO32
R/W-0	R/W-0	R/W-0	R/W-0	R/W-0	R/W-0	R/W-0	R/W-0

图 8-11　GPIOB 上拉关闭寄存器

说明：R/W＝读/写；R＝只读；－n＝复位后的值。

表 8-8　GPIOB 上拉关闭寄存器各位的说明

位	名　称	值	说　明
31～13	Reserved		保留
12～0	GPIO44～GPIO32	 0 1	在选择的 GPIO Port B 引脚上配置内部上拉寄存器。每一个 GPIO 引脚相当于寄存器中的一位。 在指定的引脚上使能内部上拉(默认)。 在指定的引脚上禁止内部上拉

上述表格为 PORTB 口 PUD 对应的 GPIO 口为 32～44。下面用 GPIO32 来说明如何通过配置 GPIO 实现内部上拉控制。

```
GpioCtrlRegs.GPBPUD.bit.GPIO32=0;        //开启 GPIO32 内部上拉
GpioCtrlRegs.GPBPUD.bit.GPIO32=1;        //关闭 GPIO32 内部上拉
```

8.1.4　GPIO 输入限定控制寄存器

1. GPIOA 限定控制寄存器(GPACTRL)

图 8-12 列出了 GPIOA 限定控制寄存器各位的情况，表 8-9 列出了每一位的描述。

31 … 24	23 … 16
QUALPRD3	QUALPRD2
R/W-0	R/W-0

15 … 8	7 … 0
QUALPRD1	QUALPRD0
R/W-0	R/W-0

图 8-12　GPIOA 限定控制寄存器

说明：R/W＝读/写；－n＝复位后的值。

表 8-9　GPIOA 限定控制寄存器各位的说明

位	名　称	值	说　明
31～24	QUALPRD3	 0x00 0x01 0x02 ⋮ 0xff	指定采样周期引脚为 GPIO24～GPIO31。 采样周期＝$T_{SYSCLKOUT}$ 采样周期＝2×$T_{SYSCLKOUT}$ 采样周期＝4×$T_{SYSCLKOUT}$ ⋮ 采样周期＝510×$T_{SYSCLKOUT}$
23～16	QUALPRD2	 0x00 0x01 0x02 ⋮ 0xff	指定采样周期引脚为 GPIO16～GPIO23。 采样周期＝$T_{SYSCLKOUT}$ 采样周期＝2×$T_{SYSCLKOUT}$ 采样周期＝4×$T_{SYSCLKOUT}$ ⋮ 采样周期＝510×$T_{SYSCLKOUT}$

位	名称	值	说　　明
15～8	QUALPRD1	 0x00 0x01 0x02 ⋮ 0xff	指定采样周期引脚为 GPIO8～GPIO15。 采样周期＝$T_{SYSCLKOUT}$ 采样周期＝2×$T_{SYSCLKOUT}$ 采样周期＝4×$T_{SYSCLKOUT}$ ⋮ 采样周期＝510×$T_{SYSCLKOUT}$
7～0	QUALPRD0	 0x00 0x01 0x02 ⋮ 0xff	指定采样周期引脚为 GPIO0～GPIO7。 采样周期＝$T_{SYSCLKOUT}$ 采样周期＝2×$T_{SYSCLKOUT}$ 采样周期＝4×$T_{SYSCLKOUT}$ ⋮ 采样周期＝510×$T_{SYSCLKOUT}$

2．GPIOB 限定控制寄存器(GPBCTRL)

图 8-13 列出了 GPIOB 限定控制寄存器各位的情况，表 8-10 列出了每一位的描述。

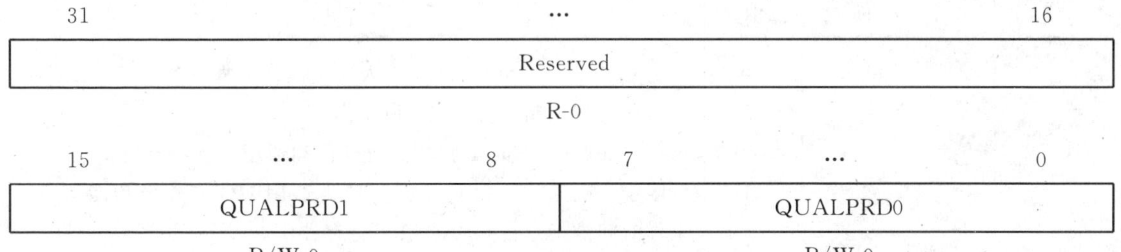

图 8-13　GPIOB 限定控制寄存器

说明：R/W＝读/写；R＝只读；－n＝复位后的值。

表 8-10　GPIOB 限定控制寄存器各位的说明

位	名　　称	值	说　　明
31～16	Reserved		保留
15～8	QUALPRD1	 0x00 0x01 0x02 ⋮ 0xff	指定采样周期引脚为 GPIO40～GPIO44。 采样周期＝$T_{SYSCLKOUT}$ 采样周期＝2×$T_{SYSCLKOUT}$ 采样周期＝4×$T_{SYSCLKOUT}$ ⋮ 采样周期＝510×$T_{SYSCLKOUT}$
7～0	QUALPRD0	 0x00 0x01 0x02 ⋮ 0xff	指定采样周期引脚为 GPIO32～GPIO39。 采样周期＝$T_{SYSCLKOUT}$ 采样周期＝2×$T_{SYSCLKOUT}$ 采样周期＝4×$T_{SYSCLKOUT}$ ⋮ 采样周期＝510×$T_{SYSCLKOUT}$

3. GPIOA 限定选择 1 寄存器(GPAQSEL1)

图 8-14 列出了 GPIOA 限定选择 1 寄存器各位的情况，表 8-11 列出了每一位的描述。

31 30	29 28	27 26	25 24	23 22	21 20	19 18	17 16
GPIO15	GPIO14	GPIO13	GPIO12	GPIO11	GPIO10	GPIO9	GPIO8
R/W-0	R/W-0	R/W-0	R/W-0	R/W-0	R/W-0	R/W-0	R/W-0

15 14	13 12	11 10	9 8	7 6	5 4	3 2	1 0
GPIO7	GPIO6	GPIO5	GPIO4	GPIO3	GPIO2	GPIO1	GPIO0
R/W-0	R/W-0	R/W-0	R/W-0	R/W-0	R/W-0	R/W-0	R/W-0

图 8-14 GPIOA 限定选择 1 寄存器

说明:R/W＝读/写；$-n$＝复位后的值。

表 8-11 GPIOA 限定选择 1 寄存器各位的说明

位	名 称	值	说 明
31～0	GPIO15～GPIO0		为 GPIO0～GPIO15 选择输入限定模式。每一个 GPIO 的输入限定被二位控制，如图 8-14 所示。
		00	仅与 SYSCLKOUT 同步。对外设和通用 I/O 口有效。
		01	限定 3 次采样。仅对引脚配置为通用 I/O 或外设功能有效。采样时间被指定在 GPACTRL 寄存器中。
		10	限定 6 次采样。仅对引脚配置为通用 I/O 或外设功能有效。采样时间被指定在 GPACTRL 寄存器中。
		11	异步模式。(不同步也不限定)。该选项仅适用于引脚配置为外设 I/O 模式。如果该引脚配置为通用 I/O 口输入，该选项与值“00”一样，或与 SYSCLKOUT 同步

4. GPIOA 限定选择 2 寄存器(GPAQSEL2)

图 8-15 列出了 GPIOA 限定选择 2 寄存器各位的情况，表 8-12 列出了每一位的描述。

31 30	29 28	27 26	25 24	23 22	21 20	19 18	17 16
GPIO31	GPIO30	GPIO29	GPIO28	GPIO27	GPIO26	GPIO25	GPIO24
R/W-0	R/W-0	R/W-0	R/W-0	R/W-0	R/W-0	R/W-0	R/W-0

15 14	13 12	11 10	9 8	7 6	5 4	3 2	1 0
GPIO23	GPIO22	GPIO21	GPIO20	GPIO19	GPIO18	GPIO17	GPIO16
R/W-0	R/W-0	R/W-0	R/W-0	R/W-0	R/W-0	R/W-0	R/W-0

图 8-15 GPIOA 限定选择 2 寄存器

说明:R/W＝读/写；$-n$＝复位后的值。

表 8-12　GPIOA 限定选择 2 寄存器各位的说明

位	名　称	值	说　明
31～0	GPIO31～GPIO16		为 GPIO16～GPIO31 选择输入限定模式。每一个 GPIO 的输入限定被二位控制，如图 8-15 所示。
		00	仅与 SYSCLKOUT 同步。对外设和通用 I/O 口有效。
		01	限定 3 次采样。仅对引脚配置为通用 I/O 或外设功能有效。采样时间被指定在 GPACTRL 寄存器中。
		10	限定 6 次采样。仅对引脚配置为通用 I/O 或外设功能有效。采样时间被指定在 GPACTRL 寄存器中。
		11	异步模式(不同步也不限定)。该选项仅适用于引脚配置为外设 I/O 模式。如果该引脚配置为通用 I/O 口输入，该选项与值"00"一样，或与 SYSCLKOUT 同步

5. GPIOB 限定选择 1 寄存器(GPBQSEL1)

图 8-16 列出了 GPIOB 限定选择 1 寄存器各位的情况，表 8-13 列出了每一位的描述。

31…26	25 24	23 22	21 20	19 18	17 16
Reserved	GPIO44	GPIO43	GPIO42	GPIO41	GPIO40
R/W-0 R/W-0 R/W-0	R/W-0	R/W-0	R/W-0	R/W-0	R/W-0

15 14	13 12	11 10	9 8	7 6	5 4	3 2	1 0
GPIO39	GPIO38	GPIO37	GPIO36	GPIO35	GPIO34	GPIO33	GPIO32
R/W-0	R/W-0	R/W-0	R/W-0	R/W-0	R/W-0	R/W-0	R/W-0

图 8-16　GPIOB 限定选择 1 寄存器

说明：R/W＝读/写；$-n$＝复位后的值。

表 8-13　GPIOB 限定选择 1 寄存器各位的说明

位	名　称	值	说　明
31～26	Reserved		保留
25～0	GPIO44～GPIO32		为 GPIO32～GPIO44 选择输入限定模式。每一个 GPIO 的输入限定被二位控制，如图 8-16 所示。
		00	仅与 SYSCLKOUT 同步。对外设和通用 I/O 口有效。
		01	限定 3 次采样。仅对引脚配置为通用 I/O 或外设功能有效。采样时间被指定在 GPACTRL 寄存器中。
		10	限定 6 次采样。仅对引脚配置为通用 I/O 或外设功能有效。采样时间被指定在 GPACTRL 寄存器中。
		11	异步模式(不同步也不限定)。该选项仅适用于引脚配置为外设 I/O 模式。如果该引脚配置为通用 I/O 口输入，该选项与值"00"一样，或与 SYSCLKOUT 同步

6. 输入限定功能

将GPIO引脚设置为通用的I/O口,当输入相应的信号时,在实际中输入信号往往会受到干扰,如果不采取任何措施,DSP将做出错误的决策,所以,在其内部添加了输入限定功能。输入限定的方案设计是非常灵活的,每个GPIO引脚通过配置GPAQSEL1、GPAQSEL2、GPBQSEL1和GPBQSEL2这些寄存器来选择输入限定的类型。在通用I/O口配置为输入的情况下,该引脚的输入限定类型可以指定为与系统时钟SYSCLKOUT同步或通过采样窗限定。对于工作在外设输入模式下的引脚,其输入限定除了可以设置为与系统时钟SYSCLKOUT同步、通过采样窗限定之外,还可以设置为异步状态。下面将对这三种方式一一介绍。

1) 与系统时钟SYSCLKOUT同步

所有引脚在复位时默认采用此种限定方式。在这种方式下,输入信号仅被限定到与系统时钟SYSCLKOUT同步,因为输入到引脚的信号是异步的,在输入到DSP内部与SYSCLKOUT同步的过程中,会产生一个SYSCLKOUT的延迟。

2) 异步输入

工作在外设I/O口模式下的引脚不需要同步输入信号或其自身就具有信号同步的功能。例如包括通信接口SCI、SPI和I2C。另外,令人满意的是,存在系统时钟SYSCLKOUT中有一个独立的ePWM $\overline{\text{TZn}}$信号功能。如果引脚被用作通用的数字输入引脚,异步输入的选择就无效。如果该引脚配置为通用的输入引脚却又选择了异步输入,其输入限制将默认为与系统时钟SYSCLKOUT同步。

3) 通过采样窗限定

在这种模式下,外部引脚的输入信号首先与系统时钟SYSCLKOUT同步,然后在输入信号允许改变之前被指定数量周期所限定。图8-17和图8-18向我们展示了输入限定是如何去除我们不想要的噪声信号的。在这种类型的限定模式下,有两种参数需要说明,即采样周期和采样数量。

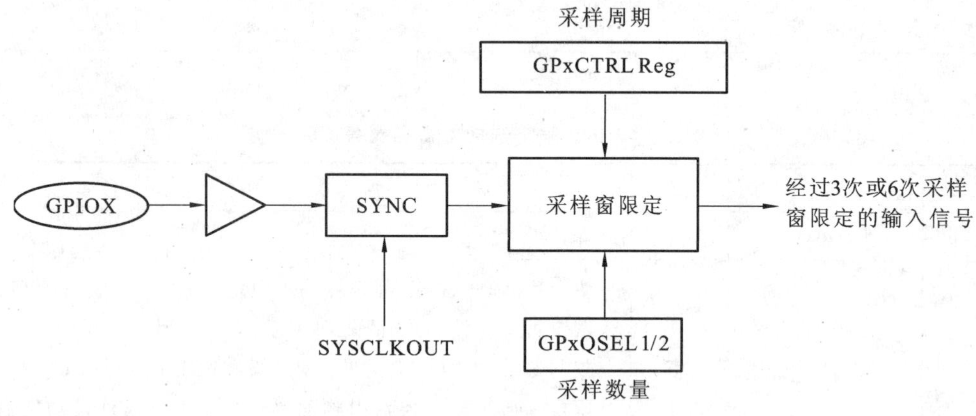

图8-17 采样窗的输入限定

(1) 采样周期。

为了对输入信号进行限定,需要间隔一定的周期对输入信号进行采样。采样周期由用户设定,并以CPU系统时钟SYSCLKOUT为基本单位。采样周期由寄存器GPxCTRL中的QUALPRDn决定,并且采样周期在配置过程中以8个输入信号为一组。例如,GPIO0~GPIO7由GPACTRL[QUALPRD0]位设置,GPIO8~GPIO15由GPACTRL[QUALPRD1]位设置。表

8-14 和表 8-15 给出了采样周期和采样频率与 GPxCTRL[QUALPRDn]之间的关系。

表 8-14　采样周期与 GPxCTRL[QUALPRDn]的关系

寄存器配置	采样周期
GPxCTRL[QUALPRDn]=0	$1\times T_{SYSCLKOUT}$
GPxCTRL[QUALPRDn] ≠0	2×GPxCTRL[QUALPRDn]× $T_{SYSCLKOUT}$

表 8-15　采样频率与 GPxCTRL[QUALPRDn]的关系

寄存器配置	采样频率
GPxCTRL[QUALPRDn]=0	$f_{SYSCLKOUT}$
GPxCTRL[QUALPRDn] ≠0	$f_{SYSCLKOUT}$ ×1÷(2×GPxCTRL[QUALPRDn])

通过上面表格中的公式,在已知系统时钟 SYSCLKOUT 的情况下,可以计算出最大和最小的采样频率。

例如,计算最小的采样频率:

GPxCTRL[QUALPRDn]=0,采样频率为 $f_{SYSCLKOUT}$,如果 $f_{SYSCLKOUT}$=60 MHz,每一次采样所需要的时间为 16.67 s。

计算最大的采样频率:

当 GPxCTRL[QUALPRDn]=255(0xff),采样频率为 $f_{SYSCLKOUT}$×1÷(2×GPxCTRL[QUALPRDn]),如果 $f_{SYSCLKOUT}$=60 MHz,每次采样所需要的时间为 8.5 μs。

(2) 采样数量。

在限定选择寄存器(GPAQSEL1、GPAQSEL2、GPBQSEL1 和 GPBQSEL2)可以指定信号的采样次数(3 次和 6 次),当输入信号在 3 次和 6 次采样内保持不变时,信号可通过采样窗送入 DSP 内部。

输入信号将会在采样窗中被采样,如图 8-18 所示。当知道采样周期和采样数量时,通过公式可以计算出采样窗的总长度。采样窗内所包含的采样周期的个数始终比采样的次数少 1,例如当采样窗设定的是 3 次采样时,采样窗的宽度是 2 个采样周期,同样,当采样窗设定的是 6 次采样时,采样窗的宽度是 5 次采样周期。表 8-16 和表 8-17 列出了根据 GPxCTRL[QUALPRDn]和采样次数来计算采样窗宽度的方法。

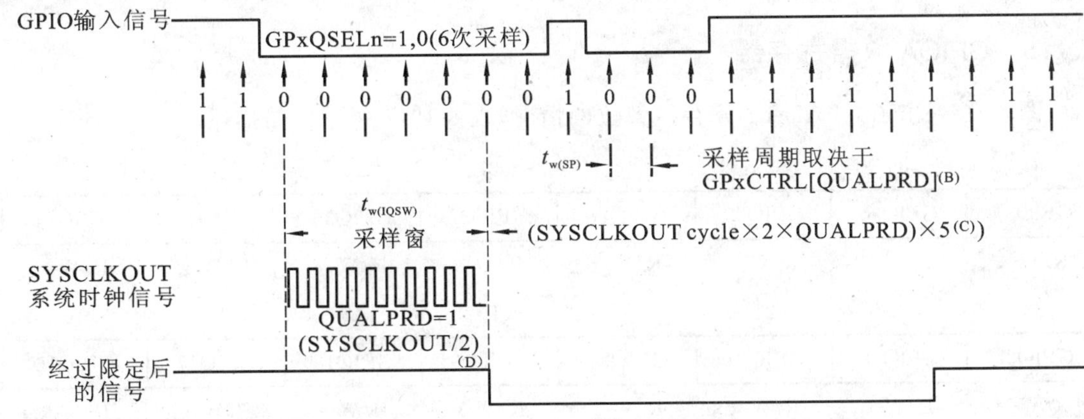

图 8-18　输入限定模式下的时钟周期

表 8-16　3 次采样的采样窗口宽度

寄存器的配置	采样窗口宽度
GPxCTRL[QUALPRDn]=0	$2\times T_{SYSCLKOUT}$
GPxCTRL[QUALPRDn] ≠0	$2\times 2\times$GPxCTRL[QUALPRDn]$\times T_{SYSCLKOUT}$

表 8-17　6 次采样的采样窗口宽度

寄存器的配置	采样窗口宽度
GPxCTRL[QUALPRDn]=0	$5\times T_{SYSCLKOUT}$
GPxCTRL[QUALPRDn] ≠0	$5\times 2\times$GPxCTRL[QUALPRDn]$\times T_{SYSCLKOUT}$

上述介绍了控制寄存器，下面介绍数据寄存器。表 8-18 为 GPIO 的数据寄存器列表。

表 8-18　GPIO 数据寄存器

名　　称	地　　址	大　小(×16)	寄存器说明
GPADAT	0x6FC0	2	GPIOA 数据寄存器(GPIO0～GPIO31)
GPASET	0x6FC2	2	GPIOA 置位寄存器(GPIO0～GPIO31)
GPACLEAR	0x6FC4	2	GPIOA 复位寄存器(GPIO0～GPIO31)
GPATOGGLE	0x6FC6	2	GPIOA 电平翻转寄存器(GPIO0～GPIO31)
GPBDAT	0x6FC8	2	GPIOB 数据寄存器(GPIO32～GPIO44)
GPBSET	0x6FCA	2	GPIOB 置位寄存器(GPIO32～GPIO44)
GPBCLEAR	0x6FCC	2	GPIOB 复位寄存器(GPIO32～GPIO44)
GPBTOGGLE	0x6FCE	2	GPIOB 电平翻转寄存器(GPIO32～GPIO44)
AIODAT	0x6FD8	2	模拟 I/O 数据寄存器(AIO0～AIO15)
AIOSET	0x6FDA	2	模拟 I/O 数据置位寄存器(AIO0～AIO15)
AIOCLEAR	0x6FDC	2	模拟 I/O 数据复位寄存器(AIO0～AIO15)
AIOTOGGLE	0x6FDE	2	模拟 I/O 电平翻转寄存器(AIO0～AIO15)

下面就具体介绍数据寄存器的相关寄存器。

8.1.5　GPIOA 数据寄存器

图 8-19 列出了 GPADAT 寄存器各位的情况，表 8-19 为每一位的描述。

31	30	29	28	27	26	25	24
GPIO31	GPIO30	GPIO29	GPIO28	GPIO27	GPIO26	GPIO25	GPIO24
R/W-x	R/W-x	R/W-x	R/W-x	R/W-x	R/W-x	R/W-x	R/W-x

23	22	21	20	19	18	17	16
GPIO23	GPIO22	GPIO21	GPIO20	GPIO19	GPIO18	GPIO17	GPIO16
R/W-x	R/W-x	R/W-x	R/W-x	R/W-x	R/W-x	R/W-x	R/W-x

图 8-19　GPIOA 数据寄存器

15	14	13	12	11	10	9	8
GPIO15	GPIO14	GPIO13	GPIO12	GPIO11	GPIO10	GPIO9	GPIO8
R/W-x	R/W-x	R/W-x	R/W-x	R/W-x	R/W-x	R/W-x	R/W-x

7	6	5	4	3	2	1	0
GPIO7	GPIO6	GPIO5	GPIO4	GPIO3	GPIO2	GPIO1	GPIO0
R/W-x	R/W-x	R/W-x	R/W-x	R/W-x	R/W-x	R/W-x	R/W-x

续图 8-19

说明：R/W＝读/写；－*n*＝复位后的值。

表 8-19　GPIOA 数据寄存器各位的说明

位	名　称	值	说　明
31～0	GPIO31～GPIO0		每一位相当于 GPIO Port A 的一个引脚（GPIO0～GPIO31），如图 8-19 所示。
		0	读取到 0 表明该引脚当前状态为低电平，不用考虑该引脚配置的模式。 如果该引脚在合适的 GPAMUX1/2 和 GPADIR 寄存器中配置为 GPIO 输出脚，写入一个 0 将强制输出 0；否则，该值被锁存但不能用来驱动引脚。
		1	读取到 1 表明该引脚当前状态为高电平，不用考虑配置的是什么模式。 如果该引脚在合适的 GPAMUX1/2 和 GPADIR 寄存器中配置为 GPIO 输出脚，写入一个 1 将强制输出 1；否则，该值被锁存但不能用来驱动引脚

上述表格为 PORTA 口 DAT 对应的 GPIO 口为 0～31。下面用 GPIO0 来说明如何通过配置 GPIO 实现电平输入/输出。电平输入时，数据保存在 GpioDataRegs. GPADAT. bit. GPIO0 中，就不举相应的例子了。

```
GpioDataRegs.GPADAT.bit.GPIO0=0;        //GPIO0 输出低电平
GpioDataRegs.GPADAT.bit.GPIO0=1;        //GPIO0 输出高电平
```

这里需要注意的是，前面我们提到过控制类的寄存器是受到 EALLOW 保护的，所以在对控制类寄存器进行配置的时候必须在其前面加上“EALLOW”，末尾加上“EDIS”，但是数据类的寄存器是不受 EALLOW 保护的，所以在对数据类的寄存器进行配置的时候不需要在其前面加上“EALLOW”，末尾加上“EDIS”。

8.1.6　GPIOB 数据寄存器

图 8-20 列出了 GPBDAT 寄存器各位的情况，表 8-20 为每一位的描述。

31	…	16
Reserved		
R-0		

15	14	13	12	11	10	9	8
Reserved			GPIO44	GPIO43	GPIO42	GPIO41	GPIO40
R/W-0			R/W-x	R/W-x	R/W-x	R/W-x	R/W-x

7	6	5	4	3	2	1	0
GPIO39	GPIO38	GPIO37	GPIO36	GPIO35	GPIO34	GPIO33	GPIO32
R/W-x	R/W-x	R/W-x	R/W-x	R/W-x	R/W-x	R/W-x	R/W-x

图 8-20　GPIOB 数据寄存器

说明：R/W＝读/写；R＝只读；－n＝复位后的值。

表 8-20　GPIOB 数据寄存器各位的说明

位	名　称	值	说　明
31～13	Reserved		保留
12～0	GPIO44～GPIO32		每一位相当于 GPIO Port A 的一个引脚(GPIO32～GPIO44)，如图 8-20 所示。
		0	读取到 0 表明该引脚当前状态为低电平，不用考虑该引脚配置的模式。 如果该引脚在合适的 GPBMUX1 和 GPBDIR 寄存器中配置为 GPIO 输出脚，写入一个 0 将强制输出 0；否则，该值被锁存但不能用来驱动引脚。
		1	读取到 1 表明该引脚当前状态为高电平，不用考虑配置的是什么模式。 如果该引脚在合适的 GPBMUX1 和 GPBDIR 寄存器中配置为 GPIO 输出脚，写入一个 1 将强制输出 1；否则，该值被锁存但不能用来驱动引脚

上述表格为 PORTB 口 DAT 对应的 GPIO 口为 32～44。下面用 GPIO32 来说明如何通过配置 GPIO 实现电平输入/输出。电平输入时，数据保存在 GpioDataRegs. GPADAT. bit. GPIO32 中，就不举相应的例子了。

```
GpioDataRegs.GPBDAT.bit.GPIO32=0;        //GPIO32 输出低电平
GpioDataRegs.GPBDAT.bit.GPIO32=1;        //GPIO32 输出高电平
```

8.1.7　GPIOA 置位寄存器、GPIOA 复位寄存器、GPIOA 电平翻转寄存器

图 8-21 列出了 GPASET、GPACLEAR、GPATOGGLE 寄存器各位的情况，表 8-21、表 8-22、表 8-23 分别列出了置位寄存器、复位寄存器和电平翻转寄存器中每一位的描述。

31	30	29	28	27	26	25	24
GPIO31	GPIO30	GPIO29	GPIO28	GPIO27	GPIO26	GPIO25	GPIO24
R/W-0	R/W-0	R/W-0	R/W-0	R/W-0	R/W-0	R/W-0	R/W-0
23	22	21	20	19	18	17	16
GPIO23	GPIO22	GPIO21	GPIO20	GPIO19	GPIO18	GPIO17	GPIO16
R/W-0	R/W-0	R/W-0	R/W-0	R/W-0	R/W-0	R/W-0	R/W-0
15	14	13	12	11	10	9	8
GPIO15	GPIO14	GPIO13	GPIO12	GPIO11	GPIO10	GPIO9	GPIO8
R/W-0	R/W-0	R/W-0	R/W-0	R/W-0	R/W-0	R/W-0	R/W-0
7	6	5	4	3	2	1	0
GPIO7	GPIO6	GPIO5	GPIO4	GPIO3	GPIO2	GPIO1	GPIO0
R/W-0	R/W-0	R/W-0	R/W-0	R/W-0	R/W-0	R/W-0	R/W-0

图 8-21 GPIOA 置位、复位、电平翻转寄存器

说明:R/W=读/写;$-n$=复位后的值。

表 8-21 GPIOA 置位寄存器

位	名 称	值	说 明
31～0	GPIO31～GPIO0	0 1	每个 GPIO Port A 引脚(GPIO0～GPIO31)相当于图 8-21 中寄存器中的一位。 写入 0 是被忽略的。该寄存器总是读回 0 值。 写入 1 强制各自的输出数据锁存为高电平。如果该引脚被配置为 GPIO 输出,则它将被驱动为高电平。如果该引脚没有被配置为 GPIO 输出,则锁存被置高电平,但引脚没有被驱动

表 8-22 GPIOA 复位寄存器

位	名 称	值	说 明
31～0	GPIO31～GPIO0	0 1	每个 GPIO Port A 引脚(GPIO0～GPIO31)相当于图 8-21 中寄存器中的一位。 写入 0 是被忽略的。该寄存器总是读回 0 值。 写入 1 强制各自的输出数据锁存为低电平。如果该引脚被配置为 GPIO 输出,则它将被驱动为低电平。如果该引脚没有被配置为 GPIO 输出,则锁存被清除,但引脚没有被驱动

表 8-23 GPIOA 电平翻转寄存器

位	名 称	值	说 明
31～0	GPIO31～GPIO0	0 1	每个 GPIO Port A 引脚(GPIO0～GPIO31)相当于图 8-21 中寄存器中的一位。 写入 0 是被忽略的。该寄存器总是读回 0 值。 写入 1 强制各自的输出数据锁存从当前的状态翻转。如果该引脚被配置为 GPIO 输出,则它将被驱动与当前状态相对的另一个状态。如果该引脚没有被配置为 GPIO 输出,则锁存被翻转,但引脚没有被驱动

上述表格为 PORTA 口 SET、CLEAR、TOGGLE 对应的 GPIO 口为 0～31。下面用 GPIO0 来说明如何通过配置 GPIO 实现置位、复位和电平翻转。

```
GpioDataRegs.GPASET.bit.GPIO0=1;        //SET 置位则输出高电平,即置位
GpioDataRegs.GPACLEAR.bit.GPIO0=1       //CLEAR 置位则输出低电平,即复位
GpioDataRegs.GPATOGGLE.bit.GPIO0=1;     //GPIO0 端口电平翻转一次
```

8.1.8 GPIOB 置位寄存器、GPIOB 复位寄存器、GPIOB 电平翻转寄存器

图 8-22 列出了 GPBSET、GPBCLEAR、GPBTOGGLE 寄存器各位的情况，表 8-24、表 8-25、表 8-26 分别列出了置位、复位、电平翻转寄存器中每一位的描述。

31 … 16
Reserved
R-0

15	14	13	12	11	10	9	8
Reserved			GPIO44	GPIO43	GPIO42	GPIO41	GPIO40
R-0			R/W-x	R/W-x	R/W-x	R/W-x	R/W-x

7	6	5	4	3	2	1	0
GPIO39	GPIO38	GPIO37	GPIO36	GPIO35	GPIO34	GPIO33	GPIO32
R/W-x	R/W-x	R/W-x	R/W-x	R/W-x	R/W-x	R/W-x	R/W-x

图 8-22　GPIOB 置位、复位、电平翻转寄存器

说明:R/W＝读/写;R＝只读;－*n*＝复位后的值。

表 8-24　GPIOB 置位寄存器

位	名　称	值	说　明
31～13	Reserved		保留
12～0	GPIO44～GPIO32	0 1	每个 GPIO Port B 引脚(GPIO32～GPIO44)相当于图 8-22 中寄存器中的一位。 写入 0 是被忽略的。该寄存器总是读回 0 值。 写入 1 强制各自的输出数据锁存为高电平。如果该引脚被配置为 GPIO 输出，则它将被驱动为高电平。如果该引脚没有被配置为 GPIO 输出，则锁存被置位，但引脚没有被驱动

表 8-25　GPIOB 复位寄存器

位	名　称	值	说　明
31～13	Reserved		保留
12～0	GPIO44～GPIO32	0 1	每个 GPIO Port B 引脚(GPIO32～GPIO44)相当于图 8-22 中寄存器中的一位。 写入 0 是被忽略的。该寄存器总是读回 0 值。 写入 1 强制各自的输出数据锁存为低电平。如果该引脚被配置为 GPIO 输出，则它将被驱动为低电平。如果该引脚没有被配置为 GPIO 输出，则锁存被清除，但引脚没有被驱动

表 8-26 GPIOB 电平翻转寄存器

位	名　称	值	说　明
31～13	Reserved		保留
12～0	GPIO44～GPIO32	0 1	每个 GPIO Port B 引脚(GPIO32～GPIO44)相当于图 8-22 中寄存器中的一位。 写入 0 是被忽略的。该寄存器总是读回 0 值。 写入 1 强制各自的输出数据锁存从当前的状态翻转。如果该引脚被配置为 GPIO 输出,则它将被驱动与当前状态相对的另一个状态。如果该引脚没有被配置为 GPIO 输出,则锁存被清除,但引脚没有被驱动

上述表格为 PORTB 口 SET、CLEAR、TOGGLE 对应的 GPIO 口为 32～44。下面用 GPIO32 来说明如何通过配置 GPIO 实现置位、复位和电平翻转。

```
GpioDataRegs.GPBSET.bit.GPIO32=1;          //SET 置位则输出高电平,即置位
GpioDataRegs.GPBCLEAR.bit.GPIO32=1         //CLEAR 置位则输出低电平,即复位
GpioDataRegs.GPBTOGGLE.bit.GPIO32=1;       //GPIO32 端口电平翻转一次
```

8.2 用 GPIO 引脚控制 LED 灯闪烁程序的编写

前面已经详细介绍了如何新建一个工程、相关工程的配置,以及如何添加相关的源文件、库文件和 CMD 文件,这里就不再赘述。要想实现该目的,硬件和软件是不可分的,下面介绍 LED 灯的电路原理图,如图 8-23 所示。

由 LED 灯的电路原理图可知,要想实现 LED D3 的闪烁,只需让 GPIO40 产生高低电平,然后在两个电平之间加入延时,则可以实现用 GPIO 引脚控制 LED 灯闪烁。

知道了程序的思路,那么如何实现这个过程呢?下面就来详细介绍这个过程。

(1) 添加文件,所需添加的文件如图 8-24 所示。

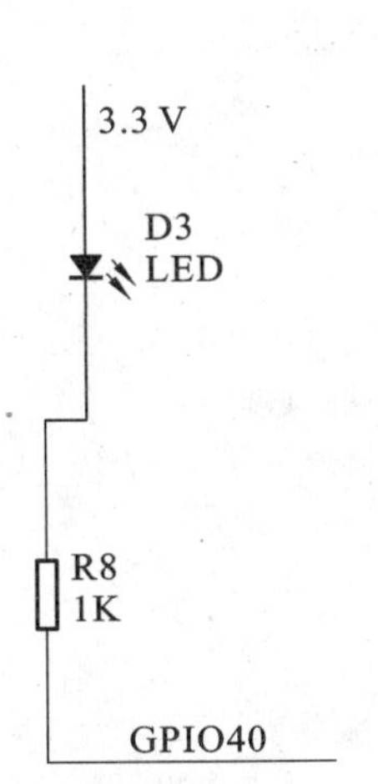

图 8-23 LED 灯的电路原理图

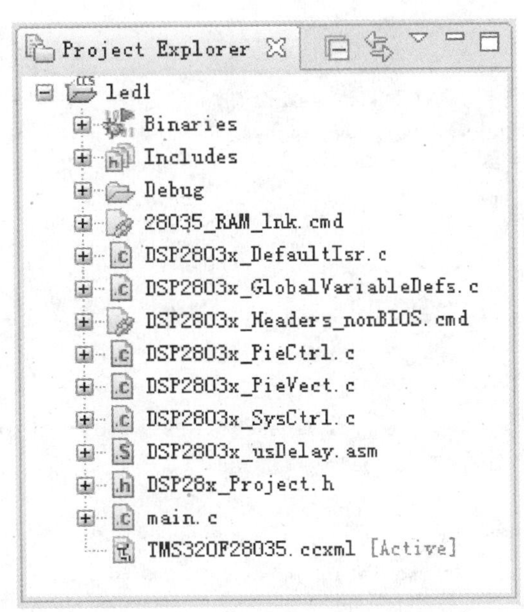

图 8-24 工程中需要添加的文件

（2）初始化系统函数。

```
void InitSysCtrl(void)
{
  DisableDog();                                  //关闭看门狗
  EALLOW;
  SysCtrlRegs.PCLKCR0.bit.ADCENCLK=1;            //使能 ADC 外设时钟
  (*Device_cal)();
  SysCtrlRegs.PCLKCR0.bit.ADCENCLK=0;            //返回 ADC 时钟到原始状态
  EDIS;
  IntOsc1Sel();
  InitPll(DSP28_PLLCR,DSP28_DIVSEL);             //初始化 PLL 控制:PLLCR 和 CLKINDIV
  InitPeripheralClocks();                        //初始化外部时钟
}
```

（3）初始化 GPIO。

```
void initGPIO(void)
{
  EALLOW;
  GpioCtrlRegs.GPBMUX1.bit.GPIO40=0;             //将 GPIO40 配置为通用 I/O 口
  GpioCtrlRegs.GPBDIR.bit.GPIO40=1;              //将 GPIO40 方向变为输出
  EDIS;
}
```

（4）主函数。

```
#include "DSP28x_Project.h"
void main(void)
{
  InitSysCtrl();                                 //初始化系统函数
  DINT;                                          //禁止中断
  InitPieCtrl();                                 //初始化 PIE 控制寄存器
  IER=0x0000;                                    //清除 CPU 中断
  IFR=0x0000;                                    //清除 CPU 中断标志
  InitPieVectTable();                            //初始化 PIE 中断向量表
  initGPIO();                                    //初始化 LED 的 GPIO
  while(1)
  {
    GpioDataRegs.GPBDAT.bit.GPIO40=0;            //将 GPIO40 置为低电平,即 LED 灯亮
    delay();                                     //LED 灯亮持续一段时间
    GpioDataRegs.GPBDAT.bit.GPIO40=1;            //将 GPIO40 置为高电平,即 LED 灯灭
    delay();                                     //LED 灯灭持续一段时间
  }
}
void delay(void)                                 //延时函数
{
  int i,j;
```

```
        for(i=0;i<2000;i++)
        {
          for(j=0;j<100;j++);
        }
    }
```

到此,用 GPIO 引脚控制 LED 灯闪烁程序已经编写完毕。该程序已经通过编译,并且调试完毕,可以实现程序的目的。有条件的可以将其下载到 DSP 中,观察连接到 GPIO40 的 LED 灯是否在不断地闪烁。注意:将所有子函数放在主函数之前,或者自己添加函数声明,否则会出现错误。该程序仅仅是运行在仿真模式下的,要想下载到 Flash 中,请参考第 5 章的载入方法。

本章小结

本章详细介绍了 DSP 通用输入/输出口 GPIO 的寄存器及其用法,知道了如何设置 GPIO 的复用、方向、电平的高低等内容;最后通过编写一个 GPIO 的实例来讲解如何控制 GPIO 的高低电平,相信大家对 GPIO 的寄存器已经有了深刻的感受和理解。

本章习题

1. GPIO 的寄存器分为哪两大类?具体的作用是什么?
2. F28035 为用户提供多少个复用引脚?
3. 当 GPIO2 引脚的值为 0、1、2、3 时该引脚的功能分别是什么?
4. 通过编写简单的程序来说明如何通过配置 GPIO 实现 GPIO1 的置位、复位和电平翻转。
5. 上文介绍了如何控制 LED 灯的闪烁,那么如何通过编写程序来控制 LED 灯的闪烁频率?

第9章 CPU定时器

定时器是用于精确控制时间的工具。有时，为了在一定时间内完成一个动作，就需要用到精确的定时，所以定时器是不可缺少的内容。F28035 芯片内部具有 3 个 32 位的 CPU 定时器，分别为 CPU 定时器 0、1、2。

CPU 定时器 0、1 和 2 是完全一样的 32 位定时器，这些定时器带有可预先设定的周期和 16 位时钟预分频。此定时器有一个 32 位倒计数寄存器。此寄存器在计数器达到 0 时生成一个中断。这个计数器的减量为被预分频值设置所分频的 CPU 时钟速度的值。当此计数器达到 0 时，它自动重新载入一个 32 位的周期值。

CPU 定时器 0 为通用定时器并被连接至 PIE 块。CPU 定时器 1 为通用定时器并被连接至 CPU 的 INT13。CPU 定时器 2 为 DSP/BIOS 保留，它被连接至 CPU 的 INT14。如果 DSP/BIOS 未被使用，CPU 定时器 2 也可称为通用定时器，如图 9-1 所示。

CPU 定时器 2 可由下列任一器件计时：

- SYSCLKOUT(默认)；
- 内部零引脚振荡器 1(INTOSC1)；
- 内部零引脚振荡器 2(INTOSC2)；
- 外部时钟源。

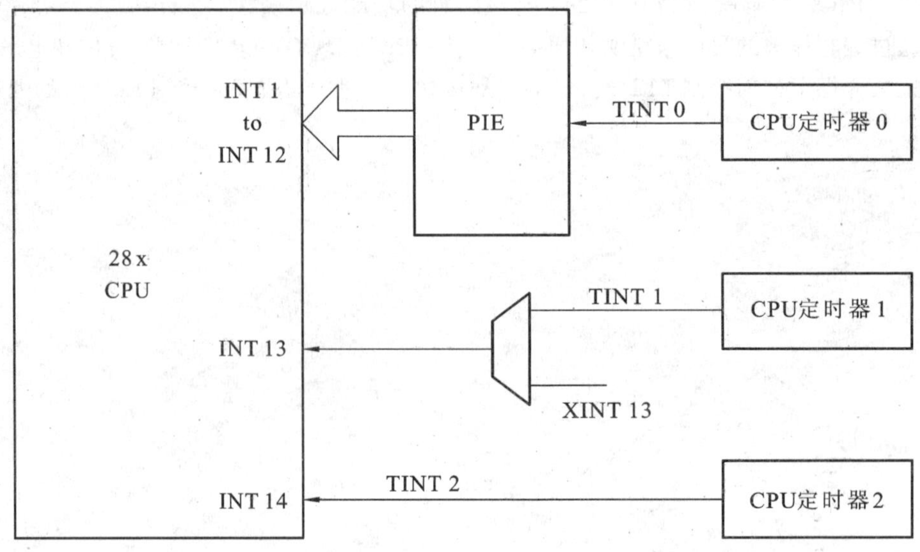

图 9-1 CPU 定时中断信号和输出信号

9.1 CPU定时器工作原理

CPU 定时器的内部结构如图 9-2 所示。

从图 9-2 可以看到，CPU 定时器包含 32 位的定时器周期寄存器 PRDH：PRD、32 位的

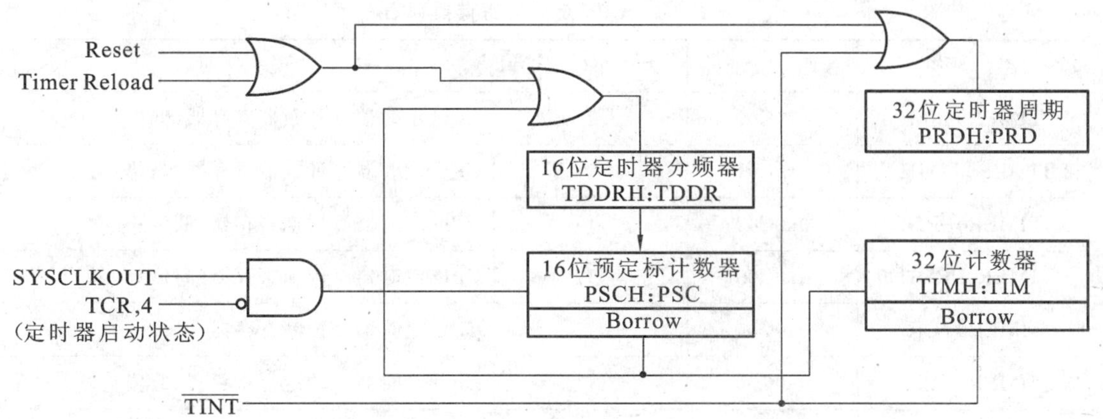

图 9-2 CPU 定时器内部结构图

计数器寄存器 TIMH:TIM、16 位的定时器分频器寄存器 TDDRH:TDDR、16 位的预定标计数器寄存器 PSCH:PSC。这里的 XH:X 的形式,表示 32 位,XH 表示高 16 位,X 表示低 16 位。

在 CPU 定时器工作前,先要根据实际的需求,计算好 CPU 定时器周期寄存器的值,然后再给 PRDH:PRD 赋值。启动定时后,周期寄存器 PRDH:PRD 里面的值装载进入定时器计数器寄存器 TIMH:TIM 中。定时器计数器寄存器中的值每隔一个 TIMCLK 就自减 1,直到计数到 0,即完成计数。完成一个周期的计数后,在下一个定时器输入时钟周期开始时,周期寄存器 PRDH:PRD 里面的值会重新装载到计数器寄存器 TIMH:TIM 中,周而复始地循环下去。一个 CPU 定时器周期经历的时间为(PRDH:PRD+1)×TIMCLK。

TIMCLK 中的值由定时器分频器 TDDRH:TDDR 和定时器预定标计数器 PSCH:PSC 来控制。先给定时器分频器 TDDRH:TDDR 赋值,然后装载入预定标计数器 PSCH:PSC 中,每隔一个 SYSCLKOUT 脉冲,PSCH:PSC 中的值减 1;当其值为 0 时,就会输出一个 TIMCLK,从而 TIMH:TIM 减 1;在下一个周期开始时,TDDRH:TDDR 中的值会重新装入 PSCH:PSC 中,从而不断地循环下去。因此,TIMCLK 就等于(TDDRH:TDDR+1)个系统时钟的时间。

由上面的介绍可以推出,TIMCLK 的公式如下:

$$\text{TIMCLK}=\frac{\text{TDDRH:TDDR}+1}{X}\times 10^{-6}$$

单位为 s,X(单位为 MHz)为系统时钟 SYSCLKOUT 的值。

因此,CPU 定时器一个周期所计量的时间为:

$$T=(\text{PRDH:PRD}+1)\times\frac{\text{TDDRH:TDDR}+1}{X}\times 10^{-6} \quad (\text{单位:s})$$

在实际应用中,通常由定时时间 T 和系统时钟 X 来求出 PRDH:PRD 的值。TDDRH:TDDR 可根据自己的需要取值。

 9.2 CPU 定时器寄存器

表 9-1 列出了 CPU 定时器的所有寄存器。

表 9-1 CPU 定时器寄存器列表

名　　称	地　　址	大　小(×16)	说　　明
TIMER0TIM	0x0C00	1	CPU 定时器 0 计数器寄存器(低位)
TIMER0TIMH	0x0C01	1	CPU 定时器 0 计数器寄存器(高位)
TIMER0PRD	0x0C02	1	CPU 定时器 0 周期寄存器(低位)
TIMER0PRDH	0x0C03	1	CPU 定时器 0 周期寄存器(高位)
TIMER0TCR	0x0C04	1	CPU 定时器 0 控制寄存器
TIMER0TPR	0x0C06	1	CPU 定时器 0 预定标寄存器(低位)
TMIER0TPRH	0x0C07	1	CPU 定时器 0 预定标寄存器(高位)
TIMER1TIM	0x0C08	1	CPU 定时器 1 计数器寄存器(低位)
TIMER1TIMH	0x0C09	1	CPU 定时器 1 计数器寄存器(高位)
TIMER1PRD	0x0C0A	1	CPU 定时器 1 周期寄存器(低位)
TIMER1PRDH	0x0C0B	1	CPU 定时器 1 周期寄存器(高位)
TIMER1TCR	0x0C0C	1	CPU 定时器 1 控制寄存器
TIMER1TPR	0x0C0E	1	CPU 定时器 1 预定标寄存器(低位)
TIMER1TPRH	0x0C0F	1	CPU 定时器 1 预定标寄存器(高位)
TIMER2TIM	0x0C10	1	CPU 定时器 2 计数器寄存器(低位)
TIMER2TIMH	0x0C11	1	CPU 定时器 2 计数器寄存器(高位)
TIMER2PRD	0x0C12	1	CPU 定时器 2 周期寄存器(低位)
TIMER2PRDH	0x0C13	1	CPU 定时器 2 周期寄存器(高位)
TIMER2TCR	0x0C14	1	CPU 定时器 2 控制寄存器
TIMER2TPR	0x0C16	1	CPU 定时器 2 预定标寄存器(低位)
TIMER2TPRH	0x0C17	1	CPU 定时器 2 预定标寄存器高位

1. 定时器计数器寄存器(低位)

图 9-3 列出了 TIMERxTIM 寄存器各位的情况，表 9-2 为每一位的描述。

15 … 0
TIM
R/W-0

图 9-3 定时器计数器寄存器(低位)

说明：R/W＝读/写；$-n$＝复位后的值。

表 9-2 定时器计数器寄存器(低位)

位	名称	说明
15～0	TIM	CPU 定时器计数器寄存器(TIMH:TIM):TIM 寄存器是当前 32 位定时计数器的低 16 位,TIMH 寄存器是当前 32 位定时计数器的高 16 位。TIMH:TIM 每一个时钟周期会减 1(TDDRH:TDDR＋1),其中,TDDRH:TDDR 是定时器分频器的值。当 TIMH:TIM 减小到 0 时,寄存器 PRDH:PRD 中的值会重新装载到 TIMH:TIM 寄存器中,同时产生定时器中断信号

2. 定时器计数器寄存器(高位)

图 9-4 列出了 TIMERxTIMH 寄存器各位的情况,表 9-3 为每一位的描述。

15 … 0
TIMH
R/W-0

图 9-4 定时器计数器寄存器(高位)

说明:R/W＝读/写;－*n*＝复位后的值。

表 9-3 定时器计数器寄存器(高位)

位	名称	说明
15～0	TIMH	见 TIMERxTIM 的说明

3. 定时器周期寄存器(低位)

图 9-5 列出了 TIMERxPRD 寄存器各位的情况,表 9-4 为每一位的描述。

15 … 0
PRD
R/W-0

图 9-5 定时器周期寄存器(低位)

说明:R/W＝读/写;－*n*＝复位后的值。

表 9-4 定时器周期寄存器(低位)

位	名称	说明
15～0	PRD	CPU 定时器周期寄存器(PRDH:PRD):PRD 是 32 位周期寄存器的低 16 位,PRDH 是 32 位周期寄存器的高 16 位。当 TIMH:TIM 减小到 0 时,在下一个定时器输入时钟周期(预定标计数器的输出)开始时,PRDH:PRD 寄存器中的值被重新装载到 TIMH:TIM 寄存器中。PRDH:PRD 也可以装载到 TIMH:TIM 中,当用户将定时控制寄存器(TCR)中的定时器重装位(TRB)进行了设置

4. 定时器周期寄存器(高位)

图 9-6 列出了 TIMERxPRDH 寄存器各位的情况,表 9-5 为每一位的描述。

15 … 0
PRDH
R/W-0

图 9-6　定时器周期寄存器(高位)

说明:R/W=读/写;—n=复位后的值。

表 9-5　定时器周期寄存器(高位)

位	名　称	说　明
15～0	PRDH	见 TIMERxPRD 的说明

5. 定时器控制寄存器

图 9-7 列出了 TIMERxTCR 寄存器各位的情况,表 9-6 为每一位的描述。

15	14	13	12	11	10	9	8
TIF	TIE	Reserved		FREE	SOFT	Reserved	
R/W-0	R/W-0	R-0		R/W-0	R/W-0	R-0	

7	6	5	4	3	2	1	0
Reserved		TRB	TSS	Reserved			
R-0		R/W-0	R/W-0	R-0			

图 9-7　定时器控制寄存器

说明:R/W=读/写;R=只读;—n=复位后的值。

表 9-6　定时器控制寄存器

位	名　称	值	说　明
15	TIF	 0 1	CPU 定时中断标志。 CPU 定时器还没有减小到 0,写入 0 被忽略。 当 CPU 定时器减小到 0 时定时中断标志被置位,向该位写入 1 来清除标志
14	TIE	 0 1	CPU 定时中断使能。 CPU 定时中断禁止。 CPU 定时中断使能。如果定时器减小到 0,TIE 被置位,定时器申请中断请求
13～12	Reserved		保留

续表

位	名 称	值	说 明
11～10	FREE SOFT	FREE SOFT 0 0 0 1 1 0 1 1	CPU 定时器仿真模式：这些位是专门用于仿真的，当在高级语言调试中遇到断点时，这些位决定着定时器的状态。如果 FREE 位被置为 1，那么在遇到断点时，定时器连续工作。在这种情况下，SOFT 位不起作用。但是如果 FREE 位被置为 0，SOFT 位将起作用。在这种情况下，如果 SOFT=0，定时器将在 TIMH：TIM 下一次递减操作完成时停止。如果 SOFT=1，定时器将在 TIMH：TIM 减小到 0 时停止。 CPU 定时器仿真模式。 TIMH：TIM 下一次递减完成时停止(硬件停止)。 TIMH：TIM 下一次减小到 0 时停止(软件停止)。 FREE run(自由运行)。 FREE run(自由运行)。 在 SOFT STOP 模式下，定时器在关闭前产生一个中断(中断发生的条件是定时器减小到 0)
9～6	Reserved		保留
5	TRB	0 1	CPU 定时器重装位。 TRB 位总是读取为 0。写入 0 被忽视。 当向 TRB 中写入 1 时，PRDH：PRD 中的值将会重装到 TIMH：TIM 中，TDDRH：TDDR 寄存器的值重装到 PSCH：PSC 预定标计数器中
4	TSS	0 1	CPU 定时器停止状态位。TSS 是 CPU 定时器停止还是启动的一个标志位。 读取到 0 表明 CPU 定时器动作。启动或者重新启动 CPU 定时器，将 TSS 置为 0。在复位时，TSS 被清 0，CPU 定时器立即启动。 读取到 1 表明 CPU 定时器停止。停止 CPU 定时器，将 TSS 置为 1
3～0	Reserved		保留

6. 定时器预定标寄存器(低位)

图 9-8 列出了 TIMERxTPR 寄存器各位的情况，表 9-7 为每一位的描述。

15 … 8	7 … 0
PSC	TDDR
R-0	R/W-0

图 9-8 定时器预定标寄存器(低位)

说明：R/W=读/写；R=只读；$-n$=复位后的值。

表 9-7 定时器预定标寄存器(低位)

位	名 称	说 明
15～8	PSC	CPU 定时器预分频计数器。定时器中这些位保持着当前的预分频计数。每一个定时器时钟资源周期 PSCH:PSC 的值大于 0,PSCH:PSC 的值减 1。一个定时器时钟(定时器预分频输出)周期在 PSCH:PSC 达到 0 之后,TDDRH:TDDR 的内容将重装到 PSCH:PSC 中,此时定时器计数器寄存器(TIMH:TIM)将减 1,PSCH:PSC 仍然会重装,无论何时定时器的重装位(TRB)被软件置位。可以通过读取寄存器的值来检查 PSCH:PSC,但是仍然不能直接置位,必须从定时器的分频器寄存器(TDDRH:TDDR)中获取该值。复位后 PSCH:PSC 被置为 0
7～0	TDDR	CPU 定时器分频器。每一个(TDDRH:TDDR+1)定时器时钟资源周期,定时器计数器寄存器(TIMH:TIM)减少 1。复位时 TDDRH:TDDR 位被清为 0。当预定标计数器(PSCH:PSC)的值为 0 时,一个定时器时钟资源周期后,TDDRH:TDDR 的内容重装到 PSCH:PSC,TIMH:TIM 减 1。无论何时定时器重装位(TRB)被软件置位 TDDRH:TDDR 的值也会被重装到 PSCH:PSC 中

7. 定时器预定标寄存器(高位)

图 9-9 列出了 TIMERxTPRH 寄存器各位的情况,表 9-8 为每一位的描述。

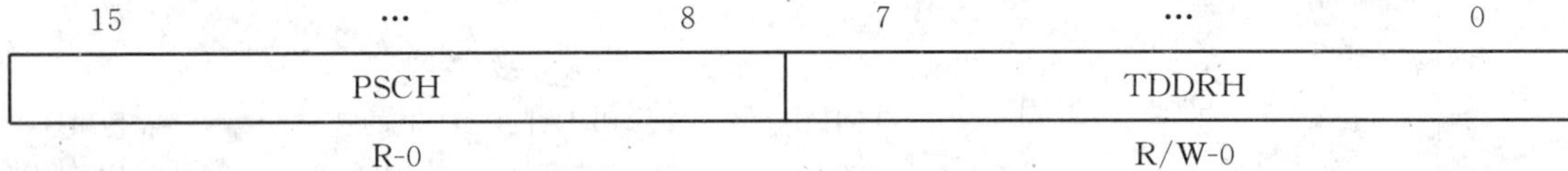

图 9-9 定时器预定标寄存器(高位)

说明:R/W=读/写;R=只读;$-n$=复位后的值。

表 9-8 定时器预定标寄存器(高位)

位	名 称	说 明
15～8	PSCH	见 TIMERxTPR 说明
7～0	TDDRH	见 TIMERxTPR 说明

9.3 定时器 0 实现 LED 灯周期闪烁程序的编写

下面介绍 LED 灯的电路原理图,如图 9-10 所示。

(1) 添加文件,所需添加的文件如图 9-11 所示。

(2) 初始化 GPIO。

```
void Gpio_LedInit()
{
  EALLOW;
  GpioCtrlRegs.GPBMUX1.bit.GPIO40= 0;        //GPIO40 配置为通用的 I/O 口
  GpioCtrlRegs.GPBDIR.bit.GPIO40= 1;         //配置为输出
  EDIS;
}
```

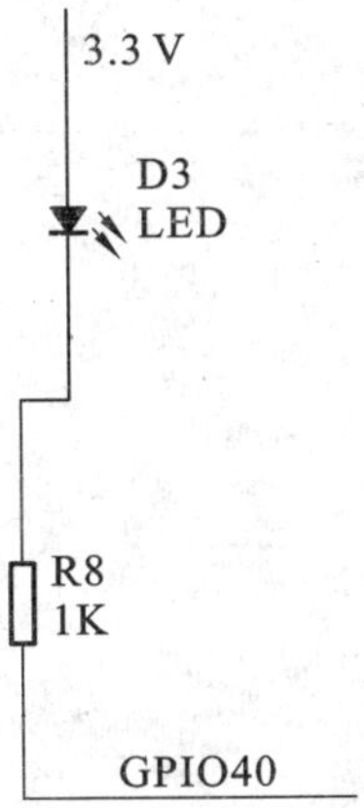

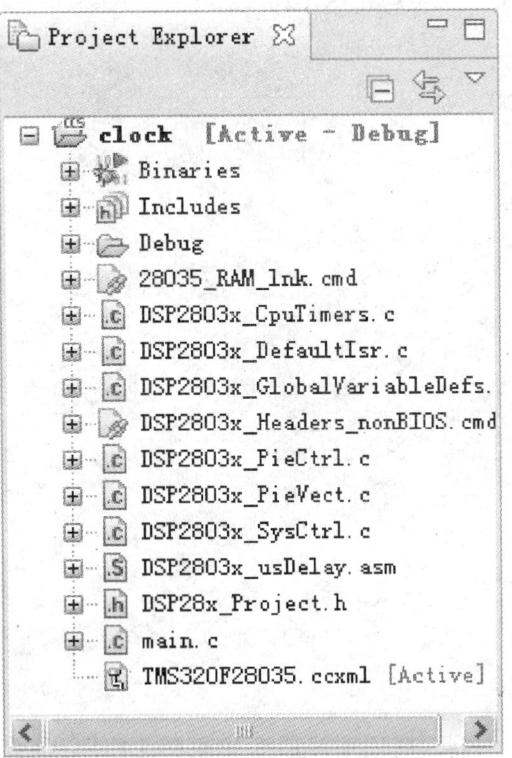

图 9-10　LED 灯的电路原理图

图 9-11　添加所需文件

（3）初始化定时器。

```
void CpuTimer_IntHandlerConfig()
{
  EALLOW;
  PieVectTable.TINT0=&Timer0_IsrHandler;
  EDIS;
}
voidCpuTimer_CpuIntEn()
{
  PieCtrlRegs.PIECTRL.bit.ENPIE=1;
  IER |=M_INT1;                              //使能定时器 T0 中断
  PieCtrlRegs.PIEIER1.bit.INTx7=1;
  EINT;
  ERTM;                                      //使能全局中断
}
void CPU_TimerInit()
{
  CpuTimer_IntHandlerConfig();
  InitCpuTimers();
  ConfigCpuTimer(&CpuTimer0,60,1000000);
  CpuTimer0Regs.TCR.bit.TSS=0;               //启动定时器(TSS=0)
  CpuTimer_CpuIntEn();                       //开中断
}
```

（4）配置中断内容。

```
interrupt void Timer0_IsrHandler()
{
  GpioDataRegs.GPBTOGGLE.bit.GPIO40=1;      //GPIO40 电平翻转
  PieCtrlRegs.PIEACK.bit.ACK1=1;            //清除中断标志
}
```

（5）主函数。

```
#include "DSP28x_Project.h"
void main()
{
  InitSysCtrl();
  DINT;                        //先禁止再中断
  InitPieCtrl();               //将 PIE 寄存器赋初值
  IER=0x0000;                  //禁止 CPU 的中断并清除所有相关的中断标志
  IFR=0x0000;
  InitPieVectTable();          //初始化中断向量表
  Gpio_LedInit();
  CPU_TimerInit();             //定时器初始化
  while(1);
}
```

到此，使用定时器 0 实现的 LED 灯周期闪烁程序已经编写完毕。该程序已经通过编译，并且调试完毕，可以实现程序的目的。有条件的读者可以将其下载到 DSP 中，观察 LED 灯闪烁的周期变化，同时可以试着修改程序来改变灯周期闪烁的时间。注意：将所有子函数放在主函数之前，需要添加函数声明，否则会出现错误。该程序仅仅是运行在仿真模式下，要想下载到 Flash 中，请参考第 5 章的载入方法。

本章小结

本章详细介绍了 CPU 定时器的工作原理、CPU 定时器的寄存器，并通过实例说明了定时器程序的编写。希望大家能够自己动手去尝试一下编写有关定时器的程序，这样才能掌握得更加牢固。

本章习题

1. CPU 内部有几个多少位的 CPU 定时器？分别简单介绍这几种定时器。
2. 从定时器的内部结构框图中可以看出定时器主要由哪几部分构成？
3. 简单叙述定时器的工作原理。
4. 在定时器中我们常看到 PRDH：PRD 寄存器、TDDRH：TDDR 寄存器、PSCH：PSC 寄存器，这里 XH：X 表示什么意思？XH 表示什么意思？X 表示什么意思？
5. TIMCLK 中的值是由哪两个寄存器控制的？是如何控制的？

第⑩章 F28035 的中断系统

在几乎任何一款事件驱动型的 CPU 里面都会有中断系统，因为中断就是为响应事件而存在的。中断的运用不仅能够实现想要实现的功能，而且合理的中断安排可以提高事件执行的效率，因此，中断在 DSP 中有着不可缺少的地位。本章将详细介绍 F28035 的中断系统，一起讨论 CPU 中断、PIE 中断、外设中断等三种中断体系。

10.1 中断系统的介绍

中断是硬件和软件驱动事件，它能够让 CPU 停止当前的程序，转而去执行一个中断服务子程序。在执行完中断子程序后，会返回到原来中断的位置，然后继续按顺序执行后面的程序。F28035 的中断系统从上至下分成了三级，即 CPU 中断、PIE 中断和外设中断。图 10-1 所示为中断系统工作的过程。

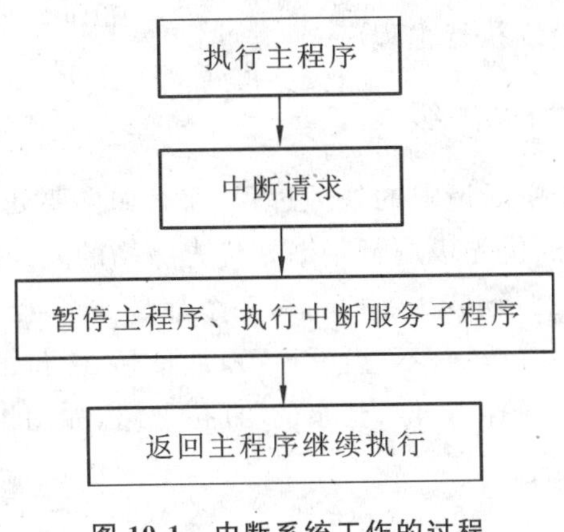

图 10-1　中断系统工作的过程

10.2 F28035 的 CPU 中断

DSP 中的中断请求信号一般是由软件或者硬件产生的，它能够使 CPU 暂停正在执行的主程序，转而去执行一个中断服务子程序。通常，中断请求信号是由外围设备发出的，表示一个特殊的事件发生了，请求 CPU 暂停正在执行的主程序，去响应更为紧急的事件。例如，CPU 的定时器在完成一个周期的定时后就会发出一个周期的中断请求信号，这个中断请求信号会通知 CPU 定时器已经完成了一段时间的定时，这时可能有一些紧急的事件等待 CPU 过来处理。

10.2.1 CPU 中断的概述

F28035 的中断主要有两种方式触发：一种是在软件中写指令；另一种是由硬件方式来触发。无论是软件中断还是硬件中断，都可以归结为可屏蔽中断和不可屏蔽中断。

所谓可屏蔽中断，就是这些中断可以通过软件加以屏蔽或者解除屏蔽。F28035片内外设所产生的中断都是可屏蔽中断，每一个中断都可以通过相应寄存器的中断使能位来禁止或者使能中断。

不可屏蔽中断就是这些中断是不可被屏蔽的，一旦有中断请求发出，CPU必须无条件地立即响应该中断并执行相应的中断服务子程序。

F28035的CPU按图10-2所示的4个步骤来处理中断。首先，由外设或者其他方式向CPU发送中断请求。然后，如果这个中断是可屏蔽中断，CPU便会去检查这个中断的使能情况，再决定是否响应该中断；如果这个中断是不可屏蔽中断，则CPU会立即响应该中断。接着，CPU会完整地执行完当前指令。为了记住当前主程序的状态，CPU必须要做一些准备工作，比如将数据存储在寄存器内。准备工作做完后，CPU就会取中断向量，开始执行中断服务子程序。当然，处理完相应的中断事件之后，CPU就回到原来主程序暂停的地方，恢复寄存器的内容，继续执行主程序。

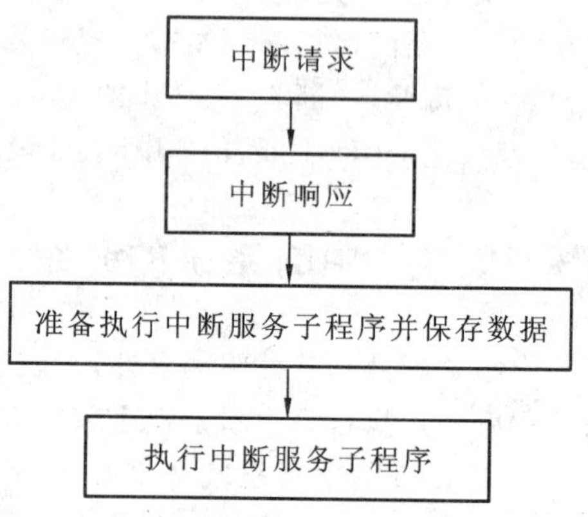

图10-2　CPU处理中断的4个步骤

10.2.2　CPU中断向量和优先级

上一小节讲解的是单个中断请求的处理过程，那么如果要处理多个中断，应该如何处理呢？此时，就要根据中断源的优先级进行判断。优先级高的先处理，优先级低的后处理。

F28035一共可以支持32个CPU中断，每一个都是一个32位的中断向量，里面存储的是响应中断服务子程序的入口地址，不过这个入口地址是22位的。其中：低16位保存该向量的低16位；高16位保存它的高6位，其余的10位忽略，如图10-3所示。

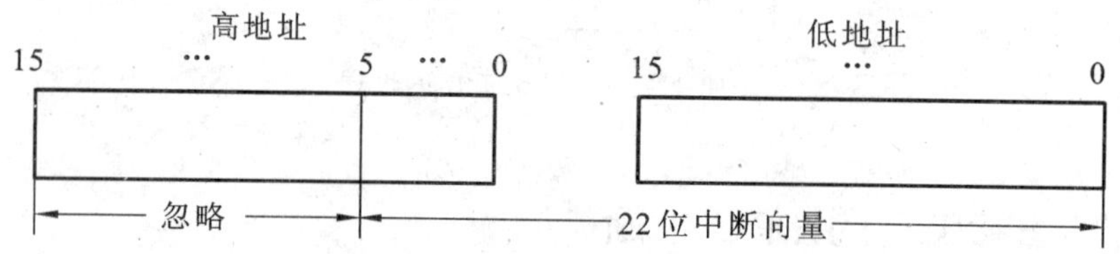

图10-3　22位的CPU中断向量

表10-1列出了F28035可以使用的中断向量、各个向量的存储位置及其各自的优先级。

表10-1　CPU中断向量

中断向量	地　址	优先级	说　明
Reset	0x0000 0D00	1(最高)	复位中断
INT1	0x0000 0D02	5	可屏蔽中断1
INT2	0x0000 0D04	6	可屏蔽中断2
INT3	0x0000 0D06	7	可屏蔽中断3

续表

中断向量	地址	优先级	说明
INT4	0x0000 0D08	8	可屏蔽中断 4
INT5	0x0000 0D0A	9	可屏蔽中断 5
INT6	0x0000 0D0C	10	可屏蔽中断 6
INT7	0x0000 0D0E	11	可屏蔽中断 7
INT8	0x0000 0D10	12	可屏蔽中断 8
INT9	0x0000 0D12	13	可屏蔽中断 9
INT10	0x0000 0D14	14	可屏蔽中断 10
INT11	0x0000 0D16	15	可屏蔽中断 11
INT12	0x0000 0D18	16	可屏蔽中断 12
INT13	0x0000 0D1A	17	可屏蔽中断 13
INT14	0x0000 0D1C	18	可屏蔽中断 14
DATALOG	0x0000 0D1E	19(最低)	可屏蔽数据标志中断
RTOSINT	0x0000 0D20	4	可屏蔽实时操作系统中断
EMUINT	0x0000 0D22	2	可屏蔽仿真中断
NMI	0x0000 0D24	3	不可屏蔽硬件中断
ILLEGAL	0x0000 0D26		非法指令捕获
USER1	0x0000 0D28		用户自定义陷阱(TRAP)
USER2	0x0000 0D2A		用户自定义陷阱(TRAP)
USER3	0x0000 0D2C		用户自定义陷阱(TRAP)
USER4	0x0000 0D2E		用户自定义陷阱(TRAP)
USER5	0x0000 0D30		用户自定义陷阱(TRAP)
USER6	0x0000 0D32		用户自定义陷阱(TRAP)
USER7	0x0000 0D34		用户自定义陷阱(TRAP)
USER8	0x0000 0D36		用户自定义陷阱(TRAP)
USER9	0x0000 0D38		用户自定义陷阱(TRAP)
USER10	0x0000 0D3A		用户自定义陷阱(TRAP)
USER11	0x0000 0D3C		用户自定义陷阱(TRAP)
USER12	0x0000 0D3E		用户自定义陷阱(TRAP)

10.2.3 CPU 中断寄存器

CPU 所列的中断里 INT1～INT14 是 14 个通用中断，DLOGINT 数据记录中断和 RTOSINT 实时操作系统中断是为仿真而设计的两个中断。经常使用的通用中断是 INT1～INT14。图 10-4 为 IER 寄存器的位情况，各位说明如表 10-2 所列。

15	14	13	12	11	10	9	8
RTOSINT	DLOGINT	INT14	INT13	INT12	INT11	INT10	INT9
R/W-0	R/W-0	R/W-0	R/W-0	R/W-0	R/W-0	R/W-0	R/W-0

7	6	5	4	3	2	1	0
INT8	INT7	INT6	INT5	INT4	INT3	INT2	INT1
R/W-0	R/W-0	R/W-0	R/W-0	R/W-0	R/W-0	R/W-0	R/W-0

图 10-4　IER 寄存器

说明:R/W=读/写;$-n$=复位后的值。

表 10-2　IER 寄存器各位说明

位	名　称	值	说　明
15	RTOSINT	 0 1	实时操作系统中断使能位。RTOSINT 使 CPU RTOS 中断使能或禁止。 Level INT6 禁止。 Level INT6 使能
14	DLOGINT	 0 1	数据记录中断使能位。DLOGINT 使 CPU 数据记录中断使能或者禁止。 Level INT6 禁止。 Level INT6 使能
13	INT14	 0 1	中断 14 使能位。INT14 使 CPU 中断级 INT14 使能或禁止。 INT14 禁止。 INT14 使能
12	INT13	 0 1	中断 13 使能位。INT13 使 CPU 中断级 INT13 使能或禁止。 INT13 禁止。 INT13 使能
11	INT12	 0 1	中断 12 使能位。INT12 使 CPU 中断级 INT12 使能或禁止。 INT12 禁止。 INT12 使能
10	INT11	 0 1	中断 11 使能位。INT11 使 CPU 中断级 INT11 使能或禁止。 INT11 禁止。 INT11 使能
9	INT10	 0 1	中断 10 使能位。INT10 使 CPU 中断级 INT10 使能或禁止。 INT10 禁止。 INT10 使能
8	INT9	 0 1	中断 9 使能位。INT9 使 CPU 中断级 INT9 使能或禁止。 INT9 禁止。 INT9 使能
7	INT8	 0 1	中断 8 使能位。INT8 使 CPU 中断级 INT8 使能或禁止。 INT8 禁止。 INT8 使能

续表

位	名称	值	说　明
6	INT7	 0 1	中断 7 使能位。INT7 使 CPU 中断级 INT7 使能或禁止。 INT7 禁止。 INT7 使能
5	INT6	 0 1	中断 6 使能位。INT6 使 CPU 中断级 INT6 使能或禁止。 INT6 禁止。 INT6 使能
4	INT5	 0 1	中断 5 使能位。INT5 使 CPU 中断级 INT5 使能或禁止。 INT5 禁止。 INT5 使能
3	INT4	 0 1	中断 4 使能位。INT4 使 CPU 中断级 INT4 使能或禁止。 INT4 禁止。 INT4 使能
2	INT3	 0 1	中断 3 使能位。INT3 使 CPU 中断级 INT3 使能或禁止。 INT3 禁止。 INT3 使能
1	INT2	 0 1	中断 2 使能位。INT2 使 CPU 中断级 INT2 使能或禁止。 INT2 禁止。 INT2 使能
0	INT1	 0 1	中断 1 使能位。INT1 使 CPU 中断级 INT1 使能或禁止。 INT1 禁止。 INT1 使能

从图 10-4 可以看到，CPU 中断使能寄存器中的每一位都与一个 CPU 中断相对应。当某一个位的值为 1 时，与其对应的中断就被使能；当某一个位的值为 0 时，与其对应的中断就被禁止。

在 DSP 中，有一个 CPU 中断的标志寄存器 IFR 与其相似，这个寄存器中位的情况就反映为该 CPU 中断是否提出了请求。图 10-5 为 IFR 寄存器的位情况，各位说明如表 10-3 所列。

15	14	13	12	11	10	9	8
RTOSINT	DLOGINT	INT14	INT13	INT12	INT11	INT10	INT9
R/W-0	R/W-0	R/W-0	R/W-0	R/W-0	R/W-0	R/W-0	R/W-0

7	6	5	4	3	2	1	0
INT8	INT7	INT6	INT5	INT4	INT3	INT2	INT1
R/W-0	R/W-0	R/W-0	R/W-0	R/W-0	R/W-0	R/W-0	R/W-0

图 10-5　IFR 寄存器

说明：R/W＝读/写；$-n$＝复位后的值。

表 10-3　IFR 寄存器各位的说明

位	名　称	值	说　明
15	RTOSINT		实时操作系统标志。RTOSINT 位是 RTOS 中断的标志位。
		0	没有未处理的 RTOS 中断。
		1	至少有一个未处理的 RTOS 中断
14	DLOGINT		数据记录中断标志。DLOGINT 位是数据记录中断的标志位。
		0	没有未处理的 DLOGINT 中断。
		1	至少有一个未处理的 DLOGINT 中断
13	INT14		中断 14 标志。INT14 位是连接到 CPU 中断级 INT14 的中断标志。
		0	没有未处理的 INT14 中断。
		1	至少有一个未处理的 INT14 中断
12	INT13		中断 13 标志。INT13 位是连接到 CPU 中断级 INT13 的中断标志。
		0	没有未处理的 INT13 中断。
		1	至少有一个未处理的 INT13 中断
11	INT12		中断 12 标志。INT12 位是连接到 CPU 中断级 INT12 的中断标志。
		0	没有未处理的 INT12 中断。
		1	至少有一个未处理的 INT12 中断
10	INT11		中断 11 标志。INT11 位是连接到 CPU 中断级 INT11 的中断标志。
		0	没有未处理的 INT11 中断。
		1	至少有一个未处理的 INT11 中断
9	INT10		中断 10 标志。INT10 位是连接到 CPU 中断级 INT10 的中断标志。
		0	没有未处理的 INT10 中断。
		1	至少有一个未处理的 INT10 中断
8	INT9		中断 9 标志。INT9 位是连接到 CPU 中断级 INT9 的中断标志。
		0	没有未处理的 INT9 中断。
		1	至少有一个未处理的 INT9 中断
7	INT8		中断 8 标志。INT8 位是连接到 CPU 中断级 INT8 的中断标志。
		0	没有未处理的 INT8 中断。
		1	至少有一个未处理的 INT8 中断
6	INT7		中断 7 标志。INT7 位是连接到 CPU 中断级 INT7 的中断标志。
		0	没有未处理的 INT7 中断。
		1	至少有一个未处理的 INT7 中断
5	INT6		中断 6 标志。INT6 位是连接到 CPU 中断级 INT6 的中断标志。
		0	没有未处理的 INT6 中断。
		1	至少有一个未处理的 INT6 中断
4	INT5		中断 5 标志。INT5 位是连接到 CPU 中断级 INT5 的中断标志。
		0	没有未处理的 INT5 中断。
		1	至少有一个未处理的 INT5 中断
3	INT4		中断 4 标志。INT4 位是连接到 CPU 中断级 INT4 的中断标志。
		0	没有未处理的 INT4 中断。
		1	至少有一个未处理的 INT4 中断

续表

位	名　称	值	说　明
2	INT3	 0 1	中断3标志。INT3位是连接到CPU中断级INT3的中断标志。 没有未处理的INT3中断。 至少有一个未处理的INT3中断
1	INT2	 0 1	中断2标志。INT2位是连接到CPU中断级INT2的中断标志。 没有未处理的INT2中断。 至少有一个未处理的INT2中断
0	INT1	 0 1	中断1标志。INT1位是连接到CPU中断级INT1的中断标志。 没有未处理的INT1中断。 至少有一个未处理的INT1中断

10.3 F28035的PIE中断

上一节介绍的是F28035的CPU中断，图10-6所示是F28035的DSP的中断源。F2803x的CPU共有15根中断线，其中包括一个不可屏蔽中断NMI，还有14个可屏蔽中断INT1～INT14。

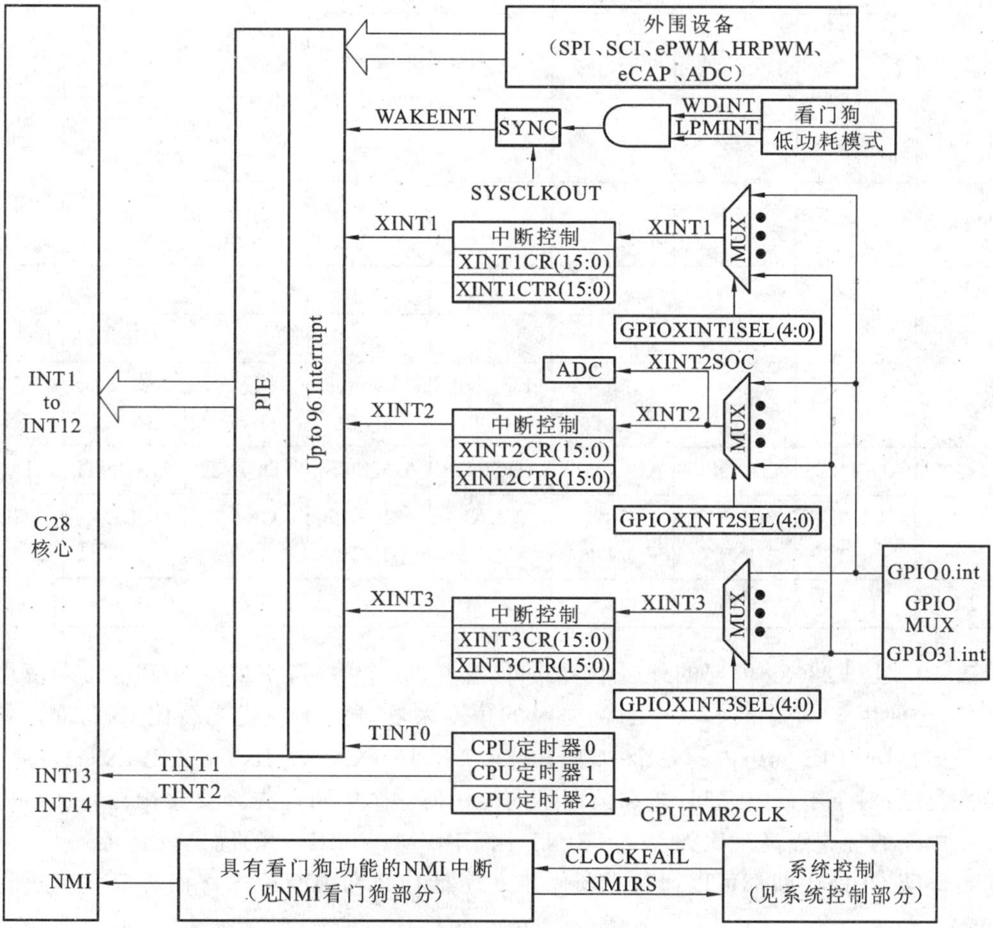

图10-6　F28035的DSP中断源

对于 CPU 定时器 1 和定时器 2，用户是不能使用的，它们已经预留给实时操作系统使用，CPU 定时器 1 的中断分配给了 INT13，CPU 定时器 2 的中断分配给了 INT14。

10.3.1 PIE 中断概述

F2803x 设备有许多外设并且每个外设在外设级可能产生一个或者多个中断。因此，为了更好地处理这些中断，F2803x 专门设计了一个外设中断扩展模块，即 PIE，它能够对各种中断源做出相应的决策。PIE 模块能够支持 96 个独立的中断，这些中断分为 12 个组，每一组 8 个中断。同时，每个组的中断都被反映到 CPU 内核的 12 条中断线上。外设中断在 PIE 中的分布情况如表 10-4 所列。

表 10-4 外设中断在 PIE 中的分布

CPU \ PIE	INTx. 8	INTx. 7	INTx. 6	INTx. 5	INTx. 4	INTx. 3	INTx. 2	INTx. 1
INT1	WAKEINT	TINT0	ADCINT9	XINT2	XINT1		ADCINT2	ADCINT1
INT2		EPWM7_TZINT	EPWM6_TZINT	EPWM5_TZINT	EPWM4_TZINT	EPWM3_TZINT	EPWM2_TZINT	EPWM1_TZINT
INT3		EPWM7_INT	EPWM6_INT	EPWM5_INT	EPWM4_INT	EPWM3_INT	EPWM2_INT	EPWM1_INT
INT4								ECAP1_INT
INT5								EQEP1_INT
INT6					SPITXINTB	SPIRXINTB	SPITXINTA	SPIRXINTA
INT7								
INT8							I2CINT2A	I2CINT1A
INT9			ECANA_INT0	ECANA_INT1	LINA_INT1	LINA_INT0	SCITXINTA	SCIRXINTA
INT10	ADCINT8	ADCINT7	ADCINT6	ADCINT5	ADCINT4	ADCINT3	ADCINT2	ADCINT1
INT11	CLA1_INT8	CLA1_INT7	CLA1_INT6	CLA1_INT5	CLA1_INT4	CLA1_INT3	CLA1_INT2	CLA1_INT1
INT12	LUF	LVF						XINT3

表 10-4 是 F2803x 内部的外设中断分布，总共 96 个中断，空白部分表示尚未使用的中断，目前已使用 54 个中断。从中断优先级的角度来看，INT1 的优先级比 INT2 高，剩下的依次类推；对于 PIE 同组内的各个中断，INTx. 1 比 INTx. 2 高，INTx. 2 比 INTx. 3 高，剩下的依次类推；对于不同组之间，排在前面组内的任何一个中断优先级要比排在后面组内的任何一个中断的优先级高。比如 WAKEINT 比 EPWM1_TZINT 的优先级要高。

可屏蔽 CPU 中断都可以通过中断使能寄存器 IER 和中断标志寄存器 IFR 来进行可编程控制。

10.3.2 PIE 中断寄存器

PIE 控制器相关的寄存器如表 10-5 所列。

表 10-5 PIE 控制器的寄存器

名 称	地 址	大 小(×16)	说 明
PIECTRL	0x0000-0CE0	1	PIE 控制寄存器
PIEACK	0x0000-0CE1	1	PIE 中断应答寄存器
PIEIER1	0x0000-0CE2	1	PIE,INT1 组使能寄存器
PIEIFR1	0x0000-0CE3	1	PIE,INT1 组标志寄存器
PIEIER2	0x0000-0CE4	1	PIE,INT2 组使能寄存器
PIEIFR2	0x0000-0CE5	1	PIE,INT2 组标志寄存器
PIEIER3	0x0000-0CE6	1	PIE,INT3 组使能寄存器
PIEIFR3	0x0000-0CE7	1	PIE,INT3 组标志寄存器
PIEIER4	0x0000-0CE8	1	PIE,INT4 组使能寄存器
PIEIFR4	0x0000-0CE9	1	PIE,INT4 组标志寄存器
PIEIER5	0x0000-0CEA	1	PIE,INT5 组使能寄存器
PIEIFR5	0x0000-0CEB	1	PIE,INT5 组标志寄存器
PIEIER6	0x0000-0CEC	1	PIE,INT6 组使能寄存器
PIEIFR6	0x0000-0CED	1	PIE,INT6 组标志寄存器
PIEIER7	0x0000-0CEE	1	PIE,INT7 组使能寄存器
PIEIFR7	0x0000-0CEF	1	PIE,INT7 组标志寄存器
PIEIER8	0x0000-0CF0	1	PIE,INT8 组使能寄存器
PIEIFR8	0x0000-0CF1	1	PIE,INT8 组标志寄存器
PIEIER9	0x0000-0CF2	1	PIE,INT9 组使能寄存器
PIEIFR9	0x0000-0CF3	1	PIE,INT9 组标志寄存器
PIEIER10	0x0000-0CF4	1	PIE,INT10 组使能寄存器
PIEIFR10	0x0000-0CF5	1	PIE,INT10 组标志寄存器
PIEIER11	0x0000-0CF6	1	PIE,INT11 组使能寄存器
PIEIFR11	0x0000-0CF7	1	PIE,INT11 组标志寄存器
PIEIER12	0x0000-0CF8	1	PIE,INT12 组使能寄存器
PIEIFR12	0x0000-0CF9	1	PIE,INT12 组标志寄存器

1. PIE 控制寄存器

图 10-7 为 PIE 控制寄存器的位情况,各位说明如表 10-6 所示。

15	…	1	0
PIEVECT			ENPIE
R-0			R/W-0

图 10-7　PIE 控制寄存器

说明：R/W＝读/写；R＝只读；$-n$＝复位后的值。

表 10-6　PIE 控制寄存器各位的说明

位	名　称	值	说　明
15～1	PIEVECT		这些位表示从中断向量表取回的向量地址。最低有效位被忽略，只显示位 1 到位 15 的地址。用户可以读取向量值来确定返回的向量是由哪一个中断产生的。 例如：如果 PIECTRL＝0X0D27，取回的向量地址为 0X0D26(非法操作)
0	ENPIE		从 PIE 向量表中取回向量使能。 注意：复位向量不能从 PIE 中取得，即使当它使能。这个向量总是从引导 ROM 中取得的。
		0	如果该位置 0，PIE 块无效，向量取自引导 ROM 的 CPU 向量表。所有的 PIE 块寄存器(PIEACK、PIEIFR、PIEIER)可以用来存取，即使当 PIE 块无效。
		1	当 ENPIE 被置 1，所有的向量，除复位以外都取自 PIE 向量表。复位向量总是取自引导 ROM

2. PIE 中断应答寄存器

图 10-8 为 PIE 中断应答寄存器的位情况，各位说明如表 10-7 所列。

15	…	12	11	…	0
Reserved			PIEACK		
R-0			R/W1C-1		

图 10-8　PIE 中断应答寄存器

说明：R/W1C＝读/写 1 清除；R＝只读；$-n$＝复位后的值。

表 10-7　PIE 中断应答寄存器各位的说明

位	名　称	值	说　明
15～12	Reserved		保留
11～0	PIEACK		PIEACK 中的每一位表示一个特定的 PIE 组。位 0 表示 PIE 第 1 组中断的 CPU 响应情况。
		bit x＝0	如果读取到的值为 0，表明 PIE 可以从各自的组向 CPU 发出中断。写入 0 被忽略。
		bit x＝1	读取到 1 表明如果来自于各自组的中断已经被送至 CPU 和所有当前来自该组的其他中断未响应。 向该寄存器各自的中断位写入 1 可以清除该位，也可以使能 PIE 模块，如果该组中仍有未处理的中断，则 PIE 模块向 CPU 提出中断请求

3. PIE 中断标志寄存器

12 个中断标志寄存器都是一样的，图 10-9 为 PIEIFRx 寄存器的位情况，各位说明如表 10-8 所列。

15			…				8
Reserved							
R-0							
7	**6**	**5**	**4**	**3**	**2**	**1**	**0**
INTx. 8	INTx. 7	INTx. 6	INTx. 5	INTx. 4	INTx. 3	INTx. 2	INTx. 1
R/W-0	R/W-0	R/W-0	R/W-0	R/W-0	R/W-0	R/W-0	R/W-0

图 10-9　PIE 中断标志寄存器

说明：R/W＝读/写；R＝只读；$-n$＝复位后的值。

表 10-8　PIE 中断标志寄存器各位的说明

位	名　称	说　明
15～8	Reserved	保留
7	INTx. 8	该寄存器的这些位表示一个中断当前是否被激活。它们与 CPU 中断标志寄存器类似。当中断激活时，各个寄存器位置 1。该位被清 0 当中断处理完成或向该位写入 0。该寄存器还可以被读取来确定哪一个中断被激活或是未处理。INTx 表示 CPU 的 INT1～INT12。 硬件比 CPU 具有优先权来访问 PIEIFR 寄存器
6	INTx. 7	
5	INTx. 6	
4	INTx. 5	
3	INTx. 4	
2	INTx. 3	
1	INTx. 2	
0	INTx. 1	

4. PIE 中断使能寄存器

12 个中断使能寄存器都是一样的，图 10-10 为 PIEIERx 寄存器的位情况，各位说明如表 10-9 所列。

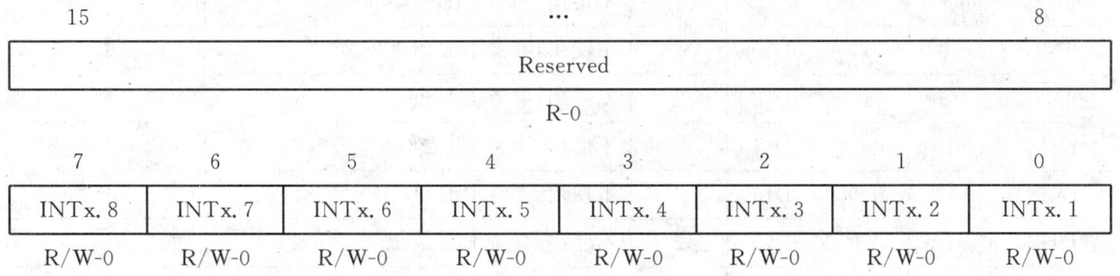

图 10-10　PIE 中断使能寄存器

说明：R/W＝读/写；R＝只读；$-n$＝复位后的值。

表 10-9 PIE 中断使能寄存器各位的说明

位	名称	说明
15～8	Reserved	保留
7	INTx.8	该寄存器内的这些位对 PIE 组内各个中断单独使能，它和 CPU 中断使能寄存器类似。某位置 1 可以使能该位的中断服务，某位置 0，该位的中断服务禁止。x＝1～12。INTx 表示 CPU 的 INT1～INT12。
6	INTx.7	
5	INTx.6	
4	INTx.5	
3	INTx.4	
2	INTx.3	
1	INTx.2	
0	INTx.1	

10.3.3 PIE 中断向量表

PIE 中断向量表是由各个中断服务子程序的地址存储在一片连续的 RAM 空间内所构成的。F2803x 的 PIE 中断向量表如表 10-10 所列。

表 10-10 PIE 中断向量表

名称	向量 ID	地址	大小 (×16)	说明	CPU 优先级	PIE 优先级
Reset	0	0x0000 0D00	2	复位总是从引导 ROM 的 0x003F FFC0 地址获取	1 (最高)	—
INT1	1	0x0000 0D02	2	不使用，参考 PIE 组 1	5	—
INT2	2	0x0000 0D04	2	不使用，参考 PIE 组 2	6	—
INT3	3	0x0000 0D06	2	不使用，参考 PIE 组 3	7	—
INT4	4	0x0000 0D08	2	不使用，参考 PIE 组 4	8	—
INT5	5	0x0000 0D0A	2	不使用，参考 PIE 组 5	9	—
INT6	6	0x0000 0D0C	2	不使用，参考 PIE 组 6	10	—
INT7	7	0x0000 0D0E	2	不使用，参考 PIE 组 7	11	—
INT8	8	0x0000 0D10	2	不使用，参考 PIE 组 8	12	—
INT9	9	0x0000 0D12	2	不使用，参考 PIE 组 9	13	—
INT10	10	0x0000 0D14	2	不使用，参考 PIE 组 10	14	—
INT11	11	0x0000 0D16	2	不使用，参考 PIE 组 11	15	—
INT12	12	0x0000 0D18	2	不使用，参考 PIE 组 12	16	—
INT13	13	0x0000 0D1A	2	外部中断 13(XINT13)或 CPU 定时器 1	17	—
INT14	14	0x0000 0D1C	2	CPU 定时器 2(TI/TOS 用)	18	—
DATALOG	15	0x0000 0D1E	2	CPU 数据记录中断	19 (最低)	—

续表

名　称	向量ID	地　　址	大小(×16)	说　　明	CPU优先级	PIE优先级
RTOSINT	16	0x0000 0D20	2	CPU 实时操作系统中断	4	—
EMUINT	17	0x0000 0D22	2	CPU 仿真中断	2	—
NMI	18	0x0000 0D24	2	外部不可屏蔽中断	3	—
ILLEGAL	19	0x0000 0D26	2	非法操作	—	—
USER1	20	0x0000 0D28	2	用户定义的陷阱	—	—
USER2	21	0x0000 0D2A	2	用户定义的陷阱	—	—
USER3	22	0x0000 0D2C	2	用户定义的陷阱	—	—
USER4	23	0x0000 0D2E	2	用户定义的陷阱	—	—
USER5	24	0x0000 0D30	2	用户定义的陷阱	—	—
USER6	25	0x0000 0D32	2	用户定义的陷阱	—	—
USER7	26	0x0000 0D34	2	用户定义的陷阱	—	—
USER8	27	0x0000 0D36	2	用户定义的陷阱	—	—
USER9	28	0x0000 0D38	2	用户定义的陷阱	—	—
USER10	29	0x0000 0D3A	2	用户定义的陷阱	—	—
USER11	30	0x0000 0D3C	2	用户定义的陷阱	—	—
USER12	31	0x0000 0D3E	2	用户定义的陷阱	—	—
PIE 组 1 向量——共用 CPU 中断 INT1						
INT1.1	32	0x0000 0D40	2	ADCINT1 (ADC)	5	1(最高)
INT1.2	33	0x0000 0D42	2	ADCINT2(ADC)	5	2
INT1.3	34	0x0000 0D44	2	保留	5	3
INT1.4	35	0x0000 0D46	2	XINT1	5	4
INT1.5	36	0x0000 0D48	2	XINT2	5	5
INT1.6	37	0x0000 0D4A	2	ADCINT9 (ADC)	5	6
INT1.7	38	0x0000 0D4C	2	TINT0 (CPU 定时器 0)	5	7
INT1.8	39	0x0000 0D4E	2	WAKEINT (LPM/WD)	5	8(最低)
PIE 组 2 向量——共用 CPU 中断 INT2						
INT2.1	40	0x0000 0D50	2	EPWM1_TZINT(EPWM1)	6	1(最高)
INT2.2	41	0x0000 0D52	2	EPWM2_TZINT(EPWM2)	6	2
INT2.3	42	0x0000 0D54	2	EPWM3_TZINT(EPWM3)	6	3
INT2.4	43	0x0000 0D56	2	EPWM4_TZINT(EPWM4)	6	4

续表

名　称	向量ID	地　址	大小（×16）	说　明	CPU优先级	PIE优先级
INT2.5	44	0x0000 0D58	2	EPWM5_TZINT(EPWM5)	6	5
INT2.6	45	0x0000 0D5A	2	EPWM6_TZINT(EPWM6)	6	6
INT2.7	46	0x0000 0D5C	2	EPWM7_TZINT(EPWM7)	6	7
INT2.8	47	0x0000 0D5E	2	保留	6	8（最低）
PIE组3向量——共用CPU中断INT3						
INT3.1	48	0x0000 0D60	2	EPWM1_INT(EPWM1)	7	1（最高）
INT3.2	49	0x0000 0D62	2	EPWM2_INT(EPWM2)	7	2
INT3.3	50	0x0000 0D64	2	EPWM3_INT(EPWM3)	7	3
INT3.4	51	0x0000 0D66	2	EPWM4_INT(EPWM4)	7	4
INT3.5	52	0x0000 0D68	2	EPWM5_INT(EPWM5)	7	5
INT3.6	53	0x0000 0D6A	2	EPWM6_INT(EPWM6)	7	6
INT3.7	54	0x0000 0D6C	2	EPWM7_INT(EPWM7)	7	7
INT3.8	55	0x0000 0D6E	2	保留	7	8（最低）
PIE组4向量——共用CPU中断INT4						
INT4.1	56	0x0000 0D70	2	ECAP1_INT(ECAP1)	8	1（最高）
INT4.2	57	0x0000 0D72	2	保留　—	8	2
INT4.3	58	0x0000 0D74	2	保留　—	8	3
INT4.4	59	0x0000 0D76	2	保留　—	8	4
INT4.5	60	0x0000 0D78	2	保留　—	8	5
INT4.6	61	0x0000 0D7A	2	保留　—	8	6
INT4.7	62	0x0000 0D7C	2	保留　—	8	7
INT4.8	63	0x0000 0D7E	2	保留　—	8	8（最低）
PIE组5向量——共用CPU中断INT5						
INT5.1	64	0x0000 0D80	2	EQEP1_INT(EQEP1)	9	1（最高）
INT5.2	65	0x0000 0D82	2	保留　(EQEP2)	9	2
INT5.3	66	0x0000 0D84	2	保留	9	3
INT5.4	67	0x0000 0D86	2	保留	9	4
INT5.5	68	0x0000 0D88	2	保留	9	5

续表

名 称	向量 ID	地 址	大小（×16）	说 明	CPU 优先级	PIE 优先级
INT5.6	69	0x0000 0D8A	2	保留	9	6
INT5.7	70	0x0000 0D8C	2	保留	9	7
INT5.8	71	0x0000 0D8E	2	保留	9	8（最低）
PIE 组 6 向量——共用 CPU 中断 INT6						
INT6.1	72	0x0000 0D90	2	SPIRXINTA(SPI-A)	10	1（最高）
INT6.2	73	0x0000 0D92	2	SPITXINTA(SPI-A)	10	2
INT6.3	74	0x0000 0D94	2	SPITXINTB(SPI-B)	10	3
INT6.4	75	0x0000 0D96	2	SPITXINTB(SPI-B)	10	4
INT6.5	76	0x0000 0D98	2	保留	10	5
INT6.6	77	0x0000 0D9A	2	保留	10	6
INT6.7	78	0x0000 0D9C	2	保留	10	7
INT6.8	79	0x0000 0D9E	2	保留	10	8（最低）
PIE 组 7 向量——共用 CPU 中断 INT7						
INT7.1	80	0x0000 0DA0	2	保留 —	11	1（最高）
INT7.2	81	0x0000 0DA2	2	保留 —	11	2
INT7.3	82	0x0000 0DA4	2	保留 —	11	3
INT7.4	83	0x0000 0DA6	2	保留 —	11	4
INT7.5	84	0x0000 0DA8	2	保留 —	11	5
INT7.6	85	0x0000 0DAA	2	保留 —	11	6
INT7.7	86	0x0000 0DAC	2	保留 —	11	7
INT7.8	87	0x0000 0DAE	2	保留 —	11	8（最低）
PIE 组 8 向量——共用 CPU 中断 INT8						
INT8.1	88	0x0000 0DB0	2	I2CINT1A (I2C-A)	12	1（最高）
INT8.2	89	0x0000 0DB2	2	I2CINT2A (I2C-A)	12	2
INT8.3	90	0x0000 0DB4	2	保留 -	12	3
INT8.4	91	0x0000 0DB6	2	保留 -	12	4
INT8.5	92	0x0000 0DB8	2	保留 —	12	5
INT8.6	93	0x0000 0DBA	2	保留 —	12	6

续表

名　称	向量 ID	地　　址	大小（×16）	说　　明	CPU 优先级	PIE 优先级
INT8.7	94	0x0000 0DBC	2	保留　　—	12	7
INT8.8	95	0x0000 0DBE	2	保留　　—	12	8（最低）
PIE 组 9 向量——共用 CPU 中断 INT9						
INT9.1	96	0x0000 0DC0	2	SCIRXINTA （SCI-A）	13	1（最高）
INT9.2	97	0x0000 0DC2	2	SCITXINTA （SCI-A）	13	2
INT9.3	98	0x0000 0DC4	2	LINAINT0 （LIN-A）	13	3
INT9.4	99	0x0000 0DC6	2	LINAINT1 （LIN-A）	13	4
INT9.5	100	0x0000 0DC8	2	ECANAINT0（CAN-A）	13	5
INT9.6	101	0x0000 0DCA	2	ECANAINT1（CAN-A）	13	6
INT9.7	102	0x0000 0DCC	2	保留　　—	13	7
INT9.8	103	0x0000 0DCE	2	保留　　—	13	8（最低）
PIE 组 10 向量——共用 CPU 中断 INT10						
INT10.1	104	0x0000 0DD0	2	ADCINT1 （ADC）	14	1（最高）
INT10.2	105	0x0000 0DD2	2	ADCINT2 （ADC）	14	2
INT10.3	106	0x0000 0DD4	2	ADCINT3 （ADC）	14	3
INT10.4	107	0x0000 0DD6	2	ADCINT4 （ADC）	14	4
INT10.5	108	0x0000 0DD8	2	ADCINT5 （ADC）	14	5
INT10.6	109	0x0000 0DDA	2	ADCINT6 （ADC）	14	6
INT10.7	110	0x0000 0DDC	2	ADCINT7 （ADC）	14	7
INT10.8	111	0x0000 0DDE	2	ADCINT8 （ADC）	14	8（最低）
PIE 组 11 向量——共用 CPU 中断 INT11						
INT11.1	112	0x0000 0DE0	2	CLA1_INT1 （CLA）	15	1（最高）
INT11.2	113	0x0000 0DE2	2	CLA1_INT2 （CLA）	15	2
INT11.3	114	0x0000 0DE4	2	CLA1_INT3 （CLA）	15	3
INT11.4	115	0x0000 0DE6	2	CLA1_INT4 （CLA）	15	4
INT11.5	116	0x0000 0DE8	2	CLA1_INT5 （CLA）	15	5
INT11.6	117	0x0000 0DEA	2	CLA1_INT6 （CLA）	15	6
INT11.7	118	0x0000 0DEC	2	CLA1_INT7 （CLA）	15	7

续表

名　称	向量 ID	地　址	大小 (×16)	说　明		CPU 优先级	PIE 优先级
INT11.8	119	0x0000 0DEE	2	CLA1_INT8	(CLA)	15	8 (最低)
PIE组12向量——共用CPU中断INT12							
INT12.1	120	0x0000 0DF0	2	XINT3	—	16	1 (最高)
INT12.2	121	0x0000 0DF2	2	保留	—	16	2
INT12.3	122	0x0000 0DF4	2	保留	—	16	3
INT12.4	123	0x0000 0DF6	2	保留	—	16	4
INT12.5	124	0x0000 0DF8	2	保留	—	16	5
INT12.6	125	0x0000 0DFA	2	保留	—	16	6
INT12.7	126	0x0000 0DFC	2	LVF	(CLA)	16	7
INT12.8	127	0x0000 0DFE	2	LUF	(CLA)	16	8 (最低)

如果DSP芯片复位，在没有初始化PIE前，使用的是BROM向量。因此，在DSP复位和程序引导完成之后，必须对PIE向量表进行初始化，然后由应用程序使能PIE向量表。这样CPU在响应中断时，才能取出中断服务子程序的地址。

 10.4 F28035的三级中断系统

F2803x的中断为三级中断机制，分为外设级、PIE级和CPU级。一个中断发生后，若其中任意一级不允许，该中断都不会执行。中断操作顺序如图10-11所示。

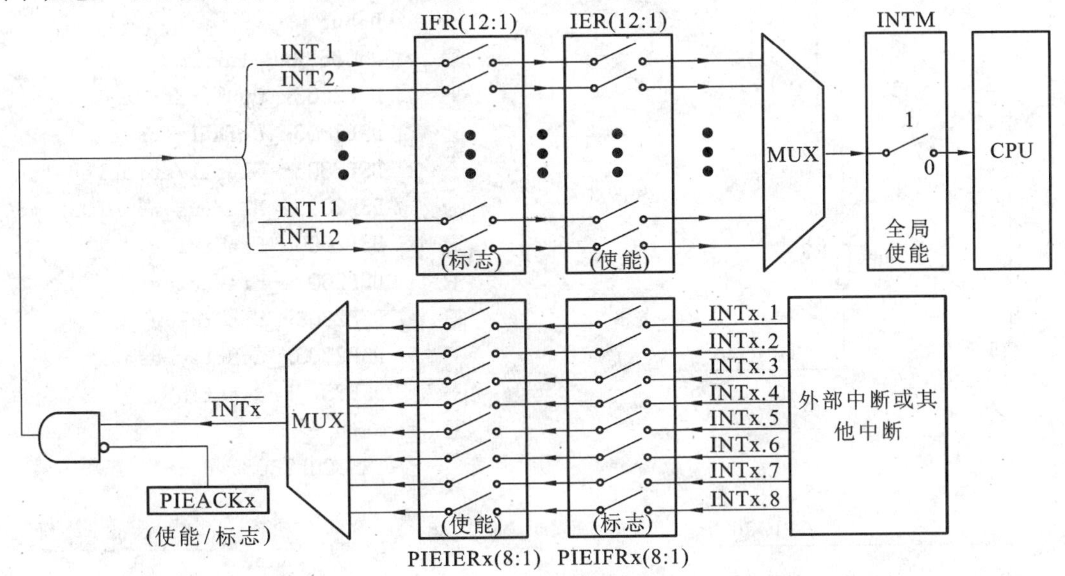

图10-11　中断操作顺序图

1. 外设级

外设产生一个中断，那么与该中断对应的相关中断标志位将被置为1，此时若该中断的中断使能被置位，则外设会向PIE发送一个中断请求；若该中断使能没有被置位，则不会发送中断请求。但与其对应的中断标志位不会清除，直到用软件将其清除。

2. PIE级

和外设的处理情况相似，当PIEIFR和PIEIER被置位，同时对应中断响应寄存器为0，则产生的中断会被送到CPU，此时中断响应寄存器为1，若不清除，则无法响应该组其他中断。这里的清除中断标志的方法是写入1，而不是写入0。

3. CPU级

与外设级和PIE级相似，当IFR和IER被置位，同时全局中断被打开，则CPU会响应产生的中断；反之，则不会。

10.5　2个定时器中断控制2个LED灯不同频率闪烁程序的编写

因为该实例需用2个定时器控制2个LED灯实现不同频率的闪烁，所以需要添加2个LED灯。下面来介绍它的电路原理图，如图10-12所示。

由电路原理图可知，要想实现用2个定时器中断来控制2个LED灯实现不同频率的闪烁，需要初始化2个定时器，分别设定不同频率的时间，让程序到了时间就进入中断，此时让GPIO40和GPIO26电平翻转，就可以实现用2个定时器控制2个LED灯不同频率的闪烁。

(1) 添加文件，所需添加的文件如图10-13所示。

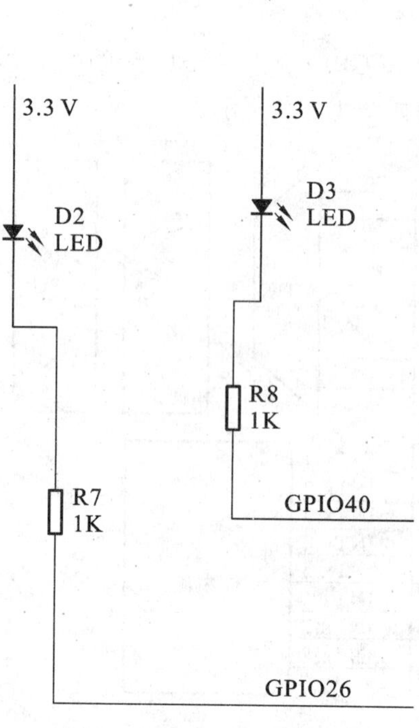

图10-12　LED灯电路原理图

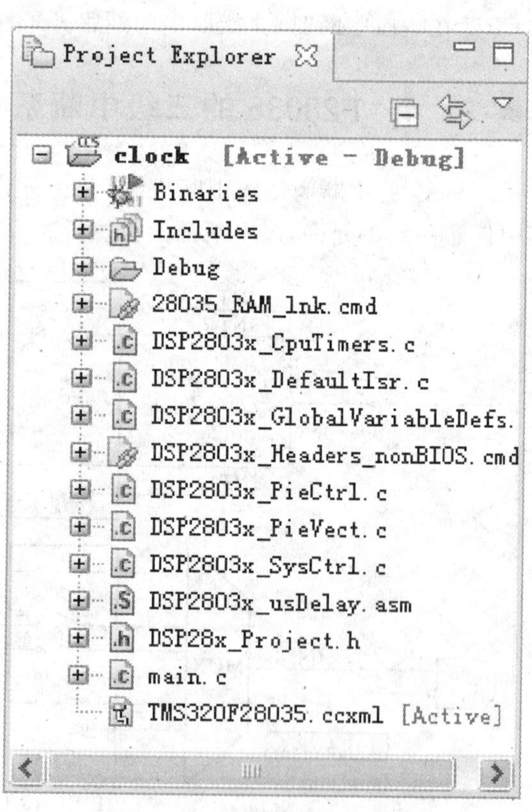

图10-13　添加所需的文件

(2) 初始化 GPIO。

```
void Gpio_LedInit()
{
  EALLOW;
  GpioCtrlRegs.GPBMUX1.bit.GPIO40=0;        //将 GPIO40 配置为通用 I/O 口
  GpioCtrlRegs.GPBDIR.bit.GPIO40=1;         //将 GPIO40 方向变为输出
  GpioCtrlRegs.GPAMUX2.bit.GPIO26=0;        //将 GPIO40 配置为通用的 I/O 口
  GpioCtrlRegs.GPADIR.bit.GPIO26=1;         //配置为输出
  EDIS;
}
```

(3) 初始化定时器。

```
void CpuTimer_IntHandlerConfig()
{
  EALLOW;
  PieVectTable.TINT0=&Timer0_IsrHandler;
  PieVectTable.TINT1=&Timer1_IsrHandler;
  EDIS;
}
void CpuTimer_CpuIntEn()
{
  PieCtrlRegs.PIECTRL.bit.ENPIE=1;
  IER|=M_INT1;                                //使能定时器 T0 中断
  IER|=M_INT13;                               //INT13 连接到定时器 1
  PieCtrlRegs.PIEIER1.bit.INTx7=1;
  EINT;
  ERTM;                                       //使能全局中断
}
void CPU_TimerInit()
{
  CpuTimer_IntHandlerConfig();
  InitCpuTimers();
  ConfigCpuTimer(&CpuTimer0,60,1000000);      //定时器 0 实现 1s 定时,周期为 2s
  ConfigCpuTimer(&CpuTimer1,60,2000000);      //定时器 1 实现 2s 定时,周期为 4s
  CpuTimer0Regs.TCR.bit.TSS=0;                //启动定时器 0(TSS=0)
  CpuTimer1Regs.TCR.bit.TSS=0;                //启动定时器 1
  CpuTimer_CpuIntEn();                        //开中断
}
```

(4) 配置定时器 0 中断内容。

```
interrupt void Timer0_IsrHandler()
{
  GpioDataRegs.GPATOGGLE.bit.GPIO26=1;      //电平翻转
  PieCtrlRegs.PIEACK.bit.ACK1=1;            //清除中断标志
}
```

（5）配置定时器 1 中断的内容。

```
interrupt void Timer1_IsrHandler()
{
  GpioDataRegs.GPBTOGGLE.bit.GPIO40=1;      //电平翻转
  PieCtrlRegs.PIEACK.bit.ACK1=1;            //清除中断标志
}
```

（6）主函数。

```
#include "DSP28x_Project.h"
void main(void)
{
  InitSysCtrl();
  DINT;                             //先禁止 CPU 中断
  InitPieCtrl();                    //给 PIE 寄存器赋初值
  IER=0x0000;                       //禁止 CPU 的中断并清除所有相关的中断标志
  IFR=0x0000;
  InitPieVectTable();               //初始化中断向量表
  Gpio_LedInit();
  CPU_TimerInit();                  //定时器初始化
  while(1);
}
```

到此，定时器 0 和定时器 1 中断控制 2 个 LED 灯的闪烁程序已经编写完毕。该程序已经通过编译，并且调试完毕，可以实现程序的目的。有条件的读者可以将其下载到 DSP 中，观察 LED 灯的变化。同时，可以根据自己的需求将定时的周期改变。注意：将所有子函数放在主函数之前，或者自己添加函数声明，否则会出现错误。该程序仅仅是运行在仿真模式下的，要想下载到 Flash 中，请参考第 5 章的载入方法。

本章小结

本章首先详细介绍了 F2803x 的 CPU 中断、PIE 中断、中断向量表等内容，然后进一步分析了 F2803x 的三级中断系统，了解了 DSP 是如何从外设产生事件到 PIE 控制器再到 CPU 响应中断事件的整个过程，最后介绍了如何使用 CPU 定时器 0 的周期中断来控制 LED 灯的周期性闪烁。

本章习题

1. 简单叙述中断系统的概念。
2. F28035 的中断系统从上至下可以分为哪三级中断？详细描述这三级中断。
3. 简单说明 F28035 的中断触发的两种触发方式。
4. F28035 支持多少个 CPU 中断？
5. F28035 处理中断分为哪几个步骤？简单叙述每一个步骤完成的动作。

第11章 模/数转换器 ADC

现实生活中我们经常看到的量大多数是模拟量，例如电压、电流、温度、压力等，但是在DSP等微控制器中，所有的量都是数字量，那么如何将模拟量转化为数字量就是问题的关键所在。DSP中模/数转换器ADC模块就是实现连接现实世界和微控制器的桥梁，它可以实现将现实世界中的模拟量转换成数字量，提供给微控制器使用。本章将主要讲解F2803x内部自带的ADC模块的性能、特点及其工作方式，最后通过实例来说明ADC的应用。

 11.1 F2803x 内部的 ADC 模块

F2803x内部的ADC模块是一个12位分辨率、具有流水线结构的模/数转换器，其结构框图如图11-1所示。从图11-1可以清楚地看到，F2803x的ADC模块一共具有16个采样通道，它们分为两组，一组为ADCINA0～ADCINA7，另一组为ADCINB0～ADCINB7。A组的采样通道使用采样保持器A，即S/H-A；B组的采样通道使用采样保持器B，即S/H-B。

虽然ADC模块具有多个输入通道，但它的内部只有1个转换器，也就是只能对1路输入信号进行转换。当有多路信号需要转换时，ADC模块通过S/H前端的多路选择器进行控制，同一时刻，只允许1路信号输入到ADC中转换。

11.1.1 ADC 模块的特点

F28035自带的ADC模块特点如下。

(1) 具有内置双采样保持的12位ADC内核。

(2) 同步采样模式或顺序采样模式。

(3) 全范围模拟输入0～3.3 V定值或者V_{REFHI}/V_{REFLO}射频度量。输入模拟电压的数值源自下面两个方面。

- 内部基准($V_{REFLO}=V_{SSA}$。当使用内部或者外部基准模式时，V_{REFHI}一定不能超过V_{DDA})。

  Digital Value=0，当input≤0 V。

  $$\text{Digital Value}=4096\times\frac{\text{Input Analog Voltage}-V_{REFLO}}{3.3}$$

  当0 V<input<3.3 V，

  Digital Value=4095，当input≥3.3 V。

- 外部基准(V_{REFHI}/V_{REFLO}被连接至外部基准。当使用内部或者外部基准模式时，V_{REFHI}一定不能超过V_{DDA})。

  Digital Value=0，当input≤0 V。

  $$\text{Digital Value}=4096\times\frac{\text{Input Analog Voltage}-V_{REFLO}}{V_{REFHI}-V_{REFLO}}$$

  当0 V<input<V_{REFHI}，

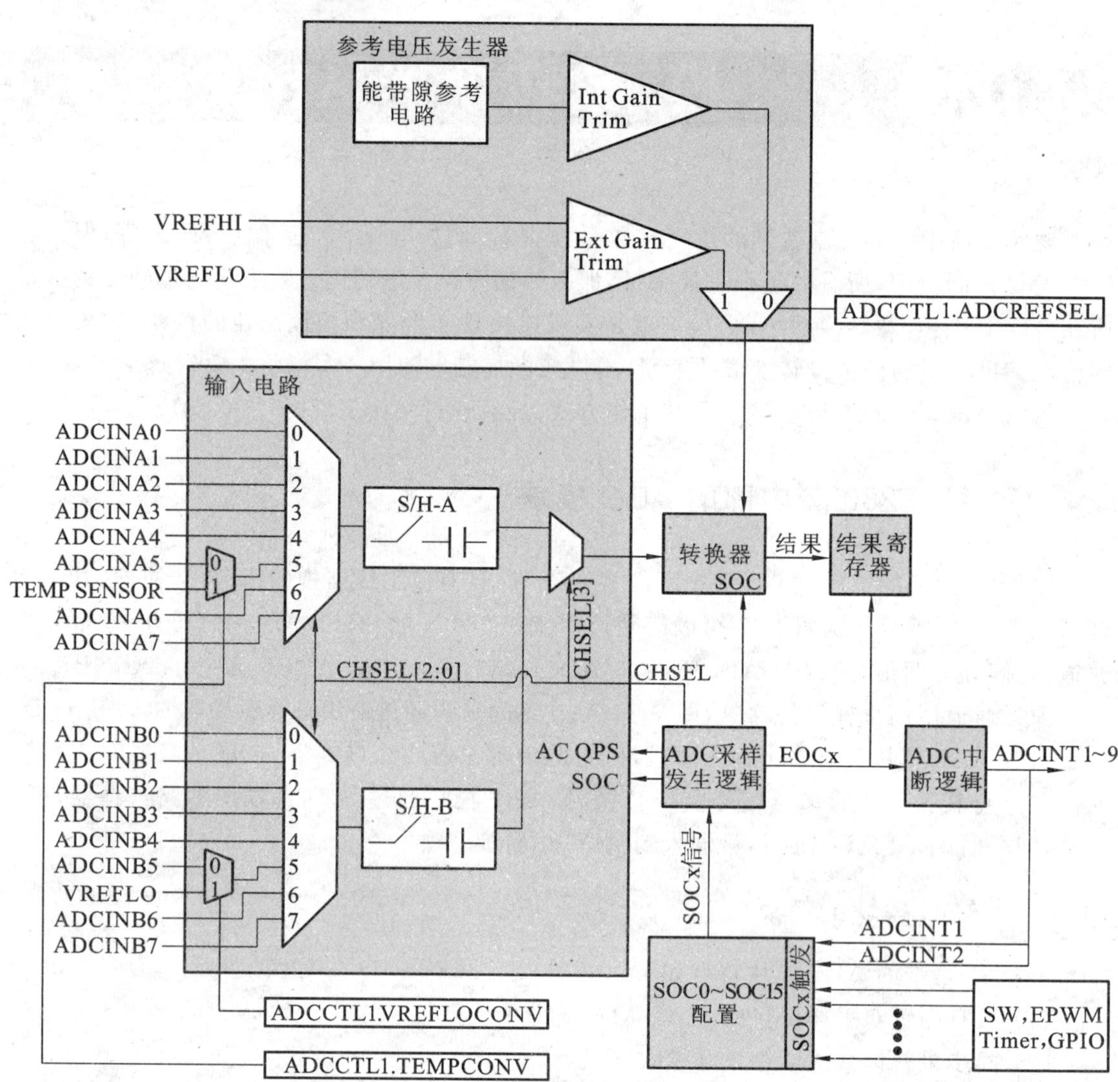

图 11-1　F2803x 内部 ADC 结构框图

Digital　Value=4095，当 input≥V_{REFHI}。

(4) 运行在系统时钟上，无须预分频。

(5) 拥有 16 个通道，支持复用的输入。

(6) 用于存储转换值的 16 个结果寄存器(可单独寻址)。

(7) 多个触发源：

- S/W-软件立即启动；
- ePWM 1～7；
- GPIO XINT2；
- CPU 定时器 0/1/2；
- ADCINT1/2。

(8) 拥有 9 个 PIE 中断，可在任一个转换后配置中断要求。

ADC 连接图如图 11-2 所示。

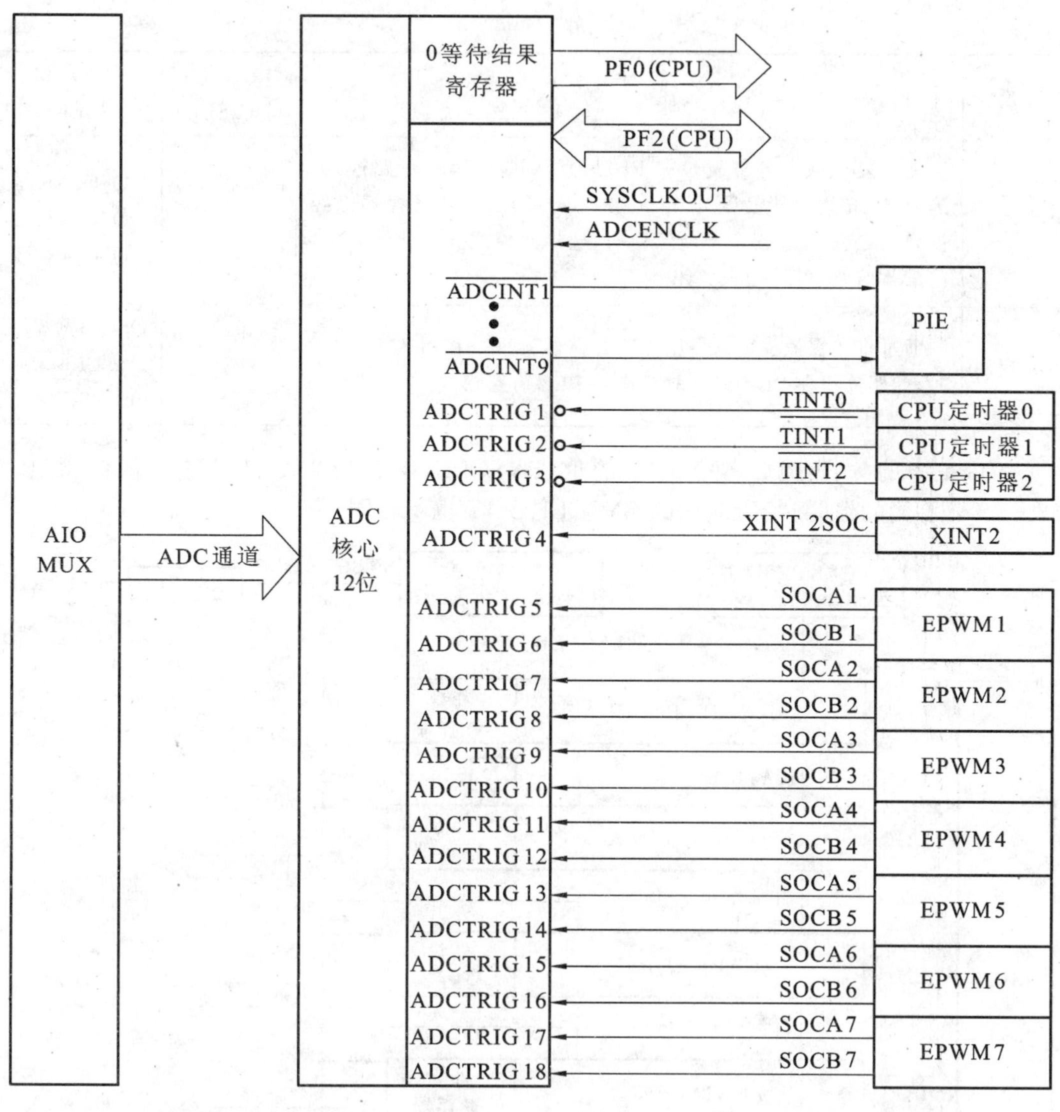

图 11-2 ADC 连接图

11.1.2 ADC 的时钟频率和采样频率

ADC 的时钟是由 OSCCLK 经过 PLL 锁相环倍频后得到的 SYSCLKOUT 所决定的，即 SYSCLKOUT 的频率就是 ADC 的时钟频率。PLL 模式如表 11-1 所列，系统时钟结构图如图 11-3 所示。

表 11-1 PLL 模式

PLL 模式	注释	PLLSTS (DIVSEL)	CLK 和 SYSCLKOUT
PLL 关闭	通过将 PLLSTS 寄存器中的 PLLOFF 位置 1 可将 PLL 模块关闭。在此模式中，PLL 块被禁用，从而减少系统噪声和功率损耗。在进入此模式之前，必须先将 PLLCR 寄存器设置为 0X0000(PLL 旁路)。CPU 时钟(CLKIN)直接源自 X1/X2、X1 或 XCLKIN 中任一个上的时钟输入	0,1 2 3	OSCCLK/4 OSCCLK/2 OSCCLK/1

续表

PLL 模式	注　释	PLLSTS (DIVSEL)	CLK 和 SYSCLKOUT
PLL 旁路	上电复位或者外部复位($\overline{XRS}$)后默认进入 PLL 旁路模式。当 PLLCR 寄存器设置为 0X0000 时或在 PLLCR 寄存器已经被修改之后 PLL 锁定至新频率时，选择此模式。在此模式中，PLL 本身被旁路，但未关闭	0,1 2 3	OSCCLK/4 OSCCLK/2 OSCCLK/1
PLL 启用	通过将非零值 n 写入 PLLCR 寄存器实现。在写入 PLLCR 时，此器件将在 PLL 锁之前切换至 PLL 旁路模式	0,1 2 3	OSCCLK×n/4 OSCCLK×n/2 OSCCLK×n/1

表 11-1 中的 n 即 PLL 锁相环中的值，SYSCLKOUT 受到 PLLSTS 取值的限制，当 PLLSTS 取不同的值时，其所对应的 SYSCLKOUT 也不相同。

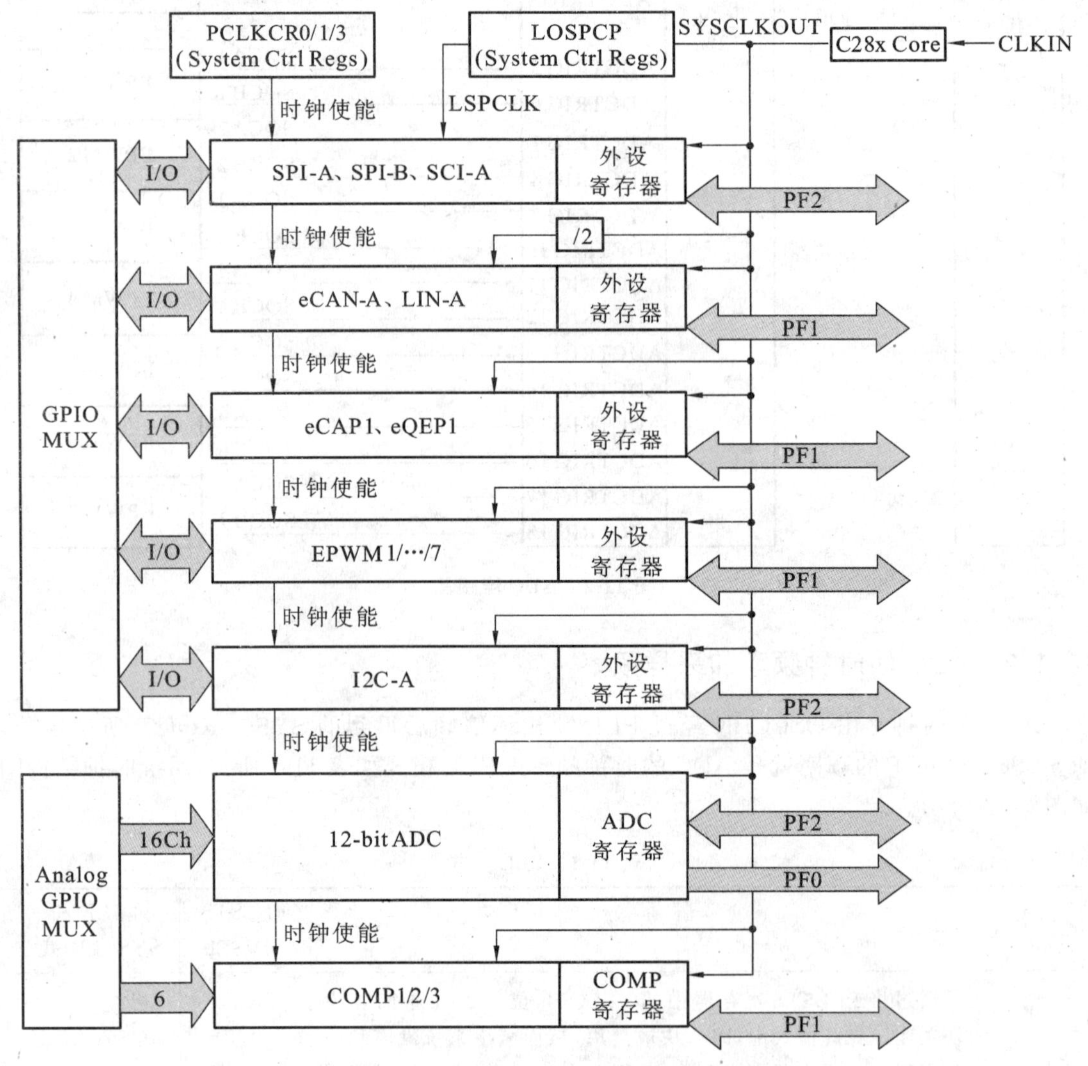

图 11-3　系统时钟结构图

由图 11-3 可知，ADC 的时钟频率即 SYSCLKOUT 的频率。

在设置完 ADC 的时钟后，需要选定采样窗口的大小。对于 S/H 电路而言，采样窗口就是采样时间，那么为了更好地理解采样窗口的概念，就需要介绍 ADC 的模拟输入阻抗模型。图 11-4 所示为 ADC 模拟输入阻抗模型。

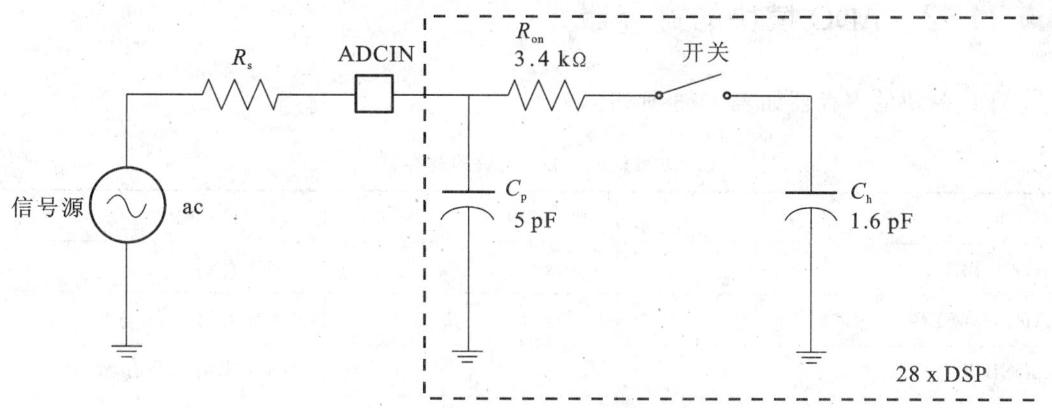

图 11-4　ADC 模拟输入阻抗模型

在图 11-4 中，C_h 是采样电容，R_{on} 是多路选择器 MUX 的导通电阻，C_p 是和 ADCIN 引脚连接的寄生电容。对于每一次采样，采样脉冲为高电平，采样/保持开关在 t_s 时间内是闭合的，这段时间内，C_h 不断地充电，直至电容上的电压等于 ADCIN 引脚上的电压。此时，t_s 就是采样窗口时间，当然，采样窗口必须保证采样电容能有足够的时间来使其电压等于外部输入的模拟电压，否则采样就会不正确。假设 ADC 的每个时钟脉冲时间为 T_{ADCLK}，则采样时间 $t_s=(\text{ACQPS}+1)\times T_{ADCLK}$。

不同值的 ACQPS 所对应的采样时间如表 11-2 所列。

表 11-2　不同值的 ACQPS 所对应的采样时间

ADC 时钟	ACQPS	采样窗口	转换时间	处理模拟电压的总时间
60 MHz	6	116.67 ns	216.67 ns	333.34 ns
60 MHz	8	150.00 ns	216.67 ns	366.67 ns
60 MHz	10	183.33 ns	216.67 ns	400.00 ns
60 MHz	14	250.00 ns	216.67 ns	466.67 ns
60 MHz	25	433.33 ns	216.67 ns	650.00 ns
40 MHz	6	175 ns	325 ns	500.00 ns
40 MHz	25	625 ns	325 ns	950.00 ns

为了获得准确和稳定的 ADC 转换值，需要设置较低的时钟频率和较大的采样窗口。

ADC 的时钟频率、转换时间和采样频率是比较容易混淆的概念。ADC 的时钟频率就是每秒有多少个时钟脉冲的意思，它是 ADC 模块运行的基础，它取决于外部的时钟输入和各个环节的倍频或者分频的系数。转换时间是指 ADC 模块完成一个通道或者一个序列的转换所需要的时间，也就是说，转换时间是由 ADC 的时钟频率来决定的。采样频率是指 ADC 模块每秒能够完成多少次的采样，采样频率取决于启动 ADC 的频率。启动 ADC 的方式有很多，比如通过软件直接启动、利用外部引脚启动、利用事件管理器的某些事件来启动等。启动 ADC 的频率就是 ADC 的采样频率，如果每隔 1 ms 启动一次，则 ADC 的采样频率就为 1 kHz。ADC 的采样频率与 ADC 的时钟频率、ADC 的转换时间没有关系，ADC 的采样频率应该根据采样定理和工程的实际需要来确定。

11.2　ADC 模块的寄存器

ADC 模块的寄存器如表 11-3 所列。

表 11-3　ADC 模块的寄存器

寄存器名	地　址	大小(×16)	说　明
ADCCTL1	0x00	1	控制寄存器 1
ADCINTFLG	0x04	1	中断标志寄存器
ADCINTFLGCLR	0x05	1	中断标志清除寄存器
ADCINTOVF	0x06	1	中断溢出寄存器
ADCINTOVFCLR	0x07	1	中断溢出清除寄存器
INTSEL1N2	0x08	1	中断 1 和 2 选择寄存器
INTSEL3N4	0x09	1	中断 3 和 4 选择寄存器
INTSEL5N6	0x0A	1	中断 5 和 6 选择寄存器
INTSEL7N8	0x0B	1	中断 7 和 8 选择寄存器
INTSEL9N10	0x0C	1	中断 9 选择寄存器(10 保留)
SOCPRICTL	0x10	1	SOC 优先级控制寄存器
ADCSAMPLEMODE	0x12	1	采样模式寄存器
ADCINTSOCSEL1	0x14	1	SOC 中断触发选择寄存器 1
ADCINTSOCSEL2	0x15	1	SOC 中断触发选择寄存器 2
ADCSOCFLG1	0x18	1	SOC 标志寄存器 1
ADCSOCFRC1	0x1A	1	SOC 强制寄存器 1
ADCSOCOVF1	0x1C	1	SOC 溢出寄存器 1
ADCSOCOVFCLR1	0x1E	1	SOC 溢出清除寄存器 1
ADCSOC0CTL～ADCSOC15CTL	0x20～0x2F	1	SOC0～SOC15 控制寄存器
ADCREFTRIM	0x40	1	参考寄存器
ADCOFFTRIM	0x41	1	补偿削减寄存器
ADCREV(保留)	0x4F	1	修正寄存器
ADCRESULT0～ADCRESULT15	0x00～0x0F	1	ADC0～15 结果寄存器

1. ADC 控制寄存器 1

图 11-5 列出了 ADCCTL1 寄存器各位的情况，表 11-4 为每一位的描述。该寄存器是受到 EALLOW 保护的。

15	14	13	12	…			8
RESET	ADCENABLE	ADCBSY	ADCBSYCHN				
R-0/W-1	R/W-0	R-0	R-0				

7	6	5	4	3	2	1	0
ADCPWDN	ADCBGPWD	ADCREFPWD	Reserved	ADCREFSEL	INTPULSEPOS	VREFLOCONV	TEMPCONV
R/W-0	R/W-0	R/W-0	R/W-0	R/W-0	R/W-0	R/W-0	R/W-0

图 11-5　ADC 控制寄存器 1

说明:R/W＝读/写;R＝只读;R-0/W-1＝总是读取 0,写入 1 置位;－n＝复位后的值。

表 11-4　ADC 控制寄存器 1 各位说明

位	名　称	值	说　明
15	RESET		ADC 模块软件复位。本位可以使整个 ADC 模块复位。当芯片的复位引脚被拉低(或者上电复位后),所有寄存器的位和状态机都被复位到初始状态。这是一个一次性的影响位,意思是该位置 1 后可以立即自动清 0。读取该位时总是返回 0。ADC 复位有 2 个隐藏的时钟周期,也就是说,其他 ADC 控制寄存器的位不能被修改直到 ADC 复位指令后的 2 个时钟周期。
		0	没有作用。

		1	复位整个 ADC 模块(ADC 逻辑将该位清 0)。
			注意:在系统复位期间,ADC 模块被复位。如果想在任何其他时间复位 ADC 模块,用户可以向此位写入 1。在 2 个时钟周期后,用户可以向 ADCCTL1 寄存器位中写入合适的值。汇编码如下:
			MOV ADCCTL1,#1xxxxxxxxxxxxxxxb;//复位 ADC(RESET= 1)
			NOP;//延时 2 个周期
			NOP
			MOV ADCCTL1,#1xxxxxxxxxxxxxxxb;//设为用户需要的值
			注意:如果默认配置可以,则第 2 个 MOV 指令是不需要的

14	ADCENABLE		ADC 使能。
		0	ADC 禁止(ADC 没有掉电)。
		1	ADC 使能。必须在 ADC 转换前置位(要求在置位 ADC 上电位后直接置位)
13	ADCBSY		ADC 忙碌。 当 ADC SOC 产生时置位,清除每一位较低的值。通过 ADC 的状态机决定是否可利用 ADC 去采样。 顺序方式:在 S/H 脉冲的下降沿后清除 4 个 ADC 时钟。 并列方式:在 S/H 脉冲的下降沿后清除 14 个 ADC 时钟。
		0	下一个通道可利用 ADC 采样。
		1	ADC 忙碌并且不能在另一个通道采样

续表

位	名　称	值	说　明
12～8	ADCBSYCHN		ADC SOC 因当前通道产生置位。 ADCBSY＝0：保持最后一次通道转换的值。 ADCBSY＝1：反应当前通道正在处理。
		00h	ADCINA0 当前正在处理或者是最后一次通道转换。
		01h	ADCINA1 当前正在处理或者是最后一次通道转换。
		02h	ADCINA2 当前正在处理或者是最后一次通道转换。
		03h	ADCINA3 当前正在处理或者是最后一次通道转换。
		04h	ADCINA4 当前正在处理或者是最后一次通道转换。
		05h	ADCINA5 当前正在处理或者是最后一次通道转换。
		06h	ADCINA6 当前正在处理或者是最后一次通道转换。
		07h	ADCINA7 当前正在处理或者是最后一次通道转换。
		08h	ADCINB0 当前正在处理或者是最后一次通道转换。
		09h	ADCINB1 当前正在处理或者是最后一次通道转换。
		0Ah	ADCINB2 当前正在处理或者是最后一次通道转换。
		0Bh	ADCINB3 当前正在处理或者是最后一次通道转换。
		0Ch	ADCINB4 当前正在处理或者是最后一次通道转换。
		0Dh	ADCINB5 当前正在处理或者是最后一次通道转换。
		0Eh	ADCINB6 当前正在处理或者是最后一次通道转换。
		0Fh	ADCINB7 当前正在处理或者是最后一次通道转换。
		1xh	无效值
7	ADCPWDN		ADC 掉电(低电平有效)。 该位控制模拟核心内的所有模拟电路的上电和掉电，除了能带隙和参考电路。
		0	内核内的所有模拟电路掉电，除了能带隙和参考电路。
		1	内核内的模拟电路上电
6	ADCBGPWD		能带隙电路掉电(低电平有效)。
		0	能带隙电路掉电。
		1	内核内的能带隙缓冲电路上电
5	ADCREFPWD		参考缓冲电路掉电(低电平有效)。
		0	参考缓冲电路掉电。
		1	内核内的参考缓冲电路上电
4	Reserved		保留，读取返回 0，写入无效
3	ADCREFSEL		内部/外部参考选择。
		0	内部能带隙用来参考一代。
		1	外部 VREFHI/VREFLO 引脚用来参考一代。在很多芯片中 VREFHI 引脚和 ADCINA0 分享，在这种模式中 ADCINA0 将不可用来转换。在许多芯片中 VREFLO 引脚和 VSSA 共享，在这种情况下，VREFLO 电压将不会改变
2	INTPULSEPOS		INT 脉冲产生控制。
		0	当 ADC 开始转换时产生 INT 脉冲(采样脉冲的下降沿超过采样信号)。
		1	在 ADC 锁存在最终寄存器之前产生一个周期的 INT 脉冲

续表

位	名　　称	值	说　　明
1	VREFLOCONV		VREFLO 转换。 当使能时,内部的 VREFLO 与 ADC 通道 B5 连接,断开与 ADC 的 ADCINB5 引脚的连接。不管引脚 ADCINB5 是否在芯片上将不会影响这个功能。在这种模式下,任何一个外部电路接在 ADCINB5 引脚上不受影响。
		0	正常状态下 ADCINB5 传到 ADC 模块,VREFLO 禁止与 ADCINB5 连接。
		1	VREFLO 内部连接到 ADC 用来采样
0	TEMPCONV		温度传感器转换。当使能时内部连接内部温度传感器到 ADC 通道 A5 并断开与 ADC 的 ADCINA5 引脚的连接。不管引脚 ADCINA5 是否在芯片上将不会影响这个功能。在这种模式下,任何一个外部电路接在 ADCINA5 引脚上不受影响。
		0	正常状态下 ADCINA5 传到 ADC 模块,内部温度传感器禁止与 ADCINA5 连接。
		1	温度传感器内部连接到 ADC 用来采样

2. ADC 中断标志寄存器

图 11-6 列出了 ADCINTFLG 寄存器各位的情况,表 11-5 为每一位的描述。

15	…	9	8
Reserved			ADCINT9
R-0			R-0

7	6	5	4	3	2	1	0
ADCINT8	ADCINT7	ADCINT6	ADCINT5	ADCINT4	ADCINT3	ADCINT2	ADCINT1
R-0	R-0	R-0	R-0	R-0	R-0	R-0	R-0

图 11-6　ADC 中断标志寄存器

说明:R=只读;$-n$=复位后的值。

表 11-5　ADC 中断标志寄存器各位的说明

位	名　　称	值	说　　明
15～9	Reserved	0	保留,读取返回 0,写入无效
8～0	ADCINTx		ADC 中断标志位:读取该位表明是否产生一个 ADCINT 脉冲。
		0	没有 ADC 中断脉冲产生。
		1	产生 ADC 中断脉冲。 如果 ADC 中断位于连续模式(INTSELxNy 寄存器),如果标志位被置位,无论何时选择发生 EOC 事件会进一步产生中断脉冲。如果连续模式没有使能,将不会产生进一步的中断脉冲,直到用户通过 ADCINTFLGCLR 寄存器来清除该标志位。相反,ADC 中断溢出事件发生在 ADCINTOVF 寄存器中

3. ADC 中断标志清除寄存器

图 11-7 列出了 ADCINTFLGCLR 寄存器各位的情况，表 11-6 为每一位的描述。

15 … 9	8
Reserved	ADCINT9
R-0	R/W-0

7	6	5	4	3	2	1	0
ADCINT8	ADCINT7	ADCINT6	ADCINT5	ADCINT4	ADCINT3	ADCINT2	ADCINT1
R/W-0	R/W-0	R/W-0	R/W-0	R/W-0	R/W-0	R/W-0	R/W-0

图 11-7　ADC 中断标志清除寄存器

说明：R/W＝读/写；R＝只读；$-n$＝复位后的值。

表 11-6　ADC 中断标志清除寄存器各位的说明

位	名　称	值	说　明
15～9	Reserved	0	保留，读取返回 0，写入无效
8～0	ADCINTx	 0 1	ADC 中断标志清除位。 没有动作。 在 ADCINTFLG 寄存器中分别清除标志位。在 ADCINTFLG 寄存器的同一时钟周期内，如果软件试图置位该位，硬件试图置位该标志位，硬件具有优先权来置位 ADCINTFLG 位。在这种情况下，ADCINTOVF 寄存器中的溢出位将不会受到影响，不管 ADCINTFLG 位先前是置位还是复位

4. ADC 中断溢出寄存器

图 11-8 列出了 ADCINTOVF 寄存器各位的情况，表 11-7 为每一位的描述。

15 … 9	8
Reserved	ADCINT9
R-0	R-0

7	6	5	4	3	2	1	0
ADCINT8	ADCINT7	ADCINT6	ADCINT5	ADCINT4	ADCINT3	ADCINT2	ADCINT1
R-0	R-0	R-0	R-0	R-0	R-0	R-0	R-0

图 11-8　ADC 中断溢出寄存器

说明：R＝只读；$-n$＝复位后的值。

表 11-7 ADC 中断溢出寄存器各位的说明

位	名　称	值	说　明
15～9	Reserved	0	保留
8～0	ADCINTx	 0 1	ADC 中断溢出位：表明如果在产生 ADCINT 脉冲期间发生溢出。如果各自的 ADCINTFLG 位被置位并且选择了额外的 EOC 触发产生，然后就会发生溢出的情况。 检测到没有中断溢出的事件发生。 检测到中断溢出事件。 溢出位与连续模式位的状态无关。一个溢出的发生将不考虑该模式是否被选择

5. ADC 中断溢出清除寄存器

图 11-9 列出了 ADCINTOVFCLR 寄存器各位的情况，表 11-8 为每一位的描述。

15 … 9	8
Reserved	ADCINT9
R-0	R-0/W-1

7	6	5	4	3	2	1	0
ADCINT8	ADCINT7	ADCINT6	ADCINT5	ADCINT4	ADCINT3	ADCINT2	ADCINT1
R-0/W-1	R-0/W-1	R-0/W-1	R-0/W-1	R-0/W-1	R-0/W-1	R-0/W-1	R-0/W-1

图 11-9 ADC 中断溢出清除寄存器

说明：R=只读；R-0/W-1=总是读取 0，写入 1 置位；$-n$=复位后的值。

表 11-8 ADC 中断溢出清除寄存器各位的说明

位	名　称	值	说　明
15～9	Reserved	0	读取返回 0，写入无效
8～0	ADCINTx	 0 1	ADC 中断溢出清除位。 没有动作。 在 ADCINTOVF 寄存器中清除各自的溢出位。在 ADCINTOVF 寄存器的同一时钟周期内，如果软件试图置位该位，硬件试图置位该标志位，硬件具有优先权来置位 ADCINTOVF 位

6. 中断选择 x 和 y 寄存器

因为中断选择 x 和 y 寄存器都是一样的情况，只是数字不同而已，所以这里只列举一个。图 11-10 列出了 INTSEL1N2 寄存器各位的情况，表 11-9 为每一位的描述。该寄存器是受 EALLOW 保护的。

15	14	13	12 … 8
Reserved	INT2CONT	INT2E	INT2SEL
R-0	R/W-0	R/W-0	R/W-0

7	6	5	4 … 0
Reserved	INT1CONT	INT1E	INT1SEL
R-0	R/W-0	R/W-0	R/W-0

图 11-10　中断选择 x 和 y 寄存器

说明：R/W＝读/写；R＝只读；$-n$＝复位后的值。

表 11-9　中断选择 x 和 y 寄存器各位的说明

位	名　称	值	说　明
15	Reserved	0	保留
14	INTyCONT		ADCINTy 连续模式使能。
		0	在 ADCINTFLG 寄存器中，如果用户清除了 ADCINTx 标志，ADCINTx 脉冲将不会进一步产生。
		1	ADCINT 脉冲产生(无论何时一个 EOC 脉冲产生与该标志位清除与否无关)
13	INTyE		ADCINTy 中断使能。
		0	ADCINTy 禁止。
		1	ADCINTy 使能
12-～8	INTySEL		ADCINTy EOC 资源选择。
		00h	ADCINTy EOC0 触发。
		01h	ADCINTy EOC1 触发。
		02h	ADCINTy EOC2 触发。
		03h	ADCINTy EOC3 触发。
		04h	ADCINTy EOC4 触发。
		05h	ADCINTy EOC5 触发。
		06h	ADCINTy EOC6 触发。
		07h	ADCINTy EOC7 触发。
		08h	ADCINTy EOC8 触发。
		09h	ADCINTy EOC9 触发。
		0Ah	ADCINTy EOC10 触发。
		0Bh	ADCINTy EOC11 触发。
		0Ch	ADCINTy EOC12 触发。
		0Dh	ADCINTy EOC13 触发。
		0Eh	ADCINTy EOC14 触发。
		0Fh	ADCINTy EOC15 触发。
		1xh	无效值
7	Reserved	0	读取返回 0，写入无效

续表

位	名　称	值	说　明
6	INTxCONT		ADCINTx 连续模式使能。
		0	在 ADCINTFLG 寄存器中，如果用户清除了 ADCINTx 标志，ADCINTx 脉冲将不会进一步产生。
		1	ADCINT 脉冲产生(无论何时一个 EOC 脉冲产生与该标志位清除与否无关)
5	INTxE		ADCINTx 中断使能。
		0	ADCINTx 禁止。
		1	ADCINTx 使能
4～0	INTxSEL		ADCINTx EOC 资源选择。
		00h	ADCINTx EOC0 触发。
		01h	ADCINTx EOC1 触发。
		02h	ADCINTx EOC2 触发。
		03h	ADCINTx EOC3 触发。
		04h	ADCINTx EOC4 触发。
		05h	ADCINTx EOC5 触发。
		06h	ADCINTx EOC6 触发。
		07h	ADCINTx EOC7 触发。
		08h	ADCINTx EOC8 触发。
		09h	ADCINTx EOC9 触发。
		0Ah	ADCINTx EOC10 触发。
		0Bh	ADCINTx EOC11 触发。
		0Ch	ADCINTx EOC12 触发。
		0Dh	ADCINTx EOC13 触发。
		0Eh	ADCINTx EOC14 触发。
		0Fh	ADCINTx EOC15 触发。
		1xh	无效值

7. SOC 优先级控制寄存器

图 11-11 列出了 SOCPRICTL 寄存器各位的情况，表 11-10 为每一位的描述。该寄存器是受到 EALLOW 保护的。

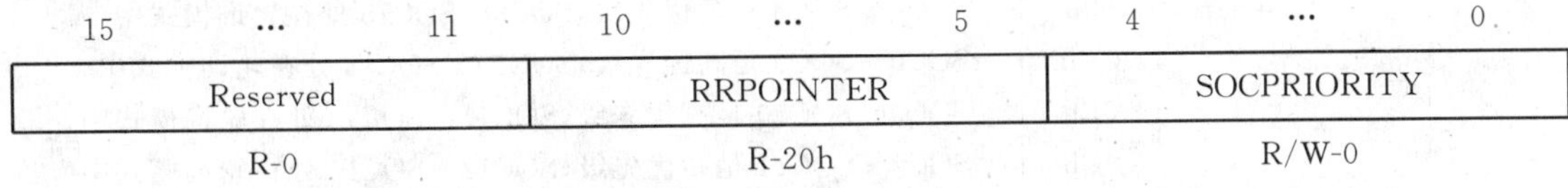

图 11-11　SOC 优先级控制寄存器

说明：R/W＝读/写；R＝只读；$-n$＝复位后的值。

表 11-10　SOC 优先级控制寄存器各位的说明

位	名　称	值	说　明
15～11	Reserved		读取返回 0,写入无效
10～5	RRPOINTER		轮询指针。SOCx 被用来轮询方案决定转换的次数并保持最后一次轮询转换的值。
		00h	SOC0 是 SOC 最后一次的轮询转换。SOC1 循环优先级最高。
		01h	SOC1 是 SOC 最后一次的轮询转换。SOC2 循环优先级最高。
		02h	SOC2 是 SOC 最后一次的轮询转换。SOC3 循环优先级最高。
		03h	SOC3 是 SOC 最后一次的轮询转换。SOC4 循环优先级最高。
		04h	SOC4 是 SOC 最后一次的轮询转换。SOC5 循环优先级最高。
		05h	SOC5 是 SOC 最后一次的轮询转换。SOC6 循环优先级最高。
		06h	SOC6 是 SOC 最后一次的轮询转换。SOC7 循环优先级最高。
		07h	SOC7 是 SOC 最后一次的轮询转换。SOC8 循环优先级最高。
		08h	SOC8 是 SOC 最后一次的轮询转换。SOC9 循环优先级最高。
		09h	SOC9 是 SOC 最后一次的轮询转换。SOC10 循环优先级最高。
		0Ah	SOC10 是 SOC 最后一次的轮询转换。SOC11 循环优先级最高。
		0Bh	SOC11 是 SOC 最后一次的轮询转换。SOC12 循环优先级最高。
		0Ch	SOC12 是 SOC 最后一次的轮询转换。SOC13 循环优先级最高。
		0Dh	SOC13 是 SOC 最后一次的轮询转换。SOC14 循环优先级最高。
		0Eh	SOC14 是 SOC 最后一次的轮询转换。SOC15 循环优先级最高。
		0Fh	SOC15 是 SOC 最后一次的轮询转换。SOC0 循环优先级最高。
		1xh	无效值。
		20h	复位值表示没有 SOC 被转换。SOC0 循环优先级最高。
		Others	选择无效
4～0	SOCPRIORITY		SOC 优先权。决定优先权模式的分界点和 SOCx 循环公断。
		00h	对于所有的通道 SOC 优先权在轮询模式中处理。
		01h	SOC0 是高优先级,剩余的通道都处在轮询模式中。
		02h	SOC0～SOC1 是高优先级,SOC2～SOC15 处在轮询模式中。
		03h	SOC0～SOC2 是高优先级,SOC3～SOC15 处在轮询模式中。
		04h	SOC0～SOC3 是高优先级,SOC4～SOC15 处在轮询模式中。
		05h	SOC0～SOC4 是高优先级,SOC5～SOC15 处在轮询模式中。
		06h	SOC0～SOC5 是高优先级,SOC6～SOC15 处在轮询模式中。
		07h	SOC0～SOC6 是高优先级,SOC7～SOC15 处在轮询模式中。
		08h	SOC0～SOC7 是高优先级,SOC8～SOC15 处在轮询模式中。
		09h	SOC0～SOC8 是高优先级,SOC9～SOC15 处在轮询模式中。
		0Ah	SOC0～SOC9 是高优先级,SOC10～SOC15 处在轮询模式中。
		0Bh	SOC0～SOC10 是高优先级,SOC11～SOC15 处在轮询模式中。
		0Ch	SOC0～SOC11 是高优先级,SOC12～SOC15 处在轮询模式中。
		0Dh	SOC0～SOC12 是高优先级,SOC13～SOC15 处在轮询模式中。
		0Eh	SOC0～SOC13 是高优先级,SOC14～SOC15 处在轮询模式中。
		0Fh	SOC0～SOC14 是高优先级,SOC15 处在轮询模式中。
		10h	所有的 SOCx 处在高优先级模式,通过 SOC 数量公断。
		Others	选择无效

8. ADC 采样模式寄存器

图 11-12 列出了 ADCSAMPLEMODE 寄存器各位的情况，表 11-11 为每一位的描述。该寄存器是受 EALLOW 保护的。

15	…	8
	Reserved	
	R-0	

7	6	5	4	3	2	1	0
SIMULEN 14	SIMULEN 12	SIMULEN 10	SIMULEN 8	SIMULEN 6	SIMULEN 4	SIMULEN 2	SIMULEN 0
R/W-0	R/W-0	R/W-0	R/W-0	R/W-0	R/W-0	R/W-0	R/W-0

图 11-12　ADC 采样模式寄存器

说明：R/W＝读/写；R＝只读；$-n$＝复位后的值。

表 11-11　ADC 采样模式寄存器各位的说明

位	名　称	值	说　明
15～8	Reserved	0	保留
7	SIMULEN14		SOC14/SOC15 同步采样使能。SOC14 和 SOC15 在同步采样模式中成对存在。该位不应该置位当 ADC 正在转换 SOC14 或 SOC15。
		0	SOC14 或 SOC15 单一的采样模式置位。CHSEL 所有位定义通道被转换。EOC14 与 SOC14 联系。EOC15 与 SOC15 联系。SOC14 的结果被放在 ADCRESULT14 寄存器中。SOC15 的结果被放在 ADCRESULT15 中。
		1	SOC14 和 SOC15 同步采样。CHSEL 低三位定义一对通道转换。EOC14 和 EOC15 与 SOC14 和 SOC15 联系。SOC14 和 SOC15 的结果将分别放置在 ADCRESULT14 和 ADCRESULT15 中
6	SIMULEN12		SOC12/SOC13 同步采样使能。SOC12 和 SOC13 在同步采样模式中成对存在。该位不应该置位当 ADC 正在转换 SOC12 或 SOC13。
		0	SOC12 或 SOC13 单一的采样模式置位。CHSEL 所有位定义通道被转换。EOC12 与 SOC12 联系。EOC13 与 SOC13 联系。SOC12 的结果被放在 ADCRESULT12 寄存器中。SOC13 的结果被放在 ADCRESULT13 中。
		1	SOC12 和 SOC13 同步采样。CHSEL 低三位定义一对通道转换。EOC12 和 EOC13 与 SOC12 和 SOC13 联系。SOC12 和 SOC13 的结果将分别放置在 ADCRESULT12 和 ADCRESULT13 中
5	SIMULEN10		SOC10/SOC11 同步采样使能。SOC10 和 SOC11 在同步采样模式中成对存在。该位不应该置位当 ADC 正在转换 SOC10 或 SOC11。
		0	SOC10 或 SOC11 单一的采样模式置位。CHSEL 所有位定义通道被转换。EOC10 与 SOC10 联系。EOC11 与 SOC11 联系。SOC10 的结果被放在 ADCRESULT10 寄存器中。SOC11 的结果被放在 ADCRESULT11 中。
		1	SOC10 和 SOC11 同步采样。CHSEL 低三位定义一对通道转换。EOC10 和 EOC11 与 SOC10 和 SOC11 联系。SOC10 和 SOC11 的结果将分别放置在 ADCRESULT10 和 ADCRESULT11 中

续表

位	名称	值	说明
4	SIMULEN8	 0 1	SOC8/SOC9 同步采样使能。SOC8 和 SOC9 在同步采样模式中成对存在。该位不应该置位当 ADC 正在转换 SOC8 或 SOC9。 SOC8 或 SOC9 单一的采样模式置位。CHSEL 所有位定义通道被转换。EOC8 与 SOC8 联系。EOC9 与 SOC9 联系。SOC8 的结果被放在 ADCRESULT8 寄存器中。SOC9 的结果被放在 ADCRESULT9 中。 SOC8 和 SOC9 同步采样。CHSEL 低三位定义一对通道转换。EOC8 和 EOC9 与 SOC8 和 SOC9 联系。SOC8 和 SOC9 的结果将分别放置在 ADCRESULT8 和 ADCRESULT9 中
3	SIMULEN6	 0 1	SOC6/SOC7 同步采样使能。SOC6 和 SOC7 在同步采样模式中成对存在。该位不应该置位当 ADC 正在转换 SOC6 或 SOC7。 SOC6 或 SOC7 单一的采样模式置位。CHSEL 所有位定义通道被转换。EOC6 与 SOC6 联系。EOC7 与 SOC7 联系。SOC6 的结果被放在 ADCRESULT6 寄存器中。SOC7 的结果被放在 ADCRESULT7 中。 SOC6 和 SOC7 同步采样。CHSEL 低三位定义一对通道转换。EOC6 和 EOC7 与 SOC6 和 SOC7 联系。SOC6 和 SOC7 的结果将分别放置在 ADCRESULT6 和 ADCRESULT7 中
2	SIMULEN4	 0 1	SOC4/SOC5 同步采样使能。SOC4 和 SOC5 在同步采样模式中成对存在。该位不应该置位当 ADC 正在转换 SOC4 或 SOC5。 SOC4 或 SOC5 单一的采样模式置位。CHSEL 所有位定义通道被转换。EOC4 与 SOC4 联系。EOC5 与 SOC5 联系。SOC4 的结果被放在 ADCRESULT4 寄存器中。SOC5 的结果被放在 ADCRESULT5 中。 SOC4 和 SOC5 同步采样。CHSEL 低三位定义一对通道转换。EOC4 和 EOC5 与 SOC4 和 SOC5 联系。SOC4 和 SOC5 的结果将分别放置在 ADCRESULT4 和 ADCRESULT5 中
1	SIMULEN2	 0 1	SOC2/SOC3 同步采样使能。SOC2 和 SOC3 在同步采样模式中成对存在。该位不应该置位当 ADC 正在转换 SOC2 或 SOC3。 SOC2 或 SOC3 单一的采样模式置位。CHSEL 所有位定义通道被转换。EOC2 与 SOC2 联系。EOC3 与 SOC3 联系。SOC2 的结果被放在 ADCRESULT2 寄存器中。SOC3 的结果被放在 ADCRESULT3 中。 SOC2 和 SOC3 同步采样。CHSEL 低三位定义一对通道转换。EOC2 和 EOC3 与 SOC2 和 SOC3 联系。SOC2 和 SOC3 的结果将分别放置在 ADCRESULT2 和 ADCRESULT3 中
0	SIMULEN0	 0 1	SOC0/SOC1 同步采样使能。SOC0 和 SOC1 在同步采样模式中成对存在。该位不应该置位当 ADC 正在转换 SOC0 或 SOC1。 SOC0 或 SOC1 单一的采样模式置位。CHSEL 所有位定义通道被转换。EOC0 与 SOC0 联系。EOC1 与 SOC1 联系。SOC0 的结果被放在 ADCRESULT0 寄存器中。SOC1 的结果被放在 ADCRESULT1 中。 SOC0 和 SOC1 同步采样。CHSEL 低三位定义一对通道转换。EOC0 和 EOC1 与 SOC0 和 SOC1 联系。SOC0 和 SOC1 的结果将分别放置在 ADCRESULT0 和 ADCRESULT1 中

9. ADC SOC 中断触发选择寄存器 1

图 11-13 列出了 ADCINTSOCSEL1 寄存器各位的情况，表 11-12 为每一位的描述。该寄存器受 EALLOW 保护。

15–14	13–12	11–10	9–8	7–6	5–4	3–2	1–0
SOC7	SOC6	SOC5	SOC4	SOC3	SOC2	SOC1	SOC0
R/W-0	R/W-0	R/W-0	R/W-0	R/W-0	R/W-0	R/W-0	R/W-0

图 11-13 ADC SOC 中断触发选择寄存器 1

说明：R/W＝读/写；$-n$＝复位后的值。

表 11-12 ADC SOC 中断触发选择寄存器 1 各位的说明

位	名 称	值	说 明
15～0	SOCx (x=7～0)		SOCx ADC 中断触发选择。如果有的话，选择一个 ADCINT 触发 SOCx。在 ADCSOCxCTL 寄存器中该区域重载 TRIGSEL 区域。
		00	没有 ADCINT 将触发 SOCx。TRIGSEL 区域决定 SOCx 触发。
		01	ADCINT1 将触发 SOCx。TRIGSEL 区域被忽略。
		10	ADCINT2 将触发 SOCx。TRIGSEL 区域被忽略。
		11	选择无效

10. ADC SOC 中断触发选择寄存器 2

图 11-14 列出了 ADCINTSOCSEL2 寄存器各位的情况，表 11-13 为每一位的描述。

15–14	13–12	11–10	9–8	7–6	5–4	3–2	1–0
SOC15	SOC14	SOC13	SOC12	SOC11	SOC10	SOC9	SOC8
R/W-0	R/W-0	R/W-0	R/W-0	R/W-0	R/W-0	R/W-0	R/W-0

图 11-14 ADC SOC 中断触发选择寄存器 2

说明：R/W＝读/写；$-n$＝复位后的值。

表 11-13 ADC SOC 中断触发选择寄存器 2 各位的说明

位	名 称	值	说 明
15～0	SOCx (x=15～8)		SOCx ADC 中断触发选择。如果有的话，选择一个 ADCINT 触发 SOCx。在 ADCSOCxCTL 寄存器中该区域重载 TRIGSEL 区域。
		00	没有 ADCINT 将触发 SOCx。TRIGSEL 区域决定 SOCx 触发。
		01	ADCINT1 将触发 SOCx。TRIGSEL 区域被忽略。
		10	ADCINT2 将触发 SOCx。TRIGSEL 区域被忽略。
		11	选择无效

11. ADC SOC 标志寄存器 1

图 11-15 列出了 ADCSOCFLG1 寄存器各位的情况，表 11-14 为每一位的描述。

15	14	13	12	11	10	9	8
SOC15	SOC14	SOC13	SOC12	SOC11	SOC10	SOC9	SOC8
R-0	R-0	R-0	R-0	R-0	R-0	R-0	R-0

7	6	5	4	3	2	1	0
SOC7	SOC6	SOC5	SOC4	SOC3	SOC2	SOC1	SOC0
R-0	R-0	R-0	R-0	R-0	R-0	R-0	R-0

图 11-15　ADC SOC 标志寄存器 1

说明：R＝只读；－n＝复位后的值。

表 11-14　ADC SOC 标志寄存器 1 各位的说明

位	名　　称	值	说　　明
15～0	SOCx（x＝15～0）	 0 1	SOCx 开始转换标志。表明独立 SOC 转换的状态。 SOCx 没有采样待定。 SOCx 接收到触发并且采样待定。 当各自的 SOCx 转换开始时该位会自动清除。如果论点存在，在相同的周期内，该位同时接收到一个置位指令和一个清除指令，不管二者指令的来源，该位将被置位而清除指令被忽略。在这种情况下，ADCSOCOVF1 寄存器中的溢出位将不会受到影响不管该位之前置位与否

12. ADC SOC 强制寄存器 1

图 11-16 列出了 ADCSOCFRC1 寄存器各位的情况，表 11-15 为每一位的描述。

15	14	13	12	11	10	9	8
SOC15	SOC14	SOC13	SOC12	SOC11	SOC10	SOC9	SOC8
R/W-0	R/W-0	R/W-0	R/W-0	R/W-0	R/W-0	R/W-0	R/W-0

7	6	5	4	3	2	1	0
SOC7	SOC6	SOC5	SOC4	SOC3	SOC2	SOC1	SOC0
R/W-0	R/W-0	R/W-0	R/W-0	R/W-0	R/W-0	R/W-0	R/W-0

图 11-16　ADC SOC 强制寄存器 1

说明：R/W＝读/写；－n＝复位后的值。

表 11-15　ADC SOC 强制寄存器 1 各位的说明

位	名　称	值	说　　明
15～0	SOCx（x＝15～0）	 0 1	SOCx 强制开始转换标志。写入 1 将强制 ADCSOCFLG1 寄存器中 SOCx 各自的标志位置 1，这样可以被用来用软件发起转换。写入 0 被忽略。 没有动作。 强制 SOCx 标志位置 1。优先权给了 SOCx，将造成转换的开始。 同一时钟周期内，在 ADCSOCFLG1 寄存器中如果软件试图将该位置位，硬件试图清除 SOCx 位，软件具有优先权并且 ADCSOCFLG1 位将被置位。在这种情况下，ADCSOCOVF1 寄存器中溢出位将不会受到影响不管 ADCSOCFLG1 位之前置位与否

13. ADC SOC 溢出寄存器 1

图 11-17 列出了 ADCSOCOVF1 寄存器各位的情况，表 11-16 为每一位的描述。

15	14	13	12	11	10	9	8
SOC15	SOC14	SOC13	SOC12	SOC11	SOC10	SOC9	SOC8
R-0	R-0	R-0	R-0	R-0	R-0	R-0	R-0
7	**6**	**5**	**4**	**3**	**2**	**1**	**0**
SOC7	SOC6	SOC5	SOC4	SOC3	SOC2	SOC1	SOC0
R-0	R-0	R-0	R-0	R-0	R-0	R-0	R-0

图 11-17　ADC SOC 溢出寄存器 1

说明：R＝只读；－n＝复位后的值。

表 11-16　ADC SOC 溢出寄存器 1 各位的说明

位	名　称	值	说　明
15～0	SOCx (x=15～0)	 0 1	SOCx 开始转换溢出标志。一个存在的 SOCx 事件待定表明一个 SOCx 事件产生。 没有 SOCx 事件溢出。 SOCx 事件溢出。 正在运行中发生一个溢出情况不会停止 SOCx 事件，简单地说，就是错过了一个触发

14. ADC SOC 溢出清除寄存器 1

图 11-18 列出了 ADCSOCOVFCLR1 寄存器各位的情况，表 11-17 为每一位的描述。

15	14	13	12	11	10	9	8
SOC15	SOC14	SOC13	SOC12	SOC11	SOC10	SOC9	SOC8
R/W-0	R/W-0	R/W-0	R/W-0	R/W-0	R/W-0	R/W-0	R/W-0
7	**6**	**5**	**4**	**3**	**2**	**1**	**0**
SOC7	SOC6	SOC5	SOC4	SOC3	SOC2	SOC1	SOC0
R-0	R-0	R-0	R-0	R-0	R-0	R-0	R-0

图 11-18　ADC SOC 溢出清除寄存器 1

说明：R/W＝读/写；R＝只读；－n＝复位后的值。

表 11-17　ADC SOC 溢出清除寄存器 1 各位的说明

位	名　称	值	说　明
15～0	SOCx (x=15～0)	 0 1	SOCx 开始清除转换溢出标志。写入 1 将清除 ADCSOCOVF1 寄存器内各自的 SOCx 溢出标志。写入 0 被忽略。 没有动作。 清除 SOCx 溢出标志。 同一时钟周期内，在 ADCSOCOVF1 寄存器中如果软件试图将该位置位，硬件试图置位溢出位，硬件具有优先权并且 ADCSOCOVF1 位将被置位

15. ADC SOC0～15 控制寄存器

图 11-19 列出了 ADCSOCxCTL 寄存器各位的情况，表 11-18 为每一位的描述。该寄存器受 EALLOW 保护。

15 … 11	10	9 6	5 … 0
TRIGSEL	Reserved	CHSEL	ACQPS
R/W-0	R-0	R/W-0	R/W-0

图 11-19 ADC SOC0～15 控制寄存器

说明：R/W=读/写；R=只读；$-n$=复位后的值。

表 11-18 ADC SOC0～15 控制寄存器各位的说明

位	名称	值	说明
15～11	TRIGSEL		SOCx 触发源选择。 在 ADCSOCFLG1 寄存器中配置哪一个触发将置位各自的 SOCx 标志，一旦 SOCx 具有优先权将开启转换。通过在 ADCINTSOCSEL1 或者 ADCINTSOCSEL2 寄存器中各自的 SOCx 可以重写这个设定。
		00h	ADCTRIG0-仅是软件。
		01h	ADCTRIG1-CPU 定时器 0，TINT0n。
		02h	ADCTRIG2-CPU 定时器 1，TINT1n。
		03h	ADCTRIG3-CPU 定时器 3，TINT2n。
		04h	ADCTRIG4-XINT2，XINT2SOC。
		05h	ADCTRIG5-ePWM1，ADCSOCA。
		06h	ADCTRIG6-ePWM1，ADCSOCB。
		07h	ADCTRIG7-ePWM2，ADCSOCA。
		08h	ADCTRIG8-ePWM2，ADCSOCB。
		09h	ADCTRIG9-ePWM3，ADCSOCA。
		0Ah	ADCTRIG10-ePWM3，ADCSOCB。
		0Bh	ADCTRIG11-ePWM4，ADCSOCA。
		0Ch	ADCTRIG12-ePWM4，ADCSOCB。
		0Dh	ADCTRIG13-ePWM5，ADCSOCA。
		0Eh	ADCTRIG14-ePWM5，ADCSOCB。
		0Fh	ADCTRIG15-ePWM6，ADCSOCA。
		10h	ADCTRIG16-ePWM6，ADCSOCB。
		11h	ADCTRIG17-ePWM7，ADCSOCA。
		12h	ADCTRIG18-ePWM7，ADCSOCB。
		Others	选择无效
10	Reserved		读取返回 0，写入无效

续表

位	名　称	值	说　明
9～6	CHSEL		选择 SOCx 通道。当 SOCx 通过 ADC 接收到选择通道被转换。 顺序采样模式(SIMULENx=0)：
		0h	ADCINA0。
		1h	ADCINA1。
		2h	ADCINA2。
		3h	ADCINA3。
		4h	ADCINA4。
		5h	ADCINA5。
		6h	ADCINA6。
		7h	ADCINA7。
		8h	ADCINB0。
		9h	ADCINB1。
		Ah	ADCINB2。
		Bh	ADCINB3。
		Ch	ADCINB4。
		Dh	ADCINB5。
		Eh	ADCINB6。
		Fh	ADCINB7。
			同步采样模式(SIMULENx=1)：
		0h	ADCINA0/ADCINB0 一对。
		1h	ADCINA1/ADCINB1 一对。
		2h	ADCINA2/ADCINB2 一对。
		3h	ADCINA3/ADCINB3 一对。
		4h	ADCINA4/ADCINB4 一对。
		5h	ADCINA5/ADCINB5 一对。
		6h	ADCINA6/ADCINB6 一对。
		7h	ADCINA7/ADCINB7 一对。
		8h	无效选择。
		9h	无效选择。
		Ah	无效选择。
		Bh	无效选择。
		Ch	无效选择。
		Dh	无效选择。
		Eh	无效选择。
		Fh	无效选择
5～0	ACQPS		SOCx 获得预分频。对于 SOCx 控制采样并保持窗口。允许的最小值为 6。
		00h	无效选择。
		01h	无效选择。
		02h	无效选择。
		03h	无效选择。
		04h	无效选择。
		05h	无效选择。

续表

位	名　称	值	说　明
5～0	ACQPS	06h 07h 08h 09h ⋮ 3Fh	采样窗口是7个周期长(6+1时钟周期)。 采样窗口是8个周期长(7+1时钟周期)。 采样窗口是9个周期长(8+1时钟周期)。 采样窗口是10个周期长(9+1时钟周期)。 ⋮ 采样窗口是64个周期长(63+1时钟周期)
其他无效的选择：10h、11h、12h、13h、14h、1Dh、1Fh、20h、21h、2Ah、2Bh、2Ch、2Dh、2Eh、37h、38h、39h、3Ah、3Bh			

16. ADC参考寄存器

图11-20列出了ADCREFTRIM寄存器各位的情况，表11-19为每一位的描述。ADC参考寄存器受EALLOW保护。

15 … 13	12 … 8	7 … 4	3 … 0
Reserved	EXTREF_FINE_TRIM	BG_COARSE_TRIM	BG_FINE_TRIM
R-0	R/W-0	R/W-0	R/W-0

图11-20　ADC参考寄存器

说明：R/W＝读/写；R＝只读；$-n$＝复位后的值。

表11-19　ADC参考寄存器各位的说明

位	名　称	值	说　明
15～13	Reserved		读取返回0，写入无效
12～8	EXTREF_FINE_TRIM		ADC外部参考Fine Trim。这些位不能被修改(在生产厂家向芯片内下载引导代码后)
7～4	BG_COARSE_TRIM		ADC内部能带隙Fine Trim。这些位不能被修改(在生产厂家向芯片内下载引导代码后)
3～0	BG_FINE_TRIM		ADC内部能带隙Coarse Trim。支持的最大值为30。这些位不能被修改(在生产厂家向芯片内下载引导代码后)

17. ADC补偿削减寄存器

图11-21列出了ADCOFFTRIM寄存器各位的情况，表11-20为每一位的描述。

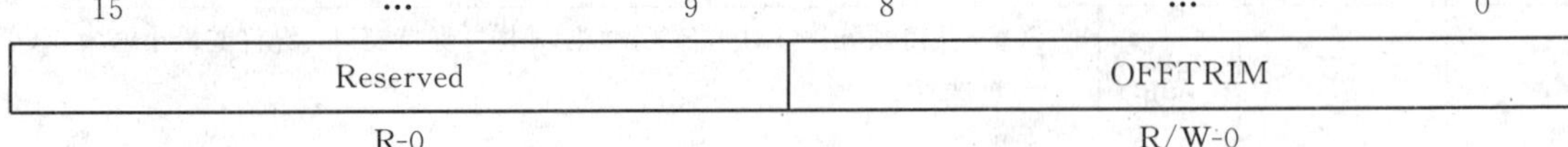

图11-21　ADC补偿削减寄存器

说明：R/W＝读/写；R＝只读；$-n$＝复位后的值。

表 11-20　ADC 补偿削减寄存器各位的说明

位	名　称	值	说　明
15～9	Reserved		读取返回 0,写入无效
8～0	OFFTRIM		ADC 抵消削减。ADC 抵消的补数。范围在－256 到＋255。这些位被下载引导代码

18. ADC 修正寄存器

图 11-22 列出了 ADCREV 寄存器各位的情况,表 11-21 为每一位的描述。

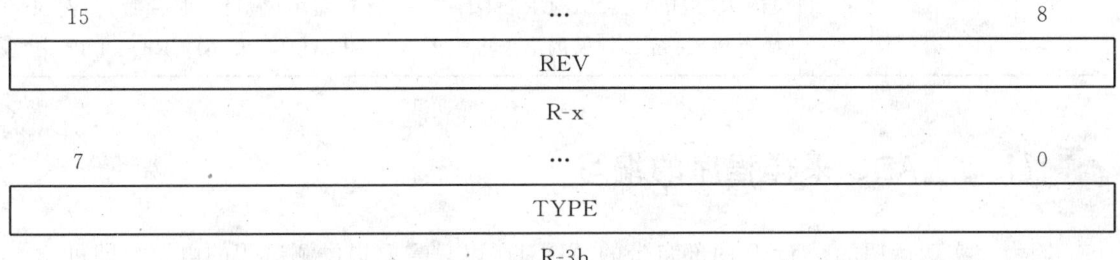

图 11-22　ADC 修正寄存器

说明:R＝只读;－n＝复位后的值。

表 11-21　ADC 修正寄存器各位的说明

位	名　称	值	说　明
15～8	REV		ADC 修正。修正中允许有不同的文件
7～0	TYPE	3	ADC 类型。这个类型的 ADC 常置为 3

19. ADC 0～15 结果寄存器

图 11-23 列出了 ADCRESULTx 寄存器各位的情况,表 11-22 为每一位的描述。

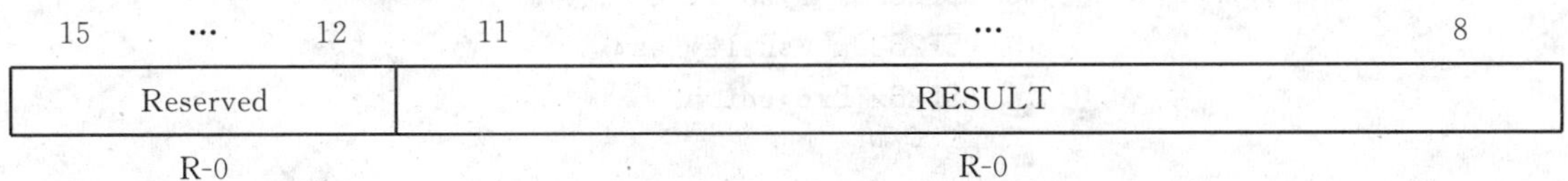

图 11-23　ADC 0～15 结果寄存器

说明:R＝只读;－n＝复位后的值。

表 11-22　ADC 0～15 结果寄存器各位的说明

位	名　称	值	说　明
15～12	Reserved		读取返回 0，写入无效
11～0	RESULT		12 位右对齐 ADC 结果。 顺序采样模式（SIMULENx=0）： 在 ADC 完成一个 SOCx 转换之后，数字结果被放在相应的 ADCRESULTx 寄存器中。例如，如果 SOC4 配置来采样 ADCINA1，转换完整的结果将放在 ADCRESULT4 寄存器中。 同步采样模式（SIMULENx=1）： 在 ADC 完成一对通道的转换之后，数字结果被放在相应的 ADCRESULTx 和 ADCRESULTx+1 寄存器中（假设 x 是偶数）。例如，对于 SOC4 完成转换的结果将放在 ADCRESULT4 和 ADCRESULT5 中

11.3　ADC 采样程序的编写

因为该实例运用的是 DSP 内部自带的 ADC，所以只需要提供测试用的电压源即可。要想实现 ADC 采集，只需要配置好 ADC 即可。

（1）添加文件，所需添加的文件如图 11-24 所示。

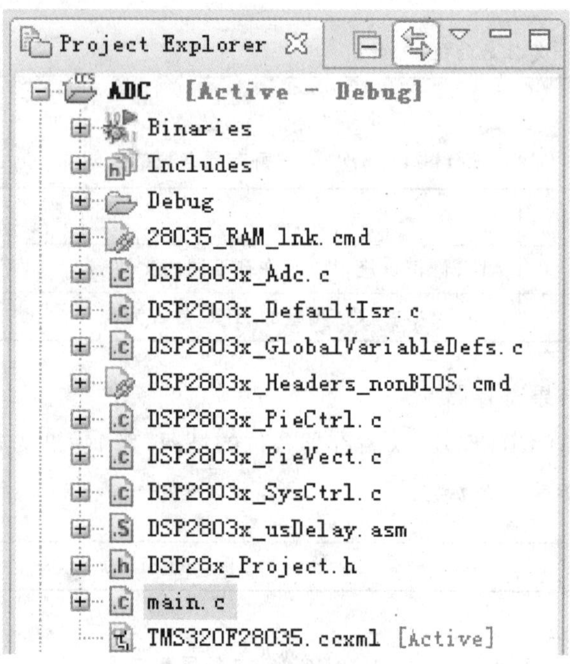

图 11-24　需要添加的文件

（2）初始化 ADC。

```
void adcinit(void)
{
  EALLOW;
```

```
    PieVectTable.ADCINT1=&adc_isr;
    EDIS;
    InitAdc();
    IER|=M_INT1;
    PieCtrlRegs.PIEIER1.bit.INTx1=1;
    EINT;
    ERTM;
    EALLOW;
    AdcRegs.ADCCTL1.bit.INTPULSEPOS=1;
    AdcRegs.INTSEL1N2.bit.INT1E=1;                    //使能 ADCINT1
    AdcRegs.INTSEL1N2.bit.INT1CONT=0;                 //禁止连续转换模式
    AdcRegs.INTSEL1N2.bit.INT1SEL=1;
    AdcRegs.ADCSOC0CTL.bit.CHSEL=1;                   //SOC0 使用 ADCINA1
    AdcRegs.ADCSOC1CTL.bit.CHSEL=2;                   //SOC1 使用 ADCINA2
    AdcRegs.ADCSOC0CTL.bit.TRIGSEL=0x09;              //SOC0 触发为 EPWM3SOCA
    AdcRegs.ADCSOC1CTL.bit.TRIGSEL=0x09;              //SOC1 触发为 EPWM3SOCA
    AdcRegs.ADCSOC0CTL.bit.ACQPS=6;                   //采样时间为 7 个 ADC 周期
    AdcRegs.ADCSOC1CTL.bit.ACQPS=6;
    EDIS;
    EPwm3Regs.ETSEL.bit.SOCAEN=1;                     //使能 SOC
    EPwm3Regs.ETSEL.bit.SOCASEL=0x03;                 //当计数到 0 或者 PRD 时触发中断
    EPwm3Regs.ETPS.bit.SOCAPRD=1;
    EPwm3Regs.TBPRD=3750;                             //0.125 ms 采样一次
    EPwm3Regs.TBCTR=0;                                //初始值为 0
    EPwm3Regs.TBCTL.bit.HSPCLKDIV=0x00;
    EPwm3Regs.TBCTL.bit.CLKDIV=0x00;
    EPwm3Regs.TBCTL.bit.CTRMODE=TB_COUNT_UPDOWN; //增减计数模式
}
```

(3) 配置中断内容。

```
interrupt void adc_isr(void)
{
    usample=AdcResult.ADCRESULT0;
    U=(float)(usample*3.3/4096);
    AdcRegs.ADCINTFLGCLR.bit.ADCINT1=1;               //清除中断标志
    PieCtrlRegs.PIEACK.all=PIEACK_GROUP1;
    return;
}
```

(4) 主函数。

```
#include "DSP28x_Project.h"
#define uint u nsigned int
uint  usample=0;
float U=0;
void main(void)
```

```
    {
      InitSysCtrl();
      DINT;                         //先禁止 CPU 中断
      InitPieCtrl();                //给 PIE 寄存器赋初值
      IER=0x0000;                   //禁止 CPU 的中断并清除所有相关的中断标志
      IFR=0x0000;
      InitPieVectTable();           //初始化中断向量表
      adcinit();
      while(1);
    }
```

到此，ADC 采样程序已经编写完毕。该程序已经通过编译，并且调试完毕，可以实现程序的目的。有条件的读者可以将其下载到 DSP 中，在 WatchWindows 里面查看 ADC 结果寄存器的值以及转换后的数值。注意：将所有子函数放在主函数之前，或者自己添加函数声明，否则会出现错误。该程序仅仅是运行在仿真模式下的，要想下载到 Flash 中，请参考第 5 章的载入方法。

本章小结

本章详细介绍了 F2803x ADC 模块的结构、特点及工作方式，并对 ADC 模块的寄存器进行了详细的说明，最后教大家如何编写 ADC 采样的程序，希望大家能够自己动手将该程序编写一遍并下载到开发板中，在理解 ADC 采样程序后争取编写出属于自己的 ADC 程序。

本章习题

1. F2803x 内部自带的 ADC 模块具有哪些特点？

2. 从系统时钟结构图中可以看出 ADC 的时钟频率等于多少？

3. 什么是 ADC 的时钟频率、转换时间和采样频率？其中 ADC 的时钟频率和转换时间的关系是什么？ADC 的采样频率由什么决定？

4. 启动 ADC 的方式有哪几种？

5. 根据 F2803x 结构框图可以看出 ADC 模块共有多少个采样通道？可以将这些采样通道分为哪两组？分别用于做什么？

第12章 增强型 PWM 模块 ePWM

增强型脉宽调制(ePWM)模块作为 F2803x 重要的外围设备,在日常生活中的使用非常广泛,已经遍及商业、工业电力电子系统的控制等,如使用的数字式电机控制系统、开关电源等。本章将详细介绍 F2803x 的增强型 PWM 模块 ePWM 及其寄存器,让读者快速了解 ePWM 模块的使用。

12.1 ePWM 模块概述

ePWM 是一个有效的 PWM 外围设备,能够产生复杂的脉宽波形,并且对 CPU 占用资源最少和干预最小。它具有高度可编程、灵活并且易于理解和使用的优点。交叉耦合和共享资源已经避免,取而代之的是 ePWM,ePWM 可以由更小的单通道模块和独立的资源根据需要共同运作,形成一个系统。这种 ePWM 模块化的方法提供了一个更加透明的外围框架,可以帮助用户迅速了解其操作。

12.1.1 ePWM 模块介绍

ePWM 模块包括几个子模块:时基子模块、计数器-比较器子模块、动作限定子模块、死区发生器子模块、PWM 斩波器子模块、故障捕获子模块、事件触发器子模块。

(1) 时基子模块:也称为时间基准(TB)子模块,该模块的输出为 TBCLK 时钟信号,即每个 ePWM 模块的时间基准,它能够被 ePWM 的所有子模块使用,控制计数器的更新速率。

(2) 计数器-比较器子模块:也称为计数-比较(CC)子模块,该模块分为两个部分,一个为计数部分,另一个为比较部分。计数部分为一个 16 位的时基计数器,其输入有时基信号 TBCLK、EPWMxSYNCI 同步信号及周期值。其输出有两个,分别为 EPWMxSYNCO 同步信号和计数值与周期值比较的结果,同时将其送入逻辑处理模块。比较部分适用于处理输入的比较结果,同时产生相应的逻辑状态。

(3) 动作限定子模块:该模块用于判断逻辑的转换是否符合要求,并将其转换为对应的 PWM 开关状态。

(4) 死区发生器子模块:也称为死区产生(DB)子模块,该模块主要用于在 PWM 的开关变换之间加入死区时间,防止整流器上下桥臂的开关管因过流击穿。死区一般分为单边死区和双边死区。单边死区只对开通开关管的脉冲施加死区;双边死区则是对所有的脉冲变化均加入死区时间。

(5) PWM 斩波器子模块:也称为斩波控制(PC)子模块,该模块通常用于产生高频 PWM 载波信号,主要用于高频的开关数字电源中。

(6) 故障捕获子模块:该模块主要用于处理外部返回的故障信号。

(7) 事件触发器子模块:也称为事件触发(ET)子模块,该模块主要用于对中断的控制。

除了普通的 ePWM 以外,F2803x 还有一个高分辨率脉宽调制模块。该模块使用一个专用的校准延迟线路。这个模块在一个单模块和一个简化的校准系统内包含多条延迟线路。每一个 ePWM 模块均有一条 HR 延迟线路。

HRPWM 模块提供高分辨率 PWM，此分辨率大大好于使用传统数字 PWM 方法所能导出的分辨率。

HRPWM 模块的特点如下：

(1) 大大扩展了传统导出数字 PWM 的时间分辨率功能；

(2) 可被应用在单边沿以及针对频率/周期调制的双边沿控制中；

(3) 通过对 ePWM 模块的比较 A 和相位寄存器的扩展来控制更加精细的分辨率或者边沿定位。

12.1.2 ePWM 模块内部连接关系

图 12-1 所示给出了一个 ePWM 模块内部所包含的子模块，图 12-2 所示为 ePWM 模块内部连接关系。

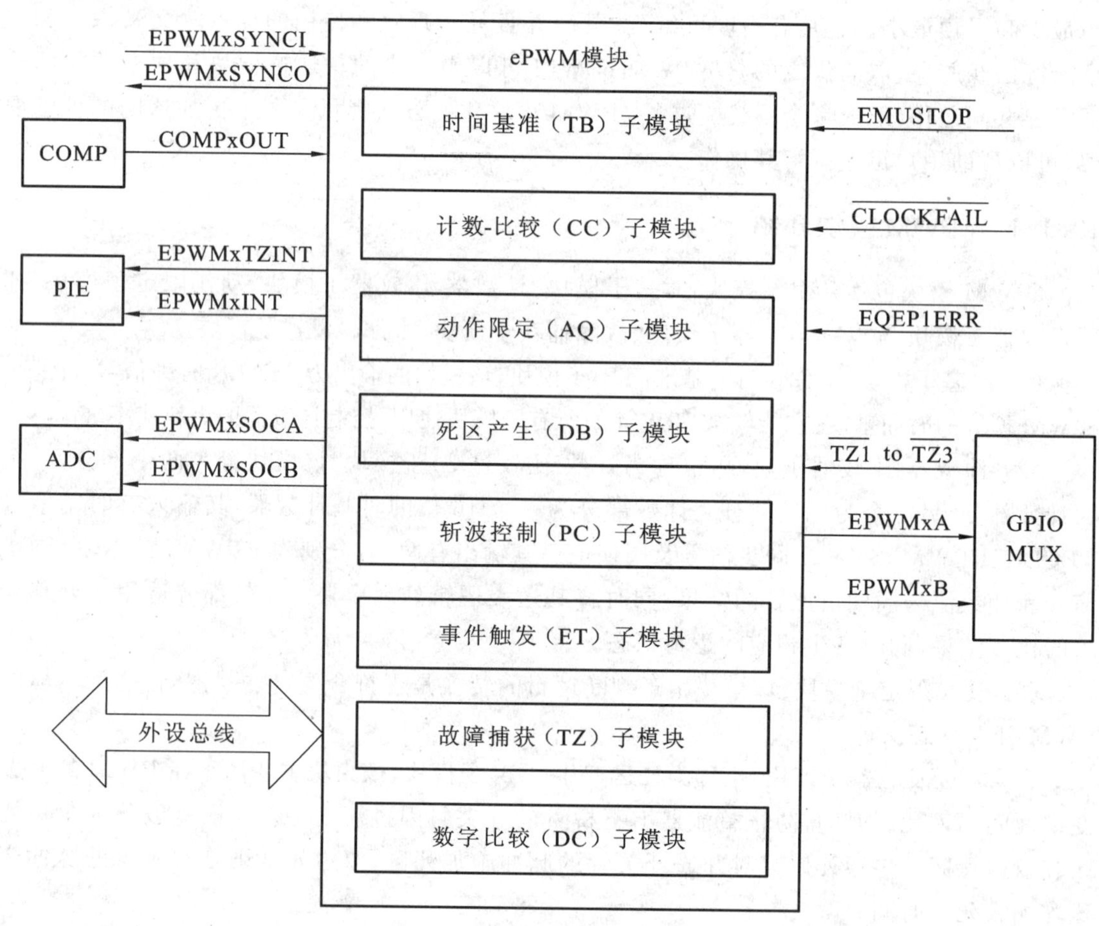

图 12-1　ePWM 内部子模块

ePWM 模块所用到的主要信号如下。

(1) PWM 输出信号 EPWMxA、EPWMxB。PWM 输出信号通过 GPIO 口输送到芯片外部。

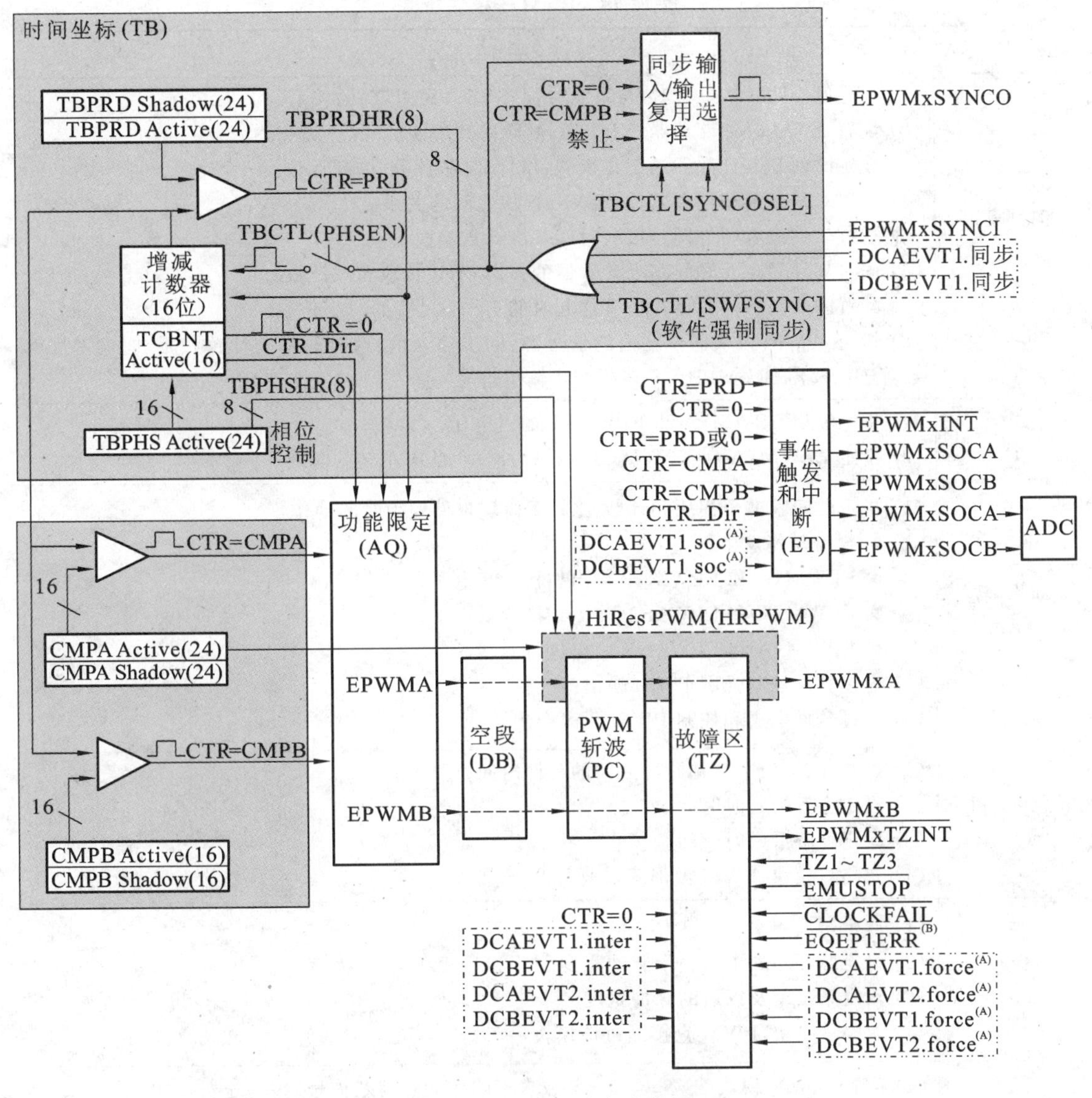

图 12-2 ePWM 内部连接图

(2) 外部触发信号$\overline{TZ1}$～$\overline{TZ6}$。这些外部触发信号用来提醒 ePWM 模块,其外部出现错误条件。器件上的每个 ePWM 单元都可以使用或屏蔽掉外部触发信号。$\overline{TZ1}$～$\overline{TZ6}$可配置成同步输入模式,并从相应的 GPIO 输入到芯片内部。

(3) 时钟基准同步信号输入 EPWMxSYNCI 及输出 EPWMxSYNCO。同步信号将所有 ePWM 模块连接成一个整体,每个 ePWM 模块都可以使用或忽略同步信号。

(4) ADC 启动信号 EPWMxSOCA、EPWMxSOCB。每个 ePWM 模块都可以产生两路 ADC 启动信号。

(5) 外设总线。32 位的外设总线用来对 ePWM 模块寄存器进行读/写操作。

8 个重要的子模块的配置参数如表 12-1 所示。

表 12-1　ePWM 子模块功能

子　模　块	功 能 描 述
时间基准 （TB）	（1）设定基准时钟（TBCLK）与系统时钟（SYSCLKOUT）的关系。 （2）配置 PWM 时钟计数器（TBCTR）的频率和周期。 （3）设定时间基准计数器的工作模式：增计数、减计数、增减计数。 （4）配置时间基准相位和其他 ePWM 模块之间的关系。 （5）通过软件或者硬件同步所有时间基准计数器模块。 （6）同步事件后配置时间基准计数器的方向（增计数或者减计数）。 （7）配置时间基准计数器在仿真挂起时的工作方式。 （8）指定 ePWM 模块同步输出的信号源：同步输入信号、时间基准计数归零、时间基准计数等于比较器 B(CMPB)、不产生同步输出信号
计数-比较 （CC）	（1）指定输出 EPWMxA 和 EPWMxB 的占空比。 （2）指定 EPWMxA 和 EPWMxB 输出脉冲发生状态翻转的时间。
动作限定 （AQ）	（1）指定时间基准子模块和计数-比较子模块事件发生时的动作： ● 没有动作发生； ● EPWMxA 和 EPWMxB 输出切换为高电平； ● EPWMxA 和 EPWMxB 输出切换为低电平； ● EPWMxA 和 EPWMxB 输出进行翻转。 （2）通过软件控制强制 PWM 输出。 （3）通过软件配置和控制 PWM 死区产生
死区产生 （DB）	（1）控制上、下两个互补脉冲之间的死区时间。 （2）设定上升沿延时时间。 （3）设定下降沿延时时间。 （4）忽略该模块，PWM 波形不需要修改
斩波控制 （PC）	（1）产生斩波频率。 （2）设定脉冲序列中第一个脉冲宽度。 （3）设定第二个及以后的脉冲宽度。 （4）忽略该模块，PWM 直接通过该模块
故障捕获 （TZ）	（1）配置 ePWM 模块响应一个、全部或者不响应故障捕获信号。 （2）指定故障发生时故障捕获模块的动作： ● 强制 EPWMxA 和 EPWMxB 高电平； ● 强制 EPWMxA 和 EPWMxB 低电平； ● 强制 EPWMxA 和 EPWMxB 为高阻态； ● 强制 EPWMxA 和 EPWMxB 不做反应。 （3）配置 ePWM 对故障捕获信号的反应频率。 （4）使能故障捕获启动一个中断。 （5）忽略该模块
事件触发 （ET）	（1）使能 ePWM 事件触发一个中断。 （2）使能 ePWM 事件触发 ADC 的转换启动信号。 （3）设定事件产生触发的速率。 （4）挂起、置位、清除事件标志
数字比较 （DC）	（1）使能比较模块的输出和故障捕获信号来触发事件或过滤事件。 （2）指定事件过滤选择来占据 TBCTR 计数器或者产生空白窗口

12.2 ePWM 模块的寄存器

ePWM 模块的寄存器如表 12-2 所列。

表 12-2 ePWM 模块的寄存器

名　　称	地　　址	大 小(×16)	说　　明
时间基准(TB)子模块寄存器			
TBCTL	0x0000	1	时基控制寄存器
TBSTS	0x0001	1	时基状态寄存器
TBPHSHR	0x0002	1	高分辨率时钟相位寄存器
TBPHS	0x0003	1	时基相位寄存器
TBCTR	0x0004	1	时基计数寄存器
TBPRD	0x0005	1	时基周期寄存器
TBPRDHR	0x0006	1	高分辨率时基周期寄存器
计数-比较(CC)子模块寄存器			
CMPCTL	0x0007	1	计数-比较控制寄存器
CMPAHR	0x0008	1	高分辨率计数-比较寄存器 A
CMPA	0x0009	1	计数-比较寄存器 A
CMPB	0x000A	1	计数-比较寄存器 B
动作限定(AQ)子模块寄存器			
AQCTLA	0x000B	1	动作限定输出控制寄存器 A
AQCTLB	0x000C	1	动作限定输出控制寄存器 B
AQSFRC	0x000D	1	动作限定软件强制寄存器
AQCSFRC	0x000E	1	动作限定持续软件强制寄存器
死区产生(DB)子模块寄存器			
DBCTL	0x000F	1	死区产生控制寄存器
DBRED	0x0010	1	死区产生上升沿延时寄存器
DBFED	0x0011	1	死区产生下降沿延时寄存器
故障捕获(TZ)子模块寄存器			
TZSEL	0x0012	1	故障选择寄存器
TZDCSEL	0x0013	1	故障数字比较事件选择寄存器
TZCTL	0x0014	1	故障控制寄存器
TZEINT	0x0015	1	故障中断使能寄存器
TZFLG	0x0016	1	故障标志寄存器
TZCLR	0x0017	1	故障清除寄存器

续表

名　称	地　址	大 小(×16)	说　明
TZFRC	0x0018	1	故障强制寄存器
事件触发(ET)子模块寄存器			
ETSEL	0x0019	1	事件触发选择寄存器
ETPS	0x001A	1	事件触发预定标寄存器
ETFLG	0x001B	1	事件触发标志寄存器
ETCLR	0x001C	1	事件触发清除寄存器
ETFRC	0x001D	1	事件触发强制寄存器
斩波控制(PC)子模块寄存器			
PCCTL	0x001E	1	PWM 斩波控制寄存器
高分辨率脉冲宽度调制(HRPWM)寄存器			
HRCNFG	0x0020	1	高分辨率配置寄存器
HRPWR	0x0021	1	高分辨率供能寄存器
HRMSTEP	0x0026	1	高分辨率 MEP 寄存器
HRPCTL	0x0028	1	高分辨率周期控制寄存器
TBPRDHRM	0x002A	1	高分辨率时基周期镜像寄存器
TBPRDM	0x002B	1	时基周期镜像寄存器
CMPAHRM	0x002C	1	高分辨率比较器 A 镜像寄存器
CMPAM	0x002D	1	比较器 A 镜像寄存器
数字比较(DC)事件寄存器			
DCTRIPSEL	0x0030	1	数字比较故障选择寄存器
DCACTL	0x0031	1	数字比较控制寄存器 A
DCBCTL	0x0032	1	数字比较控制寄存器 B
DCFCTL	0x0033	1	数字比较过滤控制寄存器
DCCAPCTL	0x0034	1	数字比较捕获控制寄存器
DCFOFFSET	0x0035	1	数字比较过滤补偿寄存器
DCFOFFSETCNT	0x0036	1	数字比较过滤补偿计数寄存器
DCFWINDOW	0x0037	1	数字比较过滤视窗寄存器
DCFWINDOWCNT	0x0038	1	数字比较过滤视窗计数寄存器
DCCAP	0x0039	1	数字比较计数捕获寄存器

1. 时基周期寄存器

图 12-3 列出了 TBPRD 寄存器各位的情况，表 12-3 为每一位的描述。

15	…	0
TBPRD		
R/W-0		

图 12-3 时基周期寄存器

说明:R/W=读/写;$-n$=复位后的值。

表 12-3 时基周期寄存器各位的说明

位	名称	值	说明
15～0	TBPRD	0000～FFFFh	这些位决定时基计数器的周期,设置 PWM 频率。 通过 TBCTL[PRDLD]位来开启或关闭该寄存器的隐藏功能。该寄存器默认是被隐藏的。 ● 如果 TBCTL[PRDLD]=0,使能映射寄存器,任何写或读将自动进入映射寄存器。这种模式下,当时基计数器等于 0 的时候,映射寄存器中的内容被载入当前的寄存器。 ● 如果 TBCTL[PRDLD]=1,禁止映射功能,任何写或读将直接进入当前寄存器。 ● 当前和映射的寄存器分享相同的存储器映像地址

2. 高分辨率时基周期寄存器

图 12-4 列出了 TBPRDHR 寄存器各位的情况,表 12-4 为每一位的描述。

15	…	8
TBPRDHR		
R/W-0		

7	…	0
Reserved		
R-0		

图 12-4 高分辨率时基周期寄存器

说明:R/W=读/写;R=只读;$-n$=复位后的值。

表 12-4 高分辨率时基周期寄存器各位的说明

位	名称	值	说明
15～0	TBPRDHR	00～FFh	高精度周期位。 这 8 位包含周期值的高精度部分。 TBPRDHR 寄存器不受 TBCTL[PRDLD]位的影响。从这个寄存器读总是反映到映射寄存器。同样,写也是反映到映射寄存器。TBPRDHR 寄存器只有当高精度周期特征被使能时才能使用。 该寄存器仅仅适用于高精度周期控制的 ePWM 模块
7～0	Reserved	0	保留

3. 时基周期镜像寄存器

图 12-5 列出了 TBPRDM 寄存器各位的情况，表 12-5 为每一位的描述。

15 … 0
TBPRD
R/W-0

图 12-5　时基周期镜像寄存器

说明：R/W=读/写；-*n*=复位后的值。

表 12-5　时基周期镜像寄存器各位的说明

位	名　称	值	说　　明
15～0	TBPRD	0000～FFFFh	TBPRDM 和 TBPRD 都可以用来访问时间基准周期。 TBPRD 对于早期的 ePWM 模块提供向下兼容。这个镜像寄存器(TBPRDM 和 TBPRDHRM)允许在一次访问中向 TBPRDHR 写入 32 位。 默认写入到这个寄存器是映射的。与 TBPRD 寄存器不同的是，读取 TBPRDM 通常返回当前寄存器的值。映射使能与否取决于 TBCTL(PRDLD)位。 ● 如果 TBCTL[PRDLD]=0，映射使能，任何写入将自动进入映射寄存器。这种模式下，当时基计数器等于 0 的时候，映射寄存器将被载入当前寄存器。读返回当前寄存器的值。 ● 如果 TBCTL[PRDLD]=1，禁止映射功能，任何写入将直接进入当前寄存器，并且控制硬件。同样，读返回当前寄存器的值

4. 高分辨率时基周期镜像寄存器

图 12-6 列出了 TBPRDHRM 寄存器各位的情况，表 12-6 为每一位的描述。

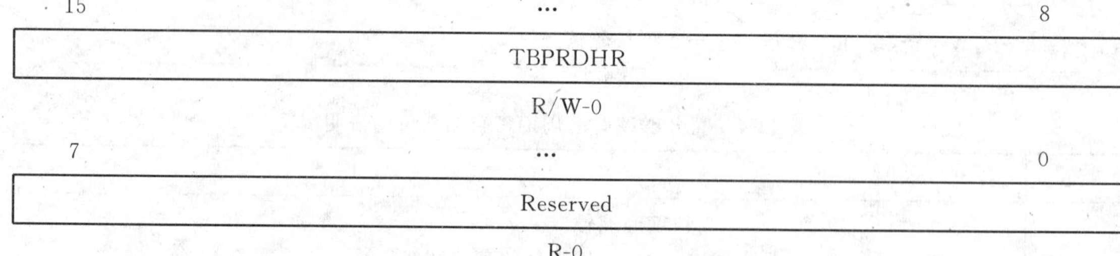

图 12-6　高分辨率时基周期镜像寄存器

说明：R/W=读/写；R=只读；-*n*=复位后的值。

表 12-6　高分辨率时基周期镜像寄存器各位的说明

位	名　称	值	说　明
15～8	TBPRDHR	00～FFh	高精度周期位。 这8位包含周期值的高精度部分。 TBPRD对于早期ePWM模块提供向下兼容。这个镜像寄存器(TBPRDM和TBPRDHRM)允许在一次访问中向TBPRDHR写入32位。 TBPRDHRM寄存器不受TBCTL[PRDLD]位的影响。 TBPRDHRM寄存器在支持高精度周期控制时用于ePWM模块并且仅当高精度周期特征被使能时有效
7～0	Reserved	00～FFh	TI测试保留

5. 时基相位寄存器

图12-7列出了TBPHS寄存器各位的情况，表12-7为每一位的描述。

15 … 0
TBPHS
R/W-0

图 12-7　时基相位寄存器

说明：R/W＝读/写；-n＝复位后的值。

表 12-7　时基相位寄存器各位的说明

位	名　称	值	说　明
15～0	TBPHS	0000～FFFFh	这些位用于设置选择ePWM和时间基准计数器的相位，用于提供同步输入信号。 ● 如果TBCTL[PHSEN]＝0，同步事件被忽略，并且时间基准计数器不会加载相位寄存器中的值。 ● 如果TBCTL[PHSEN]＝1，当同步事件发生时，时间基准计数器(TBCTR)会被加载到相位寄存器中(TBPHS)

6. 高分辨率时基相位寄存器

图12-8列出了TBPHSHR寄存器各位的情况，表12-8为每一位的描述。

15 … 8
TBPHSHR
R/W-0

7 … 0
Reserved
R-0

图 12-8　高分辨率时基相位寄存器

说明：R/W＝读/写；R＝只读；－n＝复位后的值。

表 12-8　高分辨率时基相位寄存器各位的说明

位	名　　称	值	说　　明
15～8	TBPHSHR	00～FFh	时基相位高精度位
7～0	Reserved		保留

7. 时基计数寄存器

图 12-9 列出了 TBCTR 寄存器各位的情况，表 12-9 为每一位的描述。

15 … 0
TBCTR
R/W-0

图 12-9　时基计数寄存器

说明：R/W＝读/写；－n＝复位后的值。

表 12-9　时基计数寄存器各位的说明

位	名　　称	值	说　　明
15～0	TBCTR	0000～FFFFh	读这些位将返回当前时间基准计数器的值。 写这些位将立即更新当前时间基准计数器的值。写操作并不同步于时间基准时钟(TBCLK)并且该寄存器并不映射

8. 时基控制寄存器

图 12-10 列出了 TBCTL 寄存器各位的情况，表 12-10 为每一位的描述。

15～14	13	12～10	9～8
FREE,SOFT	PHSDIR	CLKDIV	HSPCLKDIV
R/W-0	R/W-0	R/W-0	R/W-0,0,1

7	6	5～4	3	2	1～0
HSPCLK DIV	SWFSYNC	SYNCOSEL	PRDLD	PHSEN	CTRMODE
R/W-0,0,1	R/W-0	R/W-0	R-0	R/W-0	R/W-11

图 12-10　时基控制寄存器

说明：R/W＝读/写；R＝只读；－n＝复位后的值。

表 12-10　时基控制寄存器各位的说明

位	名　称	值	说　明
15～14	FREE,SOFT		仿真模式位。这些位决定 ePWM 时间基准计数器在仿真挂起时的动作。
		00	在下次时间基准计数器增加或减少后停止。
		01	当计数器完成一个周期后停止。 ● 增计数模式:当时基计数器＝周期(TBCTR＝TBPRD)时停止。 ● 减计数模式:当时基计数器＝0x0000(TBCTR＝0x0000)时停止。 ● 增减计数模式:当时基计数器＝0x0000(TBCTR＝0x0000)时停止。
		1x	自由运行
13	PHSDIR		相位方向位。 这一位仅仅在时基计数器配置为增减模式时被使用。PHSDIR 位表明时基计数器(TBCTR)在一个同步事件发生和一个新的相位值被载入到相位寄存器(TBPHS)时将要计数的方向。在同步事件发生之前该位是不影响计数器的方向的。 在增计数和减计数的模式中该位被忽略。
		0	同步事件发生后减计数。
		1	同步事件发生后增计数
12～10	CLKDIV		时基时钟预分频位。 这些位决定部分时基时钟预分频的值。 TBCLK＝SYSCLKOUT/(HSPCLKDIV×CLKDIV)
		000	/1(复位后默认值)
		001	/2
		010	/4
		011	/8
		100	/16
		101	/32
		110	/64
		111	/128
9～7	HSPCLKDIV		高速时基时钟预分频位。 这些位决定部分时基时钟预分频值。 TBCLK＝SYSCLKOUT/(HSPCLKDIV×CLKDIV)
		000	/1
		001	/2(复位后默认)
		010	/4
		011	/6
		100	/8
		101	/10
		110	/12
		111	/14

续表

位	名　称	值	说　明
6	SWFSYNC	 0 1	软件强制同步脉冲。 写 0 没有影响并且读操作总返回 0。 写 1 强制产生一次同步脉冲信号
5～4	SYNCOSEL	 00 01 10 11	同步信号输出选择。这些位选择 EPWMxSYNCO 信号的输出源。 EPWMxSYNC。 CTR＝zero;时基计数器等于 0(TBCTR＝0x0000)。 CTR＝CMPB;时基计数器等于计数比较 B(TBCTR＝CMPB)。 EPWMxSYNCO 信号禁止
3	PRDLD	 0 1	选择映射寄存器加载到当前周期寄存器。 当时基计数器 TBCRT 等于 0 时,映射寄存器载入到周期寄存器(TBPRD)。 写入或读取 TBPRD 寄存器访问映射寄存器。 立即载入到 TBPRD 寄存器不需使用映射寄存器
2	PHSEN	 0 1	相位使能位。 禁止时基相位寄存器(TBPHS)载入到时基计数器(TBCTR)。 当 EPWMxSYNCI 输入信号发生,或者软件同步被 SWFSYNC 位强制,或者当一个数字比较同步发生时,从相位寄存器载入到时基计数器
1～0	CTRMODE	 00 01 10 11	计数器模式。 时基计数器模式一旦配置在正常操作下是不能改变的。如果用户改变了计数器的模式,将影响下次 TBCLK 的边沿并且当前计数器的值将从改变模式之前的值增加或者减少。 这些位设置时基计数器的操作模式如下: 增计数模式 减计数模式 增减计数模式 停止寄存器操作(复位默认)

9. 时基状态寄存器

图 12-11 列出了 TBSTS 寄存器各位的情况,表 12-11 为每一位的描述。

15 … 8
Reserved
R-0

7 … 3	2	1	0
Reserved	CTRMAX	SYNCI	CTRDIR
R-0	R/W1C-0	R/W1C-0	R-1

图 12-11　时基状态寄存器

说明:R/W＝读/写;R＝只读;R/W1C＝读/写 1 清除;－n＝复位后的值。

表 12-11 时基状态寄存器各位的说明

位	名称	值	说明
15～3	Reserved		保留
2	CTRMAX	 0 1	时基计数器最大值判断。 读取到0表明时基计数器从没有到达最大值。写0将没有影响。 读取到1表明时基计数器到达了最大值0xFFFF。写1将清除相应的锁存事件
1	SYNCI	 0 1	同步信号输入的锁存状态。 写0将没有影响。读取到0表明没有外部同步事件发生。 读取到1表明一个外部同步事件已经发生(EPWMxSYNCI)。写1将清除相应的锁存事件
0	CTRDIR	 0 1	时基计数器方向状态位。复位后,该计数器禁止,这一位没有意义。用户必须通过TBCTL[CTRMODE]设置适当的计数器模式,该位才有意义。 时基计数器当前为减计数。 时基计数器当前为增计数

10. 高分辨率周期控制寄存器

图12-12列出了TRPCTL寄存器各位的情况,表12-12为每一位的描述。

15 … 8
Reserved
R-0

7 … 3	2	1	0
Reserved	TBPHSHR LOADE	Reserved	HRPE
R-0	R/W-0	R-0	R/W-0

图 12-12 高分辨率周期控制寄存器

说明:R/W=读/写;R=只读;$-n$=复位后的值。

表 12-12 高分辨率周期控制寄存器各位的说明

位	名称	值	说明
15～3	Reserved		保留
2	TBPHSHRLOADE	 0 1	TBPHSHR载入使能。 在SYNCIN、TBCTL[SWFSYNC]或数字比较事件禁止高精度相位同步。 在SYNCIN、TBCTL[SWFSYNC]或数字比较事件使能同步高精度相位。相位被同步使用高精度相位寄存器(TBPHSHR)中的内容。 注意:这一位和TBCTL[PHSEN]位在高精度周期控制被使能为增减模式时必须置1,即使TBPHSHR=0x0000

续表

位	名　称	值	说　明
1	Reserved		保留
0	HRPE	 0 1	高精度周期使能位。 禁止高精度周期。 使能高精度周期。在这个模式下，HRPWM 模块可以同时控制高精度的占空比和频率

11. 计数-比较寄存器 A

图 12-13 列出了 CMPA 寄存器各位的情况，表 12-13 为每一位的描述。

15　　　　…　　　　0
CMPA
R/W-0

图 12-13　计数-比较寄存器 A

说明：R/W＝读/写；$-n$＝复位后的值。

表 12-13　计数-比较寄存器 A 各位的说明

位	名 称	说　明
15～0	CMPA	CMPA 当前寄存器中的值不断地和时基计数器(TBCTR)进行比较。当二者相等时，计数-比较模块产生一个“时基计数器等于计数比较 A(TBCTR＝CMPA)”事件。该事件被送到动作限定，从而产生相应的动作。这些动作能够被应用到 EPWMxA 或 EPWMxB 输出，这取决于 AQCTLA 和 AQCTLB 寄存器的配置。这些动作可以在 AQCTLA 和 AQCTLB 寄存器中被定义，包括以下几个。 ● 不做任何事情：这个事件被忽略。 ● 清除：拉低 EPWMxA 或 EPWMxB 信号。 ● 置位：拉高 EPWMxA 或 EPWMxB 信号。 ● 翻转 EPWMxA 或 EPWMxB 信号。 该寄存器通过 CMPCTL[SHDWAMODE]来使能和关闭寄存器的映射。默认寄存器是映射的。 ● 如果 CMPCTL[SHDWAMODE]＝0，映射被使能并且任何写或读将自动进入映射寄存器。在该模式下，CMPCTL[LOADMODE]位决定是否将事件从映射寄存器载入到当前寄存器。 ● 在写之前，CMPCTL[SHDWAFULL]位可以被读出来决定当前映射寄存器是否是满的。 ● 如果 CMPCTL[SHDWAMODE]＝1，映射寄存器禁止并且任何写或读将直接进入当前寄存器。 ● 在任何一个模式中，当前和映射寄存器分享同一地址存储空间

12. 计数-比较寄存器 B

图 12-14 列出了 CMPB 寄存器各位的情况，表 12-14 为每一位的描述。

15	…	0
CMPB		
R/W-0		

图 12-14 计数-比较寄存器 B

说明:R/W=读/写;-n=复位后的值。

表 12-14 计数-比较寄存器 B 各位的说明

位	名称	说明
15~0	CMPB	CMPB 当前寄存器的值不断地和时基计数器(TBCTR)进行比较。当这两个值相等时,计数-比较模块产生一个"时基计数器等于计数比较 B 寄存器(TBCTR=CMPB)"事件。该事件被送到动作限定,产生相应的动作。这些动作能够被应用到 EPWMxA 或 EPWMxB 输出,这取决于 AQCTLA 和 AQCTLB 寄存器的配置。这些动作可以在 AQCTLA 和 AQCTLB 寄存器中被定义,包括以下几个。 ● 不做任何事情:这个事件被忽略。 ● 清除:拉低 EPWMxA 或 EPWMxB 信号。 ● 置位:拉高 EPWMxA 或 EPWMxB 信号。 ● 翻转 EPWMxA 或 EPWMxB 信号。 该寄存器通过 CMPCTL[SHDWAMODE]来使能和关闭寄存器的映射。默认寄存器是映射的。 ● 如果 CMPCTL[SHDWAMODE]=0,使能映射并且任何写或读将自动进入映射寄存器。在该模式下,CMPCTL[LOADMODE]位决定是否将事件从映射寄存器载入到当前寄存器。 ● 在写之前,CMPCTL[SHDWAFULL]位可以被读出来决定当前映射寄存器是否是满的。 ● 如果 CMPCTL[SHDWAMODE]=1,禁止映射寄存器并且任何写或读将直接进入当前寄存器。 ● 在任何一种模式下,当前和映射寄存器分享同一地址存储空间

13. 计数-比较控制寄存器

图 12-15 列出了 CMPCTL 寄存器各位的情况,表 12-15 为每一位的描述。

15 … 10	9	8
Reserved	SHDWB FULL	SHDWA FULL
R-0	R-0	R-0

7	6	5	4	3 2	1 0
Reserved	SHDWB MODE	Reserved	SHDWA MODE	LOADBMODE	LOADAMODE
R-0	R/W-0	R-0	R/W-0	R/W-0	R/W-0

图 12-15 计数-比较控制寄存器

说明：R/W＝读/写；R＝只读；－n＝复位后的值。

表 12-15 计数-比较控制寄存器各位的说明

位	名　称	值	说　明
15～10	Reserved		保留
9	SHDWBFULL	 0 1	计数-比较 B(CMPB)映射寄存器满状态标志。 一旦发生选通脉冲，该位自身清 0。 CMPB 映射 FIFO 未满。 表明 CMPB 映射 FIFO 满；CPU 写入将覆盖当前映射寄存器的值
8	SHDWAFULL	 0 1	计数-比较 A(CMPA)映射寄存器满状态标志。 当向 CMPA：CMPAHR 寄存器写入 32 位或向 CMPA 寄存器写入 16 位时，标志位将置位。当向 CMPAHR 寄存器写入 16 位时，将不影响该标志。 一旦发生选通脉冲，该位自身清 0。 CMPA 映射 FIFO 未满。 表明 CMPA 映射 FIFO 满，CPU 写入将覆盖当前映射寄存器的值
7	Reserved		保留
6	SHDWBMODE	 0 1	计数-比较 B(CMPB)寄存器操作模式。 映射模式。所有的写入通过 CPU 访问映射寄存器。 立即模式。对于立即比较动作，所有写和读直接访问当前寄存器
5	Reserved		保留
4	SHDWAMODE	 0 1	计数-比较 A(CMPA)寄存器操作模式。 映射模式。所有的写入通过 CPU 访问映射寄存器。 立即模式。对于立即比较动作，所有写和读直接访问当前寄存器
3～2	LOADBMODE	 00 01 10 11	映射选择模式载入到当前计数-比较 B(CMPB)。 在立即模式下该位无影响(CMPCTL[SHDWBMODE]＝1)。 在 CTR＝zero 时载入：时基计数器等于 0(TBCTR＝0x0000)。 在 CTR＝PRD 时载入：时基计数器等于周期值(TBCTR＝TBPRD)。 当 CTR＝zero 或 CTR＝PRD 时载入。 禁止装载
1～0	LOADAMODE	 00 01 10 11	映射选择模式载入到当前计数-比较 A(CMPA)。 在立即模式下该位无影响(CMPCTL[SHDWBMODE]＝1)。 在 CTR＝zero 时载入：时基计数器等于 0(TBCTR＝0x0000)。 在 CTR＝PRD 时载入：时基计数器等于周期值(TBCTR＝TBPRD)。 当 CTR＝zero 或 CTR＝PRD 时载入。 禁止装载

14. 高分辨率计数-比较寄存器 A

图 12-16 列出了 CMPAHR 寄存器各位的情况，表 12-16 为每一位的描述。

15	…	8
	CMPAHR	
	R/W-0	

7	…	0
	Reserved	
	R-0	

图 12-16　高分辨率计数-比较寄存器 A

说明：R/W＝读/写；R＝只读；－n＝复位后的值。

表 12-16　高分辨率计数-比较寄存器 A 各位的说明

位	名　称	值	说　明
15～8	CMPAHR	00～FFh	这 8 位包含计数-比较 A(CMPA)高精度部分(至少重要的 8 位)。CMPA:CMPAHR 可构成一个 32 位读/写操作范围。 对于 CMPA 寄存器，通过 CMPCTL[SHDWAMODE]位使能和禁止映射模式
7～0	Reserved		TI 测试保留

15. 计数-比较镜像寄存器 A

图 12-17 列出了 CMPAM 寄存器各位的情况，表 12-17 为每一位的描述。

15	…	0
	CMPA	
	R/W-0	

图 12-17　计数-比较镜像寄存器 A

说明：R/W＝读/写；－n＝复位后的值。

表 12-17　计数-比较镜像寄存器 A 各位的说明

位	名　称	值	说　明
15～0	CMPA	0000～FFFFh	CMPA 和 CMPAM 都能够被用来访问计数-比较寄存器 A 的值，仅仅的不同是镜像寄存器通常读取返回的是当前的值。 默认写入寄存器是映射的。不同于 CMPA 寄存器，读 CMPAM 通常返回当前寄存器的值。通过 CMPCTL[SHDWAMODE]来使能和关闭映射。 ● 如果 CMPCTL[SHDWAMODE]＝0，映射寄存器被使能并且任何写入将自动进入映射寄存器。所有读将反映当前寄存器的值。 ● 在写之前，读取 CMPCTL[SHDWAFULL]位能够决定当前映射寄存器是否是满的。 ● 如果 CMPCTL[SHDWAMODE]＝1，禁止映射寄存器并且任何写将直接进入当前寄存器

16. 高分辨率比较镜像寄存器 A

图 12-18 列出了 CMPAHRM 寄存器各位的情况，表 12-18 为每一位的描述。

15 … 8
CMPAHR
R/W-0

7 … 0
Reserved
R-0

图 12-18 高分辨率比较镜像寄存器 A

说明：R/W＝读/写；R＝只读；－*n*＝复位后的值。

表 12-18 高分辨率比较镜像寄存器 A

位	名 称	值	说 明
15～8	CMPAHR	00～FFh	高精度比较 A(CMPAHRM)。 写入 CMPAHR 和 CMPAHRM 均能进入计数-比较寄存器 A 的值的高精度部分。和 CMPAHR 的不同在于，从镜像寄存器中读取，CMPAHRM 是非决定式的(TI 测试保留)。 默认写入该寄存器是映射的。对于 CMPAM 寄存器，通过 CMPCTL[SHDWAMODE]位来使能和关闭映射
7～0	Reserved		TI 测试保留

17. 动作限定输出控制寄存器 A

图 12-19 列出了 AQCTLA 寄存器各位的情况，表 12-19 为每一位的描述。

15 … 12	11 10	9 8
Reserved	CBD	CBU
R-0	R/W-0	R/W-0

7 6	5 4	3 2	1 0
CAD	CAU	PRD	ZRO
R/W-0	R/W-0	R/W-0	R/W-0

图 12-19 动作限定输出控制寄存器 A

说明：R/W＝读/写；R＝只读；－*n*＝复位后的值。

表 12-19 动作限定输出控制寄存器 A 各位的说明

位	名 称	值	说 明
15～12	Reserved		保留
11～10	CBD	 00 01 10 11	当时基计数器等于当前 CMPB 寄存器，且正在递减计数。 不做任何事情(禁止动作)。 清除：强制 EPWMxA 输出低电平。 置位：强制 EPWMxA 输出高电平。 翻转 EPWMxA 输出：低电平输出信号将被强制拉高，高电平信号将被拉低

续表

位	名 称	值	说 明
9～8	CBU	 00 01 10 11	当时基计数器等于当前 CMPB 寄存器，且寄存器计数正在增加。 不做任何事情(禁止动作)。 清除：强制 EPWMxA 输出低电平。 置位：强制 EPWMxA 输出高电平。 翻转 EPWMxA 输出：低电平输出信号将被强制拉高，高电平信号将被拉低
7～6	CAD	 00 01 10 11	当时基计数器等于当前 CMPA 寄存器，且寄存器正在递减计数。 不做任何事情(禁止动作)。 清除：强制 EPWMxA 输出低电平。 置位：强制 EPWMxA 输出高电平。 翻转 EPWMxA 输出：低电平输出信号将被强制拉高，高电平信号将被拉低
5～4	CAU	 00 01 10 11	当时基计数器等于当前 CMPA 寄存器，且寄存器正在递增计数。 不做任何事情(禁止动作)。 清除：强制 EPWMxA 输出低电平。 置位：强制 EPWMxA 输出高电平。 翻转 EPWMxA 输出：低电平输出信号将被强制拉高，高电平信号将被拉低
3～2	PRD	 00 01 10 11	当计数器等于周期值时动作。 不做任何事情(禁止动作)。 清除：强制 EPWMxA 输出低电平。 置位：强制 EPWMxA 输出高电平。 翻转 EPWMxA 输出：低电平输出信号将被强制拉高，高电平信号将被拉低
1～0	ZRO	 00 01 10 11	当计数器等于 0 时动作。 不做任何事情(禁止动作)。 清除：强制 EPWMxA 输出低电平。 置位：强制 EPWMxA 输出高电平。 翻转 EPWMxA 输出：低电平输出信号将被强制拉高，高电平信号将被拉低

18. 动作限定输出控制寄存器 B

图 12-20 列出了 AQCTLB 寄存器各位的情况，表 12-20 为每一位的描述。

15 … 12	11 10	9 8
Reserved	CBD	CBU
R-0	R/W-0	R/W-0

7 6	5 4	3 2	1 0
CAD	CAU	PRD	ZRO
R/W-0	R/W-0	R/W-0	R/W-0

图 12-20　动作限定输出控制寄存器 B

说明：R/W＝读/写；R＝只读；－n＝复位后的值。

表 12-20 动作限定输出控制寄存器 B 各位的说明

位	名 称	值	说 明
15～12	Reserved		保留
11～10	CBD	 00 01 10 11	当时基计数器等于当前 CMPB 寄存器，且寄存器正在递减计数。 不做任何事情(禁止动作)。 清除：强制 EPWMxB 输出低电平。 置位：强制 EPWMxB 输出高电平。 翻转 EPWMxB 输出：低电平输出信号将被强制拉高，高电平信号将被拉低
9～8	CBU	 00 01 10 11	当时基计数器等于当前 CMPB 寄存器，且寄存器正在递增计数。 不做任何事情(禁止动作)。 清除：强制 EPWMxB 输出低电平。 置位：强制 EPWMxB 输出高电平。 翻转 EPWMxB 输出：低电平输出信号将被强制拉高，高电平信号将被拉低
7～6	CAD	 00 01 10 11	当时基计数器等于当前 CMPA 寄存器，且寄存器正在递减计数。 不做任何事情(禁止动作)。 清除：强制 EPWMxB 输出低电平。 置位：强制 EPWMxB 输出高电平。 翻转 EPWMxB 输出：低电平输出信号将被强制拉高，高电平信号将被拉低
5～4	CAU	 00 01 10 11	当时基计数器等于当前 CMPA 寄存器，且寄存器正在递增计数。 不做任何事情(禁止动作)。 清除：强制 EPWMxB 输出低电平。 置位：强制 EPWMxB 输出高电平。 翻转 EPWMxB 输出：低电平输出信号将被强制拉高，高电平信号将被拉低
3～2	PRD	 00 01 10 11	当计数器等于周期值时动作。 不做任何事情(禁止动作)。 清除：强制 EPWMxB 输出低电平。 置位：强制 EPWMxB 输出高电平。 翻转 EPWMxB 输出：低电平输出信号将被强制拉高，高电平信号将被拉低
1～0	ZRO	 00 01 10 11	当计数器等于 0 时动作。 不做任何事情(禁止动作)。 清除：强制 EPWMxB 输出低电平。 置位：强制 EPWMxB 输出高电平。 翻转 EPWMxB 输出：低电平输出信号将被强制拉高，高电平信号将被拉低

19. 动作限定软件强制寄存器

图 12-21 列出了 AQSFRC 寄存器各位的情况，表 12-21 为每一位的描述。

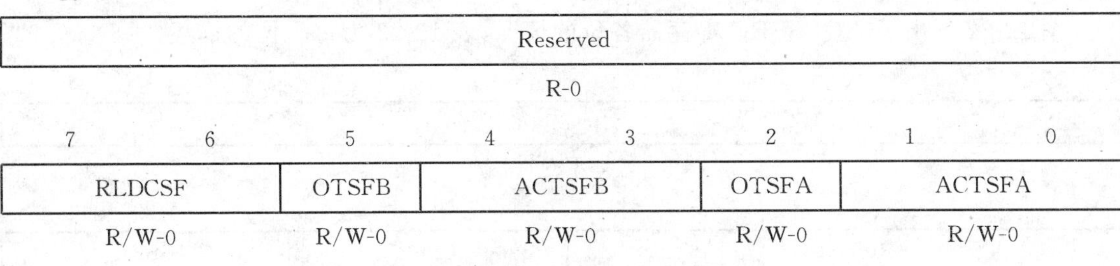

图 12-21 动作限定软件强制寄存器

说明:R/W=读/写;R=只读;-n=复位后的值。

表 12-21 动作限定软件强制寄存器各位的说明

位	名称	值	说明
15~8	Reserved		保留
7~6	RLDCSF	 00 01 10 11	AQCSFRC 当前寄存器从映射寄存器中加载数据。 CTR=0 时加载。 等于周期值时加载。 等于 0 或周期值时加载。 立即载入
5	OTSFB	 0 1	在输出 B 一次性软件强制事件。 写 0 无影响。读总是返回 0。 发起一次 S/W 强制事件
4~3	ACTSFB	 00 01 10 11	当一次性软件强置 B 被唤醒动作。 不做任何动作(禁止动作)。 清除(低)。 置位(高)。 翻转(Low->High,High->Low)。 注意:该动作没有被计数器的方向限制(CNT_dir)
2	OTSFA	 0 1	在输出 A 一次性软件强制事件。 写 0 无影响。读总是返回 0。 当完整写入寄存器时自动清 0。 启动一次性软件强制事件
1~0	ACTSFA	 00 01 10 11	当一次性软件强置 A 被唤醒动作。 不做任何动作(禁止动作)。 清除(低)。 置位(高)。 翻转(Low4High,High-Low)。 注意:该动作没有被计数器的方向限制

20. 动作限定持续软件强制寄存器

图 12-22 列出了 AQCSFRC 寄存器各位的情况，表 12-22 为每一位的描述。

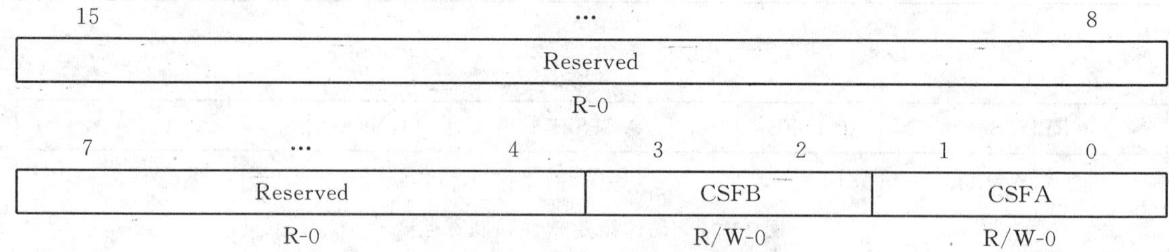

图 12-22　动作限定持续软件强制寄存器

说明：R/W＝读/写；R＝只读；－n＝复位后的值。

表 12-22　动作限定持续软件强制寄存器各位的说明

位	名　称	值	说　明
15～4	Reserved		保留
3～2	CSFB		输出 B 的连续软件强制。 在立即模式下，连续强制动作发生在下个 TBCLK 边沿。 在映射模式下，连续强制动作发生在下一个 TBCLK 边缘，在映射寄存器装载到当前寄存器之后。配置映射模式，用 AQSFRC[RLDCSF]。
		00	强制关闭。
		01	在输出 B 上强制输出低电平。
		10	在输出 B 上强制输出高电平。
		11	软件强制关闭并且没有影响
1～0	CSFA		输出 A 的连续软件强制。 在立即模式下，连续强制动作发生在下个 TBCLK 边沿。 在映射模式下，连续强制动作发生在下一个 TBCLK 边缘，在映射寄存器装载到当前寄存器之后。
		00	强制关闭。
		01	在输出 A 上强制输出低电平。
		10	在输出 A 上强制输出高电平。
		11	软件强制关闭并且没有影响

21. 死区产生控制寄存器

图 12-23 列出了 DBCTL 寄存器各位的情况，表 12-23 为每一位的描述。

15	14 … 8
HALF CYCLE	Reserved
R/W-0	R-0

7　6	5　4	3　2	1　0
Reserved	IN_MODE	POLSEL	OUT_MODE
R-0	R/W-0	R/W-0	R/W-0

图 12-23　死区产生控制寄存器

说明:R/W=读/写;R=只读;-n=复位后的值。

表 12-23　死区产生控制寄存器各位的说明

位	名　　称	值	说　　明
15	HALFCYCLE	 0 1	半周期时钟使能位。 整周时钟使能。死区计数器在 TBCLK 比率下计时。 半周时钟使能。死区计数器在 TBCLK×2 比率下计时
14～6	Reserved		保留
5～4	IN_MODE	 00 01 10 11	死区产生子模块输入模式控制。 允许用户选择输入源的下降沿和上升沿的延时。 为了产生典型的死区波形,默认的 EPWMxA 输入同时在下降沿和上升沿延时。 EPWMxA 输入作为在下降沿和上升沿延时的信号源。(来自动作限定) EPWMxB 输入作为上升沿延时的信号源。(来自动作限定) EPWMxA 输入作为下降沿延时的信号源。(来自动作限定) EPWMxA 输入作为上升沿延时的信号源。(来自动作限定) EPWMxB 输入作为下降沿延时的信号源。(来自动作限定) EPWMxB 输入作为同时在上升沿和下降沿延时的信号源。(来自动作限定)
3～2	POLSEL	 00 01 10 11	极性选择控制。 允许用户选择转化一个延时信号在发送到死区产生子模块之前。 AH 模式、EPWMxA 和 EPWMxB 都不反转。 ALC 模式、EPWMxA 反向。 AHC 模式、EPWMxB 反向。 AL 模式、EPWMxA 和 EPWMxB 均反向
1～0	OUT_MODE	 00 01 10 11	死区产生子模块输出模式控制。 允许用户选择使能或忽视死区子模块,或在下降沿和上升沿产生延时信号。 2 路输出信号直接通过死区产生子模块。在该模式下,从动作限定 EPWMxA 和 EPWMxB 输出信号都忽略,直接发送到 PWM 斩波子模块。 在该模式中,POLSEL 和 IN_MODE 位没有影响。 禁止上升沿延迟,即 EPWMxA 信号直接通过该模块。 上升沿延迟信号被视为作用在 EPWMxA 上。输入信号的延迟由 DBCTL[IN_MODE]来决定。 对于 EPWMxA 的上升沿延时和 EPWMxB 的下降沿延时,死区全部使能。输入延时信号取决于 DBCTL[IN_MODE]

22. 死区产生上升沿延时寄存器

图 12-24 列出了 DBRED 寄存器各位的情况,表 12-24 为每一位的描述。

15 … 10	9 8
Reserved	DEL
R-0	R/W-0

7 … 0
DEL
R/W-0

图 12-24 死区产生上升沿延时寄存器

说明：R/W＝读/写；R＝只读；－n＝复位后的值。

表 12-24 死区产生上升沿延时寄存器各位的说明

位	名 称	说 明
15～10	Reserved	保留
9～0	DEL	上升沿延时计数，10 位计数器

23. 死区产生下降沿延时寄存器

图 12-25 列出了 DBFED 寄存器各位的情况，表 12-25 为每一位的描述。

15 … 10	9 8
Reserved	DEL
R-0	R/W-0

7 … 0
DEL
R/W-0

图 12-25 死区产生下降沿延时寄存器

说明：R/W＝读/写；R＝只读；－n＝复位后的值。

表 12-25 死区产生下降沿延时寄存器各位的说明

位	名 称	说 明
15～10	Reserved	保留
9～0	DEL	下降沿延时计数，10 位计数器

24. PWM 斩波控制寄存器

图 12-26 列出了 PCCTL 寄存器各位的情况，表 12-26 为每一位的描述。

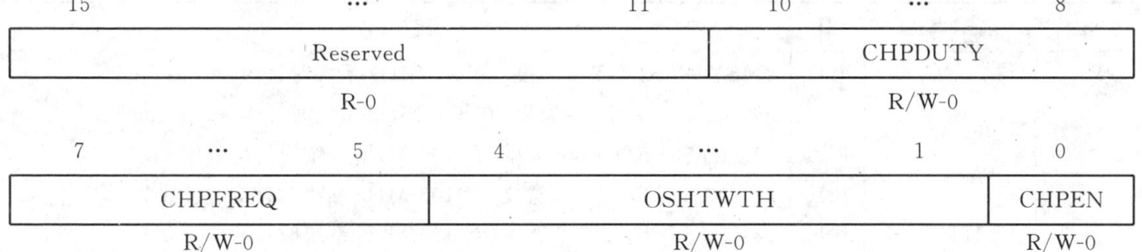

图 12-26　PWM 斩波控制寄存器

说明:R/W=读/写;R=只读;-n=复位后的值。

表 12-26　PWM 斩波控制寄存器各位的说明

位	名　称	值	说　明
15～11	Reserved		保留
10～8	CHPDUTY		占空比控制。
		000	占空比=1/8(12.5%)。
		001	占空比=2/8(25%)。
		010	占空比=3/8(37.5%)。
		011	占空比=4/8(50%)。
		100	占空比=5/8(62.5%)。
		101	占空比=6/8(75%)。
		110	占空比=7/8(87.5%)。
		111	保留
7～5	CHPFREQ		斩波时钟频率。
		000	划分 1(无预分频,在 100 MHz 的系统时钟下为 12.5 MHz)。
		001	划分 2(在 100 MHz 系统时钟下为 6.25 MHz)。
		010	划分 3(在 100 MHz 系统时钟下为 4.14 MHz)。
		011	划分 4(在 100 MHz 系统时钟下为 3.12 MHz)。
		100	划分 5(在 100 MHz 系统时钟下为 2.50 MHz)。
		101	划分 6(在 100 MHz 系统时钟下为 2.08 MHz)。
		110	划分 7(在 100 MHz 系统时钟下为 1.78 MHz)。
		111	划分 8(在 100 MHz 系统时钟下为 1.56 MHz)
4～1	OSHTWTH		首次脉冲宽度。
		0000	1×SYSCLKOUT/8 宽度(在 100 MHz 系统时钟为 80 ns)。
		0001	2×SYSCLKOUT/8 宽度(在 100 MHz 系统时钟为 160 ns)。
		0010	3×SYSCLKOUT/8 宽度(在 100 MHz 系统时钟为 240 ns)。
		0011	4×SYSCLKOUT/8 宽度(在 100 MHz 系统时钟为 320 ns)。
		0100	5×SYSCLKOUT/8 宽度(在 100 MHz 系统时钟为 400 ns)。
		0101	6×SYSCLKOUT/8 宽度(在 100 MHz 系统时钟为 480 ns)。
		0110	7×SYSCLKOUT/8 宽度(在 100 MHz 系统时钟为 560 ns)

续表

位	名　　称	值	说　　明
4～1	OSHTWTH	0111	8×SYSCLKOUT/8 宽度(在 100 MHz 系统时钟为 640 ns)。
		1000	9×SYSCLKOUT/8 宽度(在 100 MHz 系统时钟为 720 ns)。
		1001	10×SYSCLKOUT/8 宽度(在 100 MHz 系统时钟为 800 ns)。
		1010	11×SYSCLKOUT/8 宽度(在 100 MHz 系统时钟为 880 ns)。
		1011	12×SYSCLKOUT/8 宽度(在 100 MHz 系统时钟为 960 ns)。
		1100	13×SYSCLKOUT/8 宽度(在 100 MHz 系统时钟为 1040 ns)。
		1101	14×SYSCLKOUT/8 宽度(在 100 MHz 系统时钟为 1120 ns)。
		1110	15×SYSCLKOUT/8 宽度(在 100 MHz 系统时钟为 1200 ns)。
		1111	16×SYSCLKOUT/8 宽度(在 100 MHz 系统时钟为 1280 ns)
0	CHPEN		PWM 斩波使能。
		0	禁止(忽略)PWM 斩波功能。
		1	使能斩波功能

25. 故障选择寄存器

图 12-27 列出了 TZSEL 寄存器各位的情况，表 12-27 为每一位的描述。

15	14	13	12	11	10	9	8
DCBEVT1	DCAEVT1	OSHT6	OSHT5	OSHT4	OSHT3	OSHT2	OSHT1
R-0	R-0	R/W-0	R/W-0	R/W-0	R/W-0	R/W-0	R/W-0

7	6	5	4	3	2	1	0
DCBEVT2	DCAEVT2	CBC6	CBC5	CBC4	CBC3	CBC2	CBC1
R-0	R-0	R/W-0	R/W-0	R/W-0	R/W-0	R/W-0	R/W-0

图 12-27　故障选择寄存器

说明：R/W＝读/写；R＝只读；－*n*＝复位后的值。

表 12-27　故障选择寄存器各位的说明

位	名　　称	值	说　　明
首次(OSHT)故障区域使能/关闭。当任意一个使能引脚拉低，首次故障事件在 ePWM 模块发生。当事件发生，在 TZCTL 寄存器定义过的动作在 EPWMxA 和 EPWMxB 的输出发生。首次故障条件保持锁定直到用户通过 TZCLR 寄存器清除条件			
15	DCBEVT1		数字比较输出 B 事件 1 选择位。
		0	对 ePWM 模块，禁止 DCBEVT1 作为首次故障源。
		1	对 ePWM 模块，使能 DCBEVT1 作为首次故障源
14	DCAEVT1		数字比较输出 A 事件 1 选择位。
		0	对 ePWM 模块，禁止 DCAEVT1 作为首次故障源。
		1	对 ePWM 模块，使能 DCAEVT1 作为首次故障源

续表

<table>
<tr><th>位</th><th>名　称</th><th>值</th><th>说　明</th></tr>
<tr><td>13</td><td>OSHT6</td><td>
0
1</td><td>故障区 6($\overline{TZ6}$)选择位。
对 ePWM 模块,禁止$\overline{TZ6}$作为首次故障源。
对 ePWM 模块,使能$\overline{TZ6}$作为首次故障源</td></tr>
<tr><td>12</td><td>OSHT5</td><td>
0
1</td><td>故障区 5($\overline{TZ5}$)选择位。
对 ePWM 模块,关闭$\overline{TZ5}$作为首次故障源。
对 ePWM 模块,使能$\overline{TZ5}$作为首次故障源</td></tr>
<tr><td>11</td><td>OSHT4</td><td>
0
1</td><td>故障区 4($\overline{TZ4}$)选择位。
对 ePWM 模块,关闭$\overline{TZ4}$作为首次故障源。
对 ePWM 模块,使能$\overline{TZ4}$作为首次故障源</td></tr>
<tr><td>10</td><td>OSHT3</td><td>
0
1</td><td>故障区 3($\overline{TZ3}$)选择位。
对 ePWM 模块,关闭$\overline{TZ3}$作为首次故障源。
对 ePWM 模块,使能$\overline{TZ3}$作为首次故障源</td></tr>
<tr><td>9</td><td>OSHT2</td><td>
0
1</td><td>故障区 2($\overline{TZ2}$)选择位。
对 ePWM 模块,关闭$\overline{TZ2}$作为首次故障源。
对 ePWM 模块,使能$\overline{TZ2}$作为首次故障源</td></tr>
<tr><td>8</td><td>OSHT1</td><td>
0
1</td><td>故障区 1($\overline{TZ1}$)选择位。
对 ePWM 模块,关闭$\overline{TZ1}$作为首次故障源。
对 ePWM 模块,使能$\overline{TZ1}$作为首次故障源</td></tr>
<tr><td colspan="4">循环(CBC)故障区域使能/关闭。当任意的使能引脚拉低,在 ePWM 模块中,循环故障事件发生。当事件发生,在 TZCTL 寄存器中定义了的动作在 EPWMxA 和 EPWMxB 的输出发生。当时基计数器到达 0 时,循环故障条件自动清 0</td></tr>
<tr><td>7</td><td>DCBEVT2</td><td>
0
1</td><td>数字比较输出 B 事件 2 选择位。
对 ePWM 模块,禁止 DCBEVT2 作为 CBC 故障源。
对 ePWM 模块,使能 DCBEVT2 作为 CBC 故障源</td></tr>
<tr><td>6</td><td>DCAEVT2</td><td>
0
1</td><td>数字比较输出 A 事件 2 选择位。
对 ePWM 模块,禁止 DCAEVT2 作为 CBC 故障源。
对 ePWM 模块,使能 DCAEVT2 作为 CBC 故障源</td></tr>
<tr><td>5</td><td>CBC6</td><td>
0
1</td><td>故障区 6($\overline{TZ6}$)选择位。
对 ePWM 模块,禁止$\overline{TZ6}$作为 CBC 故障源。
对 ePWM 模块,使能$\overline{TZ6}$作为 CBC 故障源</td></tr>
<tr><td>4</td><td>CBC5</td><td>
0
1</td><td>故障区 5($\overline{TZ5}$)选择位。
对 ePWM 模块,禁止$\overline{TZ5}$作为 CBC 故障源。
对 ePWM 模块,使能$\overline{TZ5}$作为 CBC 故障源</td></tr>
<tr><td>3</td><td>CBC4</td><td>
0
1</td><td>故障区 4($\overline{TZ4}$)选择位。
对 ePWM 模块,禁止$\overline{TZ4}$作为 CBC 故障源。
对 ePWM 模块,使能$\overline{TZ4}$作为 CBC 故障源</td></tr>
</table>

续表

位	名　称	值	说　明
2	CBC3	 0 1	故障区 3($\overline{TZ3}$)选择位。 对 ePWM 模块,禁止$\overline{TZ3}$作为 CBC 故障源。 对 ePWM 模块,使能$\overline{TZ3}$作为 CBC 故障源
1	CBC2	 0 1	故障区 2($\overline{TZ2}$)选择位。 对 ePWM 模块,禁止$\overline{TZ2}$作为 CBC 故障源。 对 ePWM 模块,使能$\overline{TZ2}$作为 CBC 故障源
0	CBC1	 0 1	故障区 1($\overline{TZ1}$)选择位。 对 ePWM 模块,禁止$\overline{TZ1}$作为 CBC 故障源。 对 ePWM 模块,使能$\overline{TZ1}$作为 CBC 故障源

26. 故障控制寄存器

图 12-28 列出了 TZCTL 寄存器各位的情况,表 12-28 为每一位的描述。

15 … 12	11 10	9 8
Reserved	DCBEVT2	DCBEVT1
R-0	R/W-0	R/W-0

7 6	5 4	3 2	1 0
DCAEVT2	DCAEVT1	TZB	TZA
R/W-0	R/W-0	R/W-0	R/W-0

图 12-28　故障控制寄存器

说明:R/W=读/写;R=只读;$-n$=复位后的值。

表 12-28　故障控制寄存器各位的说明

位	名　称	值	说　明
15～12	Reserved		保留
11～10	DCBEVT2	 00 01 10 11	在 EPWMxB 的数字比较输出 B 事件 2 动作位。 高阻抗(EPWMxB 为高阻抗状态)。 强制 EPWMxB 为高状态。 强制 EPWMxB 为低状态。 不做任何事情,禁止故障动作
9～8	DCBEVT1	 00 01 10 11	在 EPWMxB 的数字比较输出 B 事件 1 动作位。 高阻抗(EPWMxB 为高阻抗状态)。 强制 EPWMxB 为高状态。 强制 EPWMxB 为低状态。 不做任何事情,禁止故障动作

续表

位	名　称	值	说　明
7～6	DCAEVT2	 00 01 10 11	在 EPWMxA 的数字比较输出 A 事件 2 动作位。 高阻抗(EPWMxA 为高阻抗状态)。 强制 EPWMxA 为高状态。 强制 EPWMxA 为低状态。 不做任何事情,禁止故障动作
5～4	DCAEVT1	 00 01 10 11	在 EPWMxA 的数字比较输出 A 事件 1 动作位。 高阻抗(EPWMxA 为高阻抗状态)。 强制 EPWMxA 为高状态。 强制 EPWMxA 为低状态。 不做任何事情,禁止故障动作
3～2	TZB	 00 01 10 11	在输出 EPWMxB 发生以下故障动作。故障区域引脚可以引发在 TZSEL 寄存器里定义的事件。 高阻抗(EPWMxB 为高阻抗状态)。 强制 EPWMxB 为高状态。 强制 EPWMxB 为低状态。 不做任何事情,在 EPWMxB 上不发生任何动作
1～0	TZA	 00 01 10 11	在输出 EPWMxA 发生以下故障动作。故障区域引脚可以引发在 TZSEL 寄存器里定义的事件。 高阻抗(EPWMxA 为高阻抗状态)。 强制 EPWMxA 为高状态。 强制 EPWMxA 为低状态。 不做任何事情,在 EPWMxA 上不发生任何动作

27. 故障中断使能寄存器

图 12-29 列出了 TZEINT 寄存器各位的情况,表 12-29 为每一位的描述。

15 … 8
Reserved
R-0

7	6	5	4	3	2	1	0
Reserved	DCBEVT2	DCBEVT1	DCAEVT2	DCAEVT1	OST	CBC	Reserved
R-0	R/W-0	R/W-0	R/W-0	R/W-0	R/W-0	R/W-0	R-0

图 12-29　故障中断使能寄存器

说明:R/W=读/写;R=只读;$-n$=复位后的值。

表 12-29 故障中断使能寄存器各位的说明

位	名称	值	说明
15～7	Reserved		保留
6	DCBEVT2	 0 1	数字比较器输出 B 事件 2 中断使能位。 禁止。 使能
5	DCBEVT1	 0 1	数字比较器输出 B 事件 1 中断使能位。 禁止。 使能
4	DCAEVT2	 0 1	数字比较器输出 A 事件 2 中断使能位。 禁止。 使能
3	DCAEVT1	 0 1	数字比较器输出 A 事件 1 中断使能位。 禁止。 使能
2	OST	 0 1	故障区域首次中断使能。 禁止首次中断产生。 使能中断产生：首次故障事件将触发 EPWMx_TINT PIE 中断
1	CBC	 0 1	故障区域 CBC 中断使能。 禁止 CBC 中断产生。 使能中断产生：CBC 故障事件将触发 EPWMx_TINT PIE 中断
0	Reserved		保留

28. 故障标志寄存器

图 12-30 列出了 TZFLG 寄存器各位的情况，表 12-30 为每一位的描述。

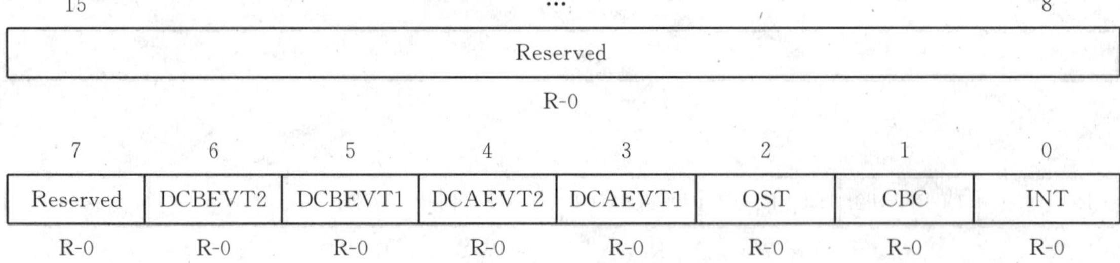

图 12-30 故障标志寄存器

说明：R＝只读；－n＝复位后的值。

表 12-30　故障标志寄存器各位的说明

位	名　称	值	说　明
15～7	Reserved		保留
6	DCBEVT2	 0 1	数字比较输出 B 事件 2 锁定状态标志。 表明没有故障事件在 DCBEVT2 发生。 表明在 DCBEVT2 有故障事件发生
5	DCBEVT1	 0 1	数字比较输出 B 事件 1 锁定状态标志。 表明没有故障事件在 DCBEVT1 发生。 表明在 DCBEVT1 有故障事件发生
4	DCAEVT2	 0 1	数字比较输出 A 事件 2 锁定状态标志。 表明没有故障事件在 DCAEVT2 发生。 表明在 DCAEVT2 有故障事件发生
3	DCAEVT1	 0 1	数字比较输出 A 事件 1 锁定状态标志。 表明没有故障事件在 DCAEVT1 发生。 表明在 DCAEVT1 有故障事件发生
2	OST	 0 1	首次故障事件锁定状态标志。 没有首次故障事件发生。 表明故障事件已经发生在作为首次故障源选择的引脚。 通过在 TZCLR 寄存器写入合适的值来使该位清 0
1	CBC	 0 1	CBC 故障事件锁定状态标志。 没有 CBC 故障事件发生。 表明在 CBC 故障源信号选择上有故障事件发生。TZFLG(CBC)位将保持置位直到通过用户手动清 0。当 CBC 已清除，如果 CBC 故障事件仍然存在，CBC 将再次立即置位。自动清除的指定条件是当 ePWM 时基计数器到达 0，如果故障条件不再存在时清 0。只有当 TBCTR＝0x0000 时，自动清 0，不论 CBC 标志在哪里被清除
0	INT	 0 1	锁定故障中断状态标志。 表明没有中断产生。 表明因为故障条件，产生 EPWMx_TZINT PIE 中断。 向 TZCLR 寄存器写入合适的值来清除

29. 故障清除寄存器

图 12-31 列出了 TZCLR 寄存器各位的情况，表 12-31 为每一位的描述。

15 … 8
Reserved
R-0

7	6	5	4	3	2	1	0
Reserved	DCBEVT2	DCBEVT1	DCAEVT2	DCAEVT1	OST	CBC	INT
R-0	R/W1C-0	R/W1C-0	R/W1C-0	R/W1C-0	R/W-0	R/W-0	R/W-0

图 12-31　故障清除寄存器

说明：R/W=读/写；nC=写入 n 清除；R=只读；-n=复位后的值。

表 12-31 故障清除寄存器各位的说明

位	名 称	值	说 明
15～7	Reserved		保留
6	DCBEVT2	 0 1	数字比较输出 B 事件 2 清除标志。 写 0 没有影响。读这一位通常返回 0。 写 1 清除 DCBEVT2 事件故障条件
5	DCBEVT1	 0 1	数字比较输出 B 事件 1 清除标志。 写 0 没有影响。读这一位通常返回 0。 写 1 清除 DCBEVT1 事件故障条件
4	DCAEVT2	 0 1	数字比较输出 A 事件 2 清除标志。 写 0 没有影响。读这一位通常返回 0。 写 1 清除 DCAEVT2 事件故障条件
3	DCAEVT1	 0 1	数字比较输出 A 事件 1 清除标志。 写 0 没有影响。读这一位通常返回 0。 写 1 清除 DCAEVT1 事件故障条件
2	OST	 0 1	首次故障锁存清除标志。 没有影响。读总是返回 0。 清除故障条件
1	CBC	 0 1	CBC 故障锁存清除标志。 没有影响。读总是返回 0。 清除故障条件
0	INT	 0 1	全局中断清除标志。 没有影响。读总是返回 0。 对 ePWM 模块清除故障中断标志(TZFLG[INT])

30. 故障强制寄存器

图 12-32 列出了 TZFRC 寄存器各位的情况，表 12-32 为每一位的描述。

15 … 8
Reserved
R-0

7	6	5	4	3	2	1	0
Reserved	DCBEVT2	DCBEVT1	DCAEVT2	DCAEVT1	OST	CBC	Reserved
R-0	R/W-0	R/W-0	R/W-0	R/W-0	R/W-0	R/W-0	R-0

图 12-32 故障强制寄存器

说明：R/W=读/写；R=只读；-n=复位后的值。

表 12-32　故障强制寄存器各位的说明

位	名　称	值	说　明
15～7	Reserved		保留
6	DCBEVT2	 0 1	数字比较输出 B 事件 2 强制标志。 写 0 没有影响。读总是返回 0。 写 1 强制 DCBEVT2 事件故障条件并且置位 TZFLG[DCBEVT2]
5	DCBEVT1	 0 1	数字比较输出 B 事件 1 强制标志。 写 0 没有影响。读总是返回 0。 写 1 强制 DCBEVT1 事件故障条件并且置位 TZFLG[DCBEVT1]
4	DCAEVT2	 0 1	数字比较输出 A 事件 2 强制标志。 写 0 没有影响。读总是返回 0。 写 1 强制 DCAEVT2 事件故障条件并且置位 TZFLG[DCAEVT2]
3	DCAEVT1	 0 1	数字比较输出 A 事件 1 强制标志。 写 0 没有影响。读总是返回 0。 写 1 强制 DCAEVT1 事件故障条件并且置位 TZFLG[DCAEVT1]
2	OST	 0 1	通过软件强制首次故障事件。 写 0 被忽略。读通常返回 0。 强制首次故障事件并且置位 TZFLG[OST]
1	CBC	 0 1	通过软件强制 CBC 故障事件。 写 0 被忽略。读通常返回 0。 强制 CBC 故障事件并且置位 TZFLG[CBC]
0	Reserved		保留

31. 故障数字比较事件选择寄存器

图 12-33 列出了 TZDCSEL 寄存器各位的情况，表 12-33 为每一位的描述。

15 … 12	11 … 9	8 … 6	5 … 3	2 … 0
Reserved	DCBEVT2	DCBEVT1	DCAEVT2	DCAEVT1
R-0	R/W-0	R/W-0	R/W-0	R/W-0

图 12-33　故障数字比较事件选择寄存器

说明：R/W＝读/写；R＝只读；-n＝复位后的值。

表 12-33　故障数字比较事件选择寄存器各位的说明

位	名　称	值	说　明
15～12	Reserved		保留

续表

位	名　称	值	说　明
11～9	DCBEVT2		选择数字比较输出 B 事件 2。
		000	禁止事件。
		001	DCBH 为低，DCBL 不用在意。
		010	DCBH 为高，DCBL 不用在意。
		011	DCBL 为低，DCBH 不用在意。
		100	DCBL 为高，DCBH 不用在意。
		101	DCBL 为高，DCBH 为低。
		110	保留。
		111	保留
8～6	DCBEVT1		选择数字比较输出 B 事件 1。
		000	禁止事件。
		001	DCBH 为低，DCBL 不用在意。
		010	DCBH 为高，DCBL 不用在意。
		011	DCBL 为低，DCBH 不用在意。
		100	DCBL 为高，DCBH 不用在意。
		101	DCBL 为高，DCBH 为低。
		110	保留。
		111	保留
5～3	DCAEVT2		选择数字比较输出 A 事件 2。
		000	禁止事件。
		001	DCBH 为低，DCBL 不用在意。
		010	DCBH 为高，DCBL 不用在意。
		011	DCBL 为低，DCBH 不用在意。
		100	DCBL 为高，DCBH 不用在意。
		101	DCBL 为高，DCBH 为低。
		110	保留。
		111	保留
2～0	DCAEVT1		选择数字比较输出 A 事件 1。
		000	禁止事件。
		001	DCBH 为低，DCBL 不用在意。
		010	DCBH 为高，DCBL 不用在意。
		011	DCBL 为低，DCBH 不用在意。
		100	DCBL 为高，DCBH 不用在意。
		101	DCBL 为高，DCBH 为低。
		110	保留。
		111	保留

32. 数字比较故障选择寄存器

图 12-34 列出了 DCTRIPSEL 寄存器各位的情况，表 12-34 为每一位的描述。

15	…	12	11	…	8
DCBLCOMPSEL			DCBHCOMPSEL		
R/W-0			R/W-0		
7	…	4	3	…	0
DCALCOMPSEL			DCAHCOMPSEL		
R/W-0			R/W-0		

图 12-34 数字比较故障选择寄存器

说明:R/W=读/写;$-n$=复位后的值。

表 12-34 数字比较故障选择寄存器各位的说明

位	名 称	值	说 明
15～12	DCBLCOMPSEL	 0000 0001 0010 1000 1001 1010	选择数字比较 B 低输入。 定义 DCBL 的输入源。TZ 源,当用作故障信号,被当作正常输入并且能够被定义为当前高电平或低电平。 $\overline{TZ1}$输入。 $\overline{TZ2}$输入。 $\overline{TZ3}$输入。 COMP1OUT 输入。 COMP2OUT 输入。 COMP3OUT 输入。 不显示被保留的值。如果设备没有一个特殊的比较器,这个选项被保留
11～8	DCBHCOMPSEL	 0000 0001 0010 1000 1001 1010	选择数字比较 B 高输入。 定义 DCBH 的输入源。TZ 源,当用做故障信号,被当做正常输入并且能够被定义为当前高电平或低电平。 $\overline{TZ1}$输入。 $\overline{TZ2}$输入。 $\overline{TZ3}$输入。 COMP1OUT 输入。 COMP2OUT 输入。 COMP3OUT 输入。 不显示被保留的值。如果设备没有一个特殊的比较器,这个选项被保留
7～4	DCALCOMPSEL	 0000 0001 0010 1000 1001 1010	选择数字比较 A 低输入。 定义 DCAL 的输入源。TZ 源,当用做故障信号,被当做正常输入并且能够被定义为当前高电平或低电平。 $\overline{TZ1}$输入。 $\overline{TZ2}$输入。 $\overline{TZ3}$输入。 COMP1OUT 输入。 COMP2OUT 输入。 COMP3OUT 输入。 不显示被保留的值。如果设备没有一个特殊的比较器,这个选项被保留

续表

位	名　　称	值	说　　明
3～0	DCAHCOMPSEL	 0000 0001 0010 1000 1001 1010	选择数字比较 A 高输入。 定义 DCAH 的输入源。TZ 源，当用做故障信号，被当做正常输入并且能够被定义为当前高电平或低电平。 $\overline{TZ1}$输入。 $\overline{TZ2}$输入。 $\overline{TZ3}$输入。 COMP1OUT 输入。 COMP2OUT 输入。 COMP3OUT 输入。 不显示被保留的值。如果设备没有一个特殊的比较器，这个选项被保留

33. 数字比较控制寄存器 A

图 12-35 列出了 DCACTL 寄存器各位的情况，表 12-35 为每一位的描述。

15 … 10	9	8
Reserved	EVT2FRC SYNCSEL	EVT2SRC SEL
R-0	R/W-0	R/W-0

7 … 4	3	2	1	0
Reserved	EVT1SY NCE	EVT1SOCE	EVT1FRC SYNCSEL	EVT1SRCS EL
R-0	R/W-0	R/W-0	R/W-0	R/W-0

图 12-35　数字比较控制寄存器 A

说明：R/W＝读/写；R＝只读；$-n$＝复位后的值。

表 12-35　数字比较控制寄存器 A 各位的说明

位	名　　称	值	说　　明
15～10	Reserved		保留
9	EVT2FRC SYNCSEL	 0 1	选择 DCAEVT2 强制同步信号。 同步信号源。 异步信号源
8	EVT2SRCSEL	 0 1	DCAEVT2 信号源选择。 DCAEVT2 信号源。 DCEVTFILT 信号源
7～4	Reserved		保留
3	EVT1SYNCE	 0 1	DCAEVT1 同步，使能/禁止。 禁止 SYNC 产生。 使能 SYNC 产生

位	名　称	值	说　明
2	EVT1SOCE	 0 1	DCAEVT1 SOC,使能/禁止。 禁止 SOC 产生。 使能 SOC 产生
1	EVT1FRC SYNCSEL	 0 1	选择 DCAEVT1 强制同步信号。 同步信号源。 异步信号源
0	EVT1SRCSEL	 0 1	DCAEVT1 源信号选择。 DCAEVT1 信号源。 DCEVTFILT 信号源

34. 数字比较控制寄存器 B

图 12-36 列出了 DCBCTL 寄存器各位的情况，表 12-36 为每一位的描述。

15 … 10	9	8
Reserved	EVT2FRC SYNCSEL	EVT2SRC SEL
R-0	R/W-0	R/W-0

7 … 4	3	2	1	0
Reserved	EVT1SY NCE	EVT1SOCE	EVT1FRC SYNCSEL	EVT1SRCS EL
R-0	R/W-0	R/W-0	R/W-0	R/W-0

图 12-36　数字比较控制寄存器 B

说明:R/W=读/写;R=只读;$-n$=复位后的值。

表 12-36　数字比较控制寄存器 B 各位的说明

位	名　称	值	说　明
15～10	Reserved		保留
9	EVT2FRC SYNCSEL	 0 1	选择 DCBEVT2 强制同步信号。 同步信号源。 异步信号源
8	EVT2SRCSEL	 0 1	DCBEVT2 信号源选择。 DCBEVT2 信号源。 DCEVTFILT 信号源
7～4	Reserved		保留
3	EVT1SYNCE	 0 1	DCBEVT1 同步,使能/禁止。 禁止 SYNC 产生。 使能 SYNC 产生

续表

位	名　称	值	说　明
2	EVT1SOCE	 0 1	DCBEVT1 SOC，使能/禁止。 禁止 SOC 产生。 使能 SOC 产生
1	EVT1FRC SYNCSEL	 0 1	DCBEVT1 强制同步信号选择。 同步信号源。 异步信号源
0	EVT1SRCSEL	 0 1	DCBEVT1 源信号选择。 DCBEVT1 信号源。 DCEVTFILT 信号源

35. 数字比较过滤控制寄存器

图 12-37 列出了 DCFCTL 寄存器各位的情况，表 12-37 为每一位的描述。

15～13	12…8
Reserved	Reserved
R-0	R-0

7	6	5～4	3	2	1～0
Reserved	Reserved	PULSESEL	BLANKINV	BLANKE	SRCSEL
R-0	R-0	R/W-0	R/W-0	R/W-0	R/W-0

图 12-37　数字比较过滤控制寄存器

说明：R/W＝读/写；R＝只读；－n＝复位后的值。

表 12-37　数字比较过滤控制寄存器各位的说明

位	名　称	值	说　明
15～13	Reserved		保留
12～8	Reserved		TI 测试保留
7	Reserved		保留
6	Reserved		TI 测试保留
5～4	PULSESEL	 00 01 10 11	清除 & 捕获队列脉冲选择。 时基计数器等于周期值(TBCTR＝TBPRD)。 时基计数器等于 0(TBCTR＝0x0000)。 保留。 保留
3	BLANKINV	 0 1	清除视窗反转。 清除视窗不反转。 清除视窗反转

位	名　称	值	说　明
2	BLANKE	 0 1	清除视窗使能/禁止。 清除视窗禁止。 清除视窗使能
1～0	SRCSEL	 00 01 10 11	过滤块信号源选择。 DCAEVT1 信号源。 DCAEVT2 信号源。 DCBEVT1 信号源。 DCBEVT2 信号源

36. 数字比较捕获控制寄存器

图 12-38 列出了 DCCAPCTL 寄存器各位的情况，表 12-38 为每一位的描述。

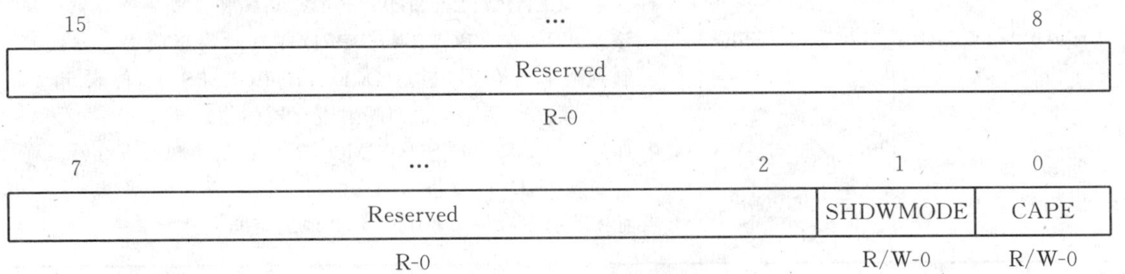

图 12-38　数字比较捕获控制寄存器

说明：R/W＝读/写；R＝只读；$-n$＝复位后的值。

表 12-38　数字比较捕获控制寄存器各位的说明

位	名　称	值	说　明
15～2	Reserved		保留
1	SHDWMODE	 0 1	TBCTR 计数捕获映射选择模式。 使能映射模式。DCCAP 在 TBCTR＝TBPRD 或 0 幅值时将当前寄存器的值复制到映射寄存器，作为 DCFCTL[PULSESEL] 位的定义。CPU 读 DCCAP 寄存器将返回映射寄存器的内容。 当前模式。在该模式映射寄存器禁止。CPU 从 DCCAP 读取将返回当前寄存器的内容
0	CAPE	 0 1	TBCTR 计数捕获使能/关闭。 禁止时基计数捕获。 使能时基计数捕获

37. 数字比较计数捕获寄存器

图 12-39 列出了 DCCAP 寄存器各位的情况，表 12-39 为每一位的描述。

15	…	0
	DCCAP	
	R-0	

图 12-39　数字比较计数捕获寄存器

说明：R＝只读；－n＝复位后的值。

表 12-39　数字比较计数捕获寄存器各位的说明

位	名　称	值	说　　明
15～0	DCCAP	0000～FFFFh	数字比较时基计数捕获。 使能时基计数捕获。将 DCCAPCLT[CAPE]位置 1。 通过 DCCAPCTL[SHDWMODE]位使能或禁止 DCCAP 的映射。默认该寄存器是映射的。 ● 如果 DCCAPCTL[SHDWMODE]＝0，使能映射寄存器。在该模式下，在 TBCTR＝TBPRD 或 0 时将当前寄存器值复制到映射寄存器，通过 DCFCTL[PULSESEL]位来定义。CPU 读该寄存器将返回映射寄存器的值。 ● 如果 DCCAPCTL[SHDWMODE]＝1，禁止映射寄存器。在该模式下，CPU 读将返回当前寄存器的值。 当前和映射寄存器分享同一存储地址空间

38. 数字比较过滤补偿寄存器

图 12-40 列出了 DCFOFFSET 寄存器各位的情况，表 12-40 为每一位的描述。

15	…	0
	OFFSET	
	R-0	

图 12-40　数字比较过滤补偿寄存器

说明：R＝只读；－n＝复位后的值。

表 12-40　数字比较过滤补偿寄存器各位的说明

位	名　称	值	说　　明
15～0	OFFSET	0000～FFFFh	清除视窗补偿。 这 16 位当清除视窗被应用时，从清除视窗参考点来明确 TBCLK 圈的数字。清除视窗参考是从周期和 0 中选择通过 DCFCTL[PULSESEL]位定义的。 该补偿寄存器是映射的并且当前寄存器被载入参考点通过 DCFCTL[PULSESEL]位定义。当前寄存器被载入时，补偿计数器也被初始化并且开始减计数。当计数器满时，清除视窗被应用。如果清除视窗当前是活动状态，清除视窗计数器将重新开始

39. 数字比较过滤补偿计数寄存器

图 12-41 列出了 DCFOFFSETCNT 寄存器各位的情况，表 12-41 为每一位的描述。

15 … 0
OFFSETCNT
R-0

图 12-41 数字比较过滤补偿计数寄存器

说明：R＝只读；－n＝复位后的值。

表 12-41 数字比较过滤补偿计数寄存器各位的说明

位	名 称	值	说 明
15～0	OFFSETCNT	0000～FFFFh	清除补偿计数器。 这 16 位只读并且表明补偿计数器当前的值。计数器减少到 0 将停止直到下次周期重新载入或 0 事件发生，通过 DCFCTL[PULSESEL]位定义。 补偿计数器不被 FREE/SOFT 仿真位影响。如果设备被仿真停止或暂停，它会继续减计数

40. 数字比较过滤视窗寄存器

图 12-42 列出了 DCFWINDOW 寄存器各位的情况，表 12-42 为每一位的描述。

15 … 8
Reserved
R-0

7 … 0
WINDOW
R/W-0

图 12-42 数字比较过滤视窗寄存器

说明：R/W＝读/写；R＝只读；－n＝复位后的值。

表 12-42 数字比较过滤视窗寄存器各位的说明

位	名 称	值	说 明
15～8	Reserved		保留
7～0	WINDOW	00h 01～FFh	清除视窗宽度。 没有清除视窗产生。 在 TBCLK 一周明确清除视窗宽度。当补偿计数器满时开始清除视窗。当这个发生，视窗计数器被载入并且开始减计数。如果清除视窗当前是活动的并且补偿计数器满，清除视窗重新开始。 清除视窗可以穿过 PWM 周期边界

41. 数字比较过滤视窗计数寄存器

图 12-43 列出了 DCFWINDOWCNT 寄存器各位的情况，表 12-43 为每一位的描述。

15 … 8
Reserved
R-0

7 … 0
WINDOWCNT
R-0

图 12-43 数字比较过滤视窗计数寄存器

说明：R＝只读；$-n$＝复位后的值。

表 12-43 数字比较过滤视窗计数寄存器各位的说明

位	名 称	值	说 明
15～8	Reserved		任何写入这些位的值必须为 0
7～0	WINDOWCNT	00～FF	清除视窗计数器。 这 8 位只读并且表明视窗计数器的当前值。计数器减计数到 0 将停止，直到当补偿计数器达到 0 它会被重载

42. 事件触发选择寄存器

图 12-44 列出了 ETSEL 寄存器各位的情况，表 12-44 为每一位的描述。

15	14	13	12	11	10	9	8
SOCBEN	SOCBSEL			SOCAEN	SOCASEL		
R/W-0	R/W-0			R/W-0	R/W-0		

7	6	5	4	3	2	1	0
Reserved				INTEN	INTSEL		
R-0				R/W-0	R/W-0		

图 12-44 事件触发选择寄存器

说明：R/W＝读/写；R＝只读；$-n$＝复位后的值。

表 12-44 事件触发选择寄存器各位的说明

位	名 称	值	说 明
15	SOCBEN	 0 1	使能 ADC 开始转换 B 脉冲(EPWMxSOCB)。 禁止 EPWMxSOCB 脉冲。 使能 EPWMxSOCB 脉冲

续表

位	名　称	值	说　明
14～12	SOCBSEL	 000 001 010 011 100 101 110 111	EPWMxSOCB 选项。 这些位定义了 EPWMxSOCB 脉冲的产生。 使能 DCBEVT1. soc 事件。 使能时基计数器等于 0 事件(TBCTR＝0x0000)。 使能时基计数器等于周期事件(TBCTR＝TBPRD)。 使能时基计数器等于 0 或周期(TBCTR＝0x0000 或 TBPRD)。这个模式被用于增减计数模式。 当定时器增加时,使能时基计数器等于 CMPA。 当定时器减少时,使能时基计数器等于 CMPA。 当定时器增加时,使能时基计数器等于 CMPB。 当定时器减少时,使能时基计数器等于 CMPB
11	SOCAEN	 0 1	使能 ADC 开始转换 A 脉冲(EPWMxSOCA)。 禁止 EPWMxSOCA 脉冲。 使能 EPWMxSOCA 脉冲
10～8	SOCASEL	 000 001 010 011 100 101 110 111	EPWMxSOCA 选项。 这些位决定 EPWMxSOCA 脉冲。 使能 DCAEVT1. soc 事件。 使能时基计数器等于 0 事件(TBCTR＝0x0000)。 使能时基计数器等于周期事件(TBCTR＝TBPRD)。 使能时基计数器等于 0 或周期(TBCTR＝0x0000 或 TBPRD)。这个模式被用于增减计数模式。 当定时器增加时,使能时基计数器等于 CMPA 事件。 当定时器减少时,使能时基计数器等于 CMPA 事件。 当定时器增加时,使能时基计数器等于 CMPB 事件。 当定时器减少时,使能时基计数器等于 CMPB 事件
7～4	Reserved		保留
3	INTEN	 0 1	使能 ePWM 中断产生(EPWMx_INT)。 禁止 EPWMx_INT 产生。 使能 EPWMx_INT 产生
2～0	INTSEL	 000 001 010 011 100 101 110 111	ePWM 中断选项(EPWMx_INT)。 保留。 使能时基计数器等于 0 事件(TBCTR＝0x0000)。 使能时基计数器等于周期事件(TBCTR＝TBPRD)。 使能时基计数器等于 0 或周期事件(TBCTR＝0x0000 或 TBPRD)。该模式被用于增减计数模式。 当定时器增加时,使能时基计数器等于 CMPA 事件。 当定时器减少时,使能时基计数器等于 CMPA 事件。 当定时器增加时,使能时基计数器等于 CMPB 事件。 当定时器减少时,使能时基计数器等于 CMPB 事件

43. 事件触发预定标寄存器

图 12-45 列出了 ETPS 寄存器各位的情况，表 12-45 为每一位的描述。

15–14	13–12	11–10	9–8
SOCBCNT	SOCBPRD	SOCACNT	SOCAPRD
R-0	R/W-0	R-0	R/W-0

7…4	3–2	1–0
Reserved	INTCNT	INTPRD
R-0	R-0	R/W-0

图 12-45　事件触发预定标寄存器

说明：R/W＝读/写；R＝只读；$-n$＝复位后的值。

表 12-45　事件触发预定标寄存器各位的说明

位	名　称	值	说　明
15～14	SOCBCNT		ePWM ADC 开始转换 B 事件计数寄存器(EPWMxSOCB)。 这些位表明有多少被 ETSEL[SOCBSEL]选择的事件已经发生：
		00	没有事件发生。
		01	1 件事件发生。
		10	2 件事件发生。
		11	3 件事件发生
13～12	SOCBPRD		ePWM ADC 开始转换 B 事件周期选择寄存器(EPWMxSOCB)。 这些位决定有多少事件被 ETSEL[SOCBSEL]选择需要在 EPWMxSOCB 脉冲产生之前发生。脉冲必须被使能(ETSEL[SOCBEN]＝1)。即使状态位从先前开始转换被置位，SOCB 脉冲也将产生。一旦 SOCB 脉冲产生，ETPS[SOCBCNT]位将自动清除。
		00	禁止 SOCB 事件计数器。没有 EPWMxSOCB 脉冲产生。
		01	在第一个事件产生 EPWMxSOCB 脉冲：ETPS[SOCBCNT]＝0，1。
		10	在第二个事件产生 EPWMxSOCB 脉冲：ETPS[SOCBCNT]＝1，0。
		11	在第三个事件产生 EPWMxSOCB 脉冲：ETPS[SOCBCNT]＝1，1
11～10	SOCACNT		ePWM ADC 开始转换 A 事件计数寄存器(EPWMxSOCA)。 这些位暗示着有多少被 ETSEL[SOCASEL]选择的事件已经发生：
		00	没有事件发生。
		01	1 件事件发生。
		10	2 件事件发生。
		11	3 件事情发生
9～8	SOCAPRD		ePWM ADC 开始转换 A 事件周期选择寄存器(EPWMxSOCA)。 这些位决定有多少被 ETSEL[SOCASEL]选择的事件在 EPWMxSOCA 脉冲产生之前发生。SOCA 脉冲即使在状态标志在先前的转换中被置位也会产生。一旦 SOCA 脉冲产生，ETPS[SOCACNT]位将自动清 0。
		00	禁止 SOCA 事件计数器。没有 EPWMxSOCA 脉冲产生。
		01	在第一个事件产生 EPWMxSOCA 脉冲：ETPS[SOCACNT]＝0，1。
		10	在第二个事件产生 EPWMxSOCA 脉冲：ETPS[SOCACNT]＝1，0。
		11	在第三个事件产生 EPWMxSOCA 脉冲：ETPS[SOCACNT]＝1，1

续表

位	名　称	值	说　明
7～4	Reserved		保留
3～2	INTCNT		ePWM 中断事件计数寄存器(EPWM_INT)。 这些位表明有多少被 ETSEL[INTSEL]选择的事件已经发生。当中断脉冲产生这些位被自动清除。如果中断禁止，ETSEL[INT]＝0 或中断标志被置位，ETFLG[INT]＝1，当它达到周期值事件发生时，计数器将停止计数。
		00	没有事件发生。
		01	1 件事件发生。
		10	2 件事件发生。
		11	3 件事情发生
1～0	INTPRD		ePWM 中断周期选择。 这些位决定有多少被 ETSEL[INTSEL]选择的事件需要在中断产生之前发生。中断必须使能。如果中断状态标志从先前的中断被置位，没有中断会产生直到通过 ETCLR[INT]位将标志清 0。当另一个中断在执行中，允许一个中断等待。一旦中断产生，ETPS[INTCNT]位将自动清 0。 写入 INTPRD 的值和当前计数器的值相同，如果它被使能并且状态标志被清除将触发一个中断。 写入 INTPRD 的值小于当前计数器的值，将导致一个无定义状态。 如果计数器事件发生在同一瞬间，一个 0 或非 0 的值被写入，计数器的数值增加。
		00	禁止中断事件计数器。无中断产生并且 ETFRC[INT]被忽略。
		01	在第一个事件上(INTCNT＝01)产生一个中断。
		10	在第二个事件上(ETPS[INTCNT]＝1,0)产生一个中断。
		11	在第三个事件上(ETPS[INTCNT]＝1,1)产生一个中断

44. 事件触发标志寄存器

图 12-46 列出了 ETFLG 寄存器各位的情况，表 12-46 为每一位的描述。

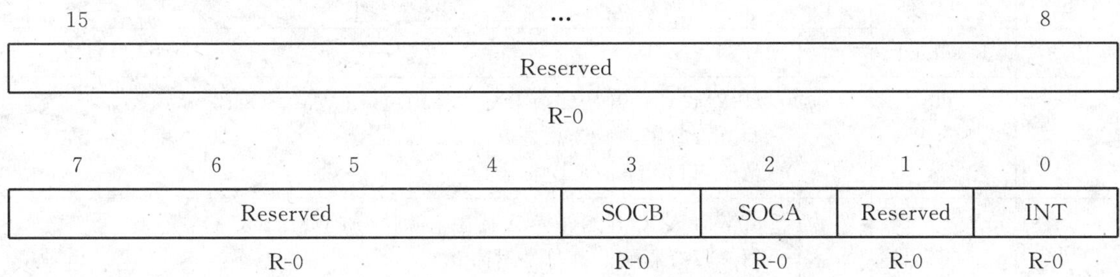

图 12-46　事件触发标志寄存器

说明：R＝只读；－n＝复位后的值。

表 12-46 事件触发标志寄存器各位的说明

位	名 称	值	说 明
15～4	Reserved		保留
3	SOCB	 0 1	锁存 ePWM ADC 开始转换 B 状态标志(EPWMxSOCB)。 表明没有 EPWMxSOCB 事件发生。 表明开始转换脉冲在 EPWMxSOCB 上产生。即使标志位被置位，EPWMxSOCB 输出也将继续产生
2	SOCA	 0 1	锁存 ePWM ADC 开始转换 A 状态标志(EPWMxSOCA)。 表明无 EPWMxSOCA 事件发生。 表明开始转换脉冲在 EPWMxSOCA 上产生。即使标志位被置位，EPWMxSOCA 输出也将继续产生
1	Reserved		保留
0	INT	 0 1	锁存 ePWM 中断状态标志(EPWMx_INT)。 表明无 EPWMx_INT 事件发生。 表明 ePWMx 中断产生了。更多的中断将不会产生直到标志位被清除。如果一个中断在等待，它将不会产生直到 ETFLG[INT]位被清除

45. 事件触发清除寄存器

图 12-47 列出了 ETCLR 寄存器各位的情况，表 12-47 为每一位的描述。

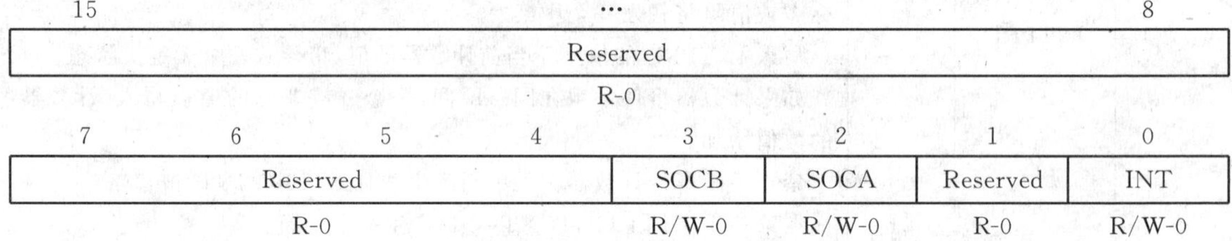

图 12-47 事件触发清除寄存器

说明：R/W=读/写；R=只读；$-n$=复位后的值。

表 12-47 事件触发清除寄存器各位的说明

位	名 称	值	说 明
15～4	Reserved		保留
3	SOCB	 0 1	ePWM ADC 开始转换 B 标志清除位(EPWMxSOCB)。 写 0 没有影响。读总是返回 0。 清除 ETFLG[SOCB]标志位
2	SOCA	 0 1	ePWM ADC 开始转换 A 标志清除位(EPWMxSOCA)。 写 0 没有影响。读总是返回 0。 清除 ETFLG[SOCA]标志位
1	Reserved		保留
0	INT	 0 1	ePWM 中断标志清除位(EPWMx_INT)。 写 0 没有影响。读总是返回 0。 清除 ETFLG[INT]标志位并且使能更多中断脉冲产生

46. 事件触发强制寄存器

图 12-48 列出了 ETFRC 寄存器各位的情况,表 12-48 为每一位的描述。

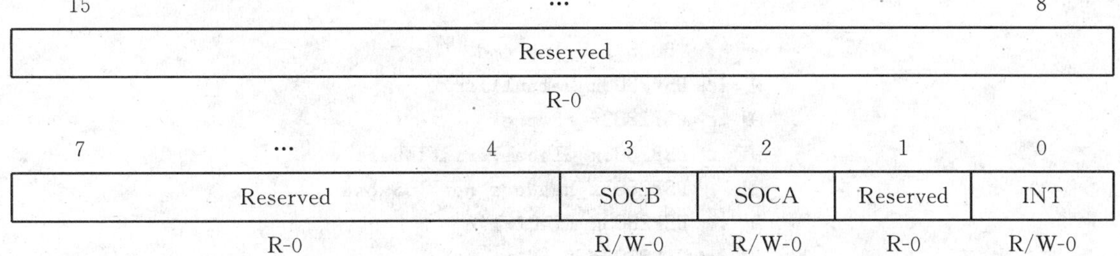

图 12-48 事件触发强制寄存器

说明:R/W=读/写;R=只读;$-n$=复位后的值。

表 12-48 事件触发强制寄存器各位的说明

位	名 称	值	说 明
15~4	Reserved		保留
3	SOCB	 0 1	SOCB 强制位。SOCB 脉冲仅在 ETSEL 寄存器中事件被使能时才产生。ETFLG[SOCB]标志将被忽略。 没有影响。读总是返回 0。 在 EPWMxSOCB 产生一个脉冲并且将 SOCBFLG 置位。这一位用于测试
2	SOCA	 0 1	SOCA 强制位。SOCA 脉冲仅在 ETSEL 寄存器中事件被使能时才产生。ETFLG[SOCA]标志将被忽略。 没有影响。读总是返回 0。 在 EPWMxSOCA 产生一个脉冲并且将 SOCAFLG 置位。这一位用于测试
1	Reserved	0	保留
0	INT	 0 1	INT 强制位。中断仅在 ETSEL 寄存器中事件被使能时才产生。INT 标志位将被忽略。 写 0 被忽略。读总是返回 0。 在 EPWMxINT 产生一个中断并且将 INT 标志位置位。这一位用于测试

12.3 产生简易任意的 PWM 波

通过前面知识的学习,这里将编写一个简单的 PWM 程序,主要是熟悉如何配置和使用各种寄存器。

(1) 添加文件,所需要添加的文件如图 12-49 所示。

```
PWM  [Active - Debug]
  Binaries
  Includes
  Debug
  28035_RAM_lnk.cmd
  DSP2803x_DefaultIsr.c
  DSP2803x_EPwm.c
  DSP2803x_GlobalVariableDefs.c
  DSP2803x_Headers_nonBIOS.cmd
  DSP2803x_PieCtrl.c
  DSP2803x_PieVect.c
  DSP2803x_SysCtrl.c
  DSP2803x_usDelay.asm
  DSP28x_Project.h
  main.c
  TMS320F28035.ccxml [Active]
```

图 12-49　添加所需要的文件

（2）初始化 ePWMGPIO。

```
void InitEPwm1Gpio(void)
{
  EALLOW;
  GpioCtrlRegs.GPAPUD.bit.GPIO0=1;
  GpioCtrlRegs.GPAPUD.bit.GPIO1=1;
  GpioCtrlRegs.GPAMUX1.bit.GPIO0=1;
  GpioCtrlRegs.GPAMUX1.bit.GPIO1=1;
  EDIS;
}
```

（3）初始化 ePWM。

```
void HRPWM1_Config()
{
  InitEPwm1Gpio();
  EPwm1Regs.TBPRD=600;      //设定 PWM 周期为 2×600 个 TBCLK 时钟周期
  EPwm1Regs.CMPA.half.CMPA=400;
  EPwm1Regs.CMPB=500;
  EPwm1Regs.TBPHS.all=0;  //相位存储器清零
  EPwm1Regs.TBCTR=0;      //时间基准计数器清零

  EPwm1Regs.TBCTL.bit.CTRMODE=TB_COUNT_UPDOWN;      //时间采用增减计数模式
  EPwm1Regs.TBCTL.bit.PHSEN=TB_DISABLE;             //禁止相位控制
  EPwm1Regs.TBCTL.bit.PRDLD=TB_SHADOW;              //采用映射模式
  EPwm1Regs.TBCTL.bit.SYNCOSEL=TB_SYNC_DISABLE;     //禁止同步信号
  EPwm1Regs.TBCTL.bit.HSPCLKDIV=TB_DIV1;            //设定 TBCLK=SYSCLKOUT
  EPwm1Regs.TBCTL.bit.CLKDIV=TB_DIV1;
  EPwm1Regs.CMPCTL.bit.LOADAMODE=CC_CTR_ZERO;       //当 CTR=ZERO 时装载
  EPwm1Regs.CMPCTL.bit.LOADBMODE=CC_CTR_ZERO;
  EPwm1Regs.CMPCTL.bit.SHDWAMODE=CC_SHADOW;         //采用映射模式
```

```
    EPwm1Regs.CMPCTL.bit.SHDWBMODE=CC_SHADOW;

    EPwm1Regs.AQCTLA.bit.CAD=AQ_CLEAR;           //CTR=CAD时,ePWM1a拉低
    EPwm1Regs.AQCTLA.bit.CAU=AQ_SET;             //CTR=CAU时,ePWM1a拉高
    EPwm1Regs.AQCTLB.bit.CBD=AQ_CLEAR;
    EPwm1Regs.AQCTLB.bit.CBU=AQ_SET;
}
```

(4) 主函数。

```
void main()
{
   InitSysCtrl();              //系统初始化
   DINT;
   InitPieCtrl();              //初始化 PIE 控制
   IER=0X0000;
   IFR=0X0000;
   InitPieVectTable();         //初始化 PIE 中断向量表
   HRPWM1_Config();
   while(1);
}
```

程序编写完毕，经过编译无误后，下载到DSP开发板上，启动运行按钮，用示波器观察GPIO0和GPIO1口输出的波形。

12.4 SPWM 生成程序的编写

本例只提供程序的设计方法及源程序，硬件电路因涉及逆变电路和相关电路的设计，故不提供电路原理图。这里以pwm1产生220 V交流电压，假设经过升压电路后的直接电压为360 V为前提，经计算得到载波频率6400 Hz，调制波频率50 Hz。

(1) 添加文件，所需添加的文件如图12-50所示。

图 12-50　添加所需要的文件

(2) 初始化ePWMGPIO。

```
void initio(void)
{
   EALLOW;
   GpioCtrlRegs.GPAMUX1.bit.GPIO0=1;
   GpioCtrlRegs.GPAMUX1.bit.GPIO1=1;
   EDIS;
}
```

（3）初始化 ePWM。

```
void initpwm1(void)
{
  EPwm1Regs.TBPRD=4688 ;                                    //载波频率为 6400 Hz
  EPwm1Regs.TBPHS.half.TBPHS=0;                             //无初始相位
  EPwm1Regs.TBCTR=2344;                                     //从 2344 开始计数
  EPwm1Regs.TBCTL.bit.CTRMODE=TB_COUNT_UPDOWN;              //上升下降计数模式
  EPwm1Regs.TBCTL.bit.PHSEN=TB_DISABLE;
  EPwm1Regs.TBCTL.bit.PRDLD=TB_SHADOW;
  EPwm1Regs.TBCTL.bit.SYNCOSEL=TB_SYNC_DISABLE;             //不使用同步模式
  EPwm1Regs.TBCTL.bit.HSPCLKDIV=TB_DIV1;
  EPwm1Regs.TBCTL.bit.CLKDIV=TB_DIV1;                       //不分频
  EPwm1Regs.CMPCTL.bit.SHDWAMODE=CC_SHADOW;
  EPwm1Regs.CMPCTL.bit.SHDWBMODE=CC_SHADOW;
  EPwm1Regs.CMPCTL.bit.LOADAMODE=CC_CTR_ZERO;
  EPwm1Regs.CMPCTL.bit.LOADBMODE=CC_CTR_ZERO;
  EPwm1Regs.AQCTLA.bit.CAU=AQ_SET;                   //当等于捕获器的数值时将电平拉高
  EPwm1Regs.AQCTLA.bit.CAD=AQ_CLEAR;                 //当等于捕获器的数值时将电平拉低
  EPwm1Regs.AQCTLB.bit.CAU=AQ_CLEAR;
  EPwm1Regs.AQCTLB.bit.CAD=AQ_SET;
  EPwm1Regs.DBCTL.bit.IN_MODE=DBA_ALL;               //上升下降沿的输入均使能死区时间
  EPwm1Regs.DBCTL.bit.POLSEL=DB_ACTV_LOC;
  EPwm1Regs.DBCTL.bit.OUT_MODE=DB_ACTV_LO;           //上升下降沿的输出均使能死区时间
  EPwm1Regs.DBRED=125;                               //死区时间 1.25 us
  EPwm1Regs.DBFED=125;                               //死区时间 1.25 us
  EPwm1Regs.ETSEL.bit.INTSEL=0x03;                   //当计数值等于 0 或者设置值时中断
  EPwm1Regs.ETSEL.bit.INTEN=0x01;                    //使能中断
  EPwm1Regs.ETPS.bit.INTPRD=0x03;                    //将有 3 个事件中断发生
}
void initpwmpie(void)
{
  EALLOW;
  PieVectTable.EPWM1_INT=&pwm1_isr;
  EDIS;
  EALLOW;
  SysCtrlRegs.PCLKCR0.bit.TBCLKSYNC=0;
  EDIS;
  initpwm1();
  EALLOW;
  SysCtrlRegs.PCLKCR0.bit.TBCLKSYNC=1;
  EDIS;
  IER |=M_INT3;
  PieCtrlRegs.PIEIER3.bit.INTx1=1;
  EINT;
  ERTM;
}
```

（4）配置中断内容。

```
interrupt void pwm1_isr(void)
{
  uint b=0,z,N,n;
  float a=0;
  fc=128*fr;
  N=fc/fr;
  n=128*(1+i)/N-1;
  a=(float)(311/360*4688);
  k=a/255;
  b=(uint)(2344-k*128);
  z=(uint)(k*sin[n]+b+1);
  EPwm1Regs.CMPA.half.CMPA=z;
  EPwm1Regs.CMPB=z;
  i=i+1;
  if(i==255) {i=0;}
  EPwm1Regs.ETCLR.bit.INT=1;  //清除中断标志
  PieCtrlRegs.PIEACK.all=PIEACK_GROUP3;
}
```

（5）主函数。

```
#include "DSP28x_Project.h"
#define uint unsigned int
#define uchar unsigned char
uchar sin[256]={0x80,0x83,0x86,0x89,0x8d,0x90,0x93,0x96,0x99,0x9c,0x9f,
0xa2,0xa5,0xa8,0xab,0xae,0xb1,0xb4,0xb7,0xba,0xbc,0xbf,0xc2,0xc5,0xc7,
0xca,0xcc,0xcf,0xd1,0xd4,0xd6,0xd8,0xda,0xdd,0xdf,0xe1,0xe3,0xe5,0xe7,
0xe9,0xea,0xec,0xee,0xef,0xf1,0xf2,0xf4,0xf5,0xf6,0xf7,0xf8,0xf9,0xfa,
0xfb,0xfc,0xfd,0xfd,0xfe,0xff,0xff,0xff,0xff,0xff,0xff,
0xff,0xff,0xff,0xff,0xff,0xff,0xfe,0xfd,0xfd,0xfc,0xfb,0xfa,0xf9,0xf8,0xf7,
0xf6,0xf5,0xf4,0xf2,0xf1,0xef,0xee,0xec,0xea,0xe9,0xe7,0xe5,0xe3,0xe1,0xde,0xdd,
0xda,0xd8,0xd6,0xd4,0xd1,0xcf,0xcc,0xca,0xc7,0xc5,0xc2,0xbf,0xbc,0xba,
0xb7,0xb4,0xb1,0xae,0xab,0xa8,0xa5,0xa2,0x9f,0x9c,0x99,0x96,0x93,0x90,
0x8d,0x89,0x86,0x83,0x80,
0x80,0x7c,0x79,0x76,0x72,0x6f,0x6c,0x69,0x66,0x63,0x60,0x5d,0x5a,0x57,0x55,0x51,
0x4e,0x4c,0x48,0x45,0x43,0x40,0x3d,
0x3a,0x38,0x35,0x33,0x30,0x2e,0x2b,0x29,0x27,0x25,0x22,0x20,0x1e,0x1c,
0x1a,0x18,0x16,0x15,0x13,0x11,0x10,0x0e,0x0d,0x0b,0x0a,0x09,0x08,0x07,
0x06,0x05,0x04,0x03,0x02,0x02,0x01,0x00,0x00,0x00,0x00,0x00,0x00,
0x00,0x00,0x00,0x00,0x00,0x00,0x01,0x02,0x02,0x03,0x04,0x05,0x06,0x07,0x08,
0x09,0x0a,0x0b,0x0d,0x0e,0x10,0x11,0x13,0x15,0x16,0x18,0x1a,0x1c,0x1e,
0x20,0x22,0x25,0x27,0x29,0x2b,0x2e,0x30,0x33,0x35,0x38,0x3a,0x3d,0x40,
0x43,0x45,0x48,0x4c,0x4e,0x51,0x55,0x57,0x5a,0x5d,0x60,0x63,0x66,0x69,
0x6c,0x6f,0x72,0x76,0x79,0x7c,0x80};
uint fc,fr=50;           //fr为调制波,fc为载波
float k=0;
```

```
uint i=0;
void main(void)
{
  InitSysCtrl();
  DINT;
  InitPieCtrl();
  IER=0x0000;
  IFR=0x0000;
  InitPieVectTable();
  initio();
  initpwmpie();
  while(1);
}
```

到此,SPWM 生成程序已经编写完毕。该程序已经通过编译,并且调试完毕,可以实现程序的目的。有条件的读者可以将其下载到 DSP 中,通过示波器查看 ePWM1 口产生的波形。注意:将所有子函数放在主函数之前,或者自己添加函数声明,否则会出现错误。该程序仅仅是运行在仿真模式下的,要想下载到 Flash 中,请参考第 5 章的载入方法。

本章小结

本章详细介绍了 F2803x 的 ePWM 的结构、功能和特点,并且详细说明了 ePWM 中的寄存器,为大家更好地理解和应用 ePWM 中寄存器的各位奠定基础,最后介绍了配置 ePWM 模块,从而产生自己想要的波形的方法,希望大家能够自己动手编写或修改程序来加深印象。

本章习题

1. 用 ePWM 模块产生一个宽度相等的 PWM 波形。
2. 用 ePWM 模块设定 ADC 模块的采样时间。
3. 参考实例用 ePWM 模块产生幅值为 50 V 的正弦波。
4. 用 ePWM 模块产生一个含有死区时间的 PWM 波形。
5. 用 ePWM 模块产生一个含有死区时间的 SPWM 波形。

第13章 串行通信接口 SCI

当 F2803xDSP 用于实际开发时，经常会遇到这样的情况，比如要显示 ADC 采集到的电压值、电流值。这时候一般采用两种方法：一种是通过 LCD、LED 等外设来显示；另一种则是将值通过 SCI 串行通信接口传递到计算机中，然后通过计算机上的软件进行显示和监测。所以，本章将介绍 SCI 的结构、特点、工作原理及各个寄存器，并结合实例来展示如何实现 DSP 与计算机的串行通信。

13.1 SCI 模块概述

SCI 是串行通信接口的英文简称。SCI 是一个双线的异步串口，它具有接收和发送两根信号线，一般可以看作是 UART，即通用异步接收/发送装置。SCI 模块支持 CPU 与采用 NRZ 标准格式的异步外围设备之间进行数据通信。

F2803x 的内部具有两个相同的 SCI 模块，即 SCIA 和 SCIB。每一个 SCI 模块都各有一个接收器和发送器，接收器用于实现数据的接收功能，发送器用于实现数据的发送功能。SCI 的接收器和发送器各自都具有一个 4 级的 FIFO，它们还都有自己独立的使能位和中断位，可以在半双工通信中进行独立的操作，或者在全双工通信中同时进行操作。

串行通信可以分为单工、半双工和全双工 3 种。单工是指设备 A 只能发送，而设备 B 只能接收；半双工是指设备 A 和设备 B 都能接收和发送，但是同一时间只能接收或者发送；全双工是指在任意时刻，设备 A 和设备 B 都能同时接收或者发送。图 13-1 所示为串行通信的三种工作方式。F2803x 的 SCI 具有能够独立使能和工作的接收器和发送器，所以既可以工作于半双工方式，也可以工作于全双工方式。

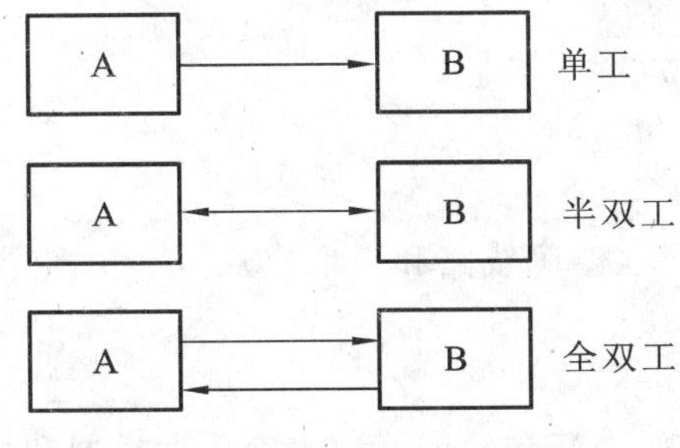

图 13-1 串行通信的三种工作方式

13.1.1 SCI 模块的特点

SCI 与 CPU 的接口如图 13-2 所示。

SCI 模块的特点如下。

- 两个外部引脚。
  - SCITXD：SCI 发送引脚。
  - SCIRXD：SCI 接收引脚。
  - 波特率公式：

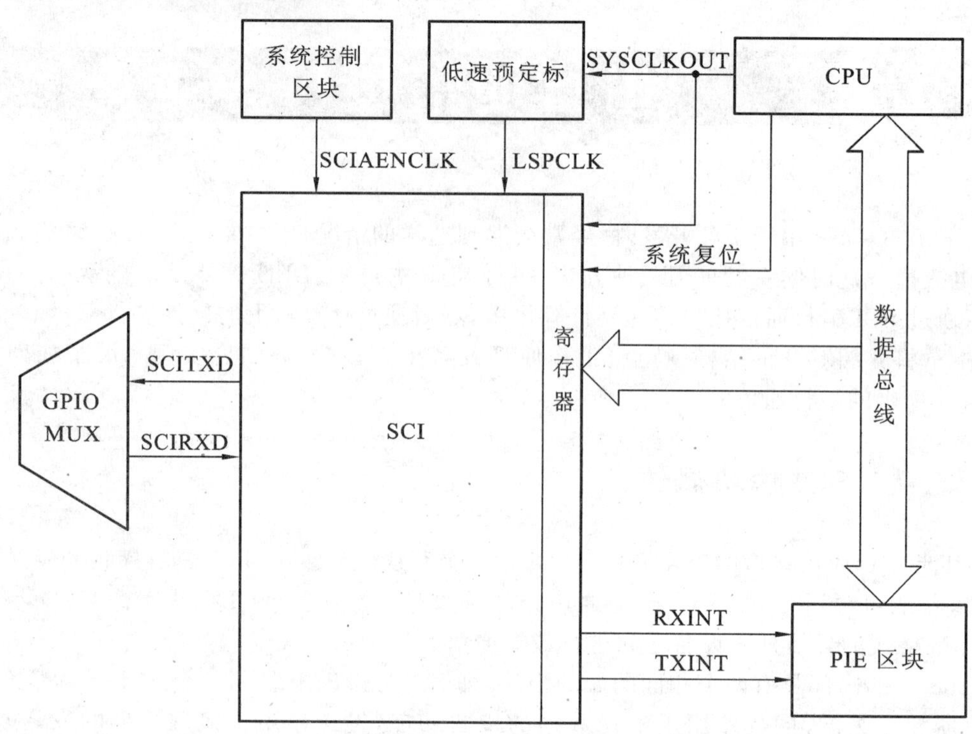

图 13-2 SCI 与 CPU 的接口

$$\text{Baudrate}=\frac{\text{LSPCLK}}{(\text{BRR}+1)\times 8}\text{，当 BRR}\neq 0\text{ 时；}$$

$$\text{Baudrate}=\frac{\text{LSPCLK}}{16}\text{，当 BRR}=0\text{ 时。}$$

■ 数据传输格式：
  ● 一个开始位；
  ● 数据长度可被设定为 1 到 8 位；
  ● 可选择奇校验/偶校验/无校验；
  ● 一个或者两个停止位。
■ 四个错误检测标志。
■ 两个唤醒多处理器模块(空闲线路和地址位)。
■ 半双工或者全双工模块。
■ 双缓冲发送和接收功能。
■ 可通过带有状态标志的中断和轮询算法来完成发送器和接收器的操作。
  ● 发送器：TXRDY 表示发送缓冲器已经准备好接收另外的字符；TX EMPTY 表示发送器已空。
  ● 接收器：RXRDY 表示接收缓冲器已经准备好接收另外的字符；BRKDT 表示发生了中断条件；RX ERROR 表示接收错误。
■ 拥有发送器和接收器中断的独立使能位。
■ NRZ 格式。当一个寄存器被访问时，低 8 位(7～0)和高 8 位(15～8)内的寄存器数据被读为 0，对高 8 位无法写入。
■ 自动波特率检测硬件逻辑电路。
■ 4 级发送/接收 FIFO。

13.1.2 SCI 模块信号总结

SCI 模块的信号有外部信号、控制信号和中断信号 3 种，如表 13-1 所列。

表 13-1 SCI 模块的信号

信号分类	信号名称	说明
外部信号	SCIRXD	SCI 异步串口接收数据
	SCITXD	SCI 异步串口发送数据
控制信号	LSPCLK	低速外设预定标时钟
中断信号	RXINT	SCI 接收中断
	TXINT	SCI 发送中断

SCI 模块框图如图 13-3 所示。

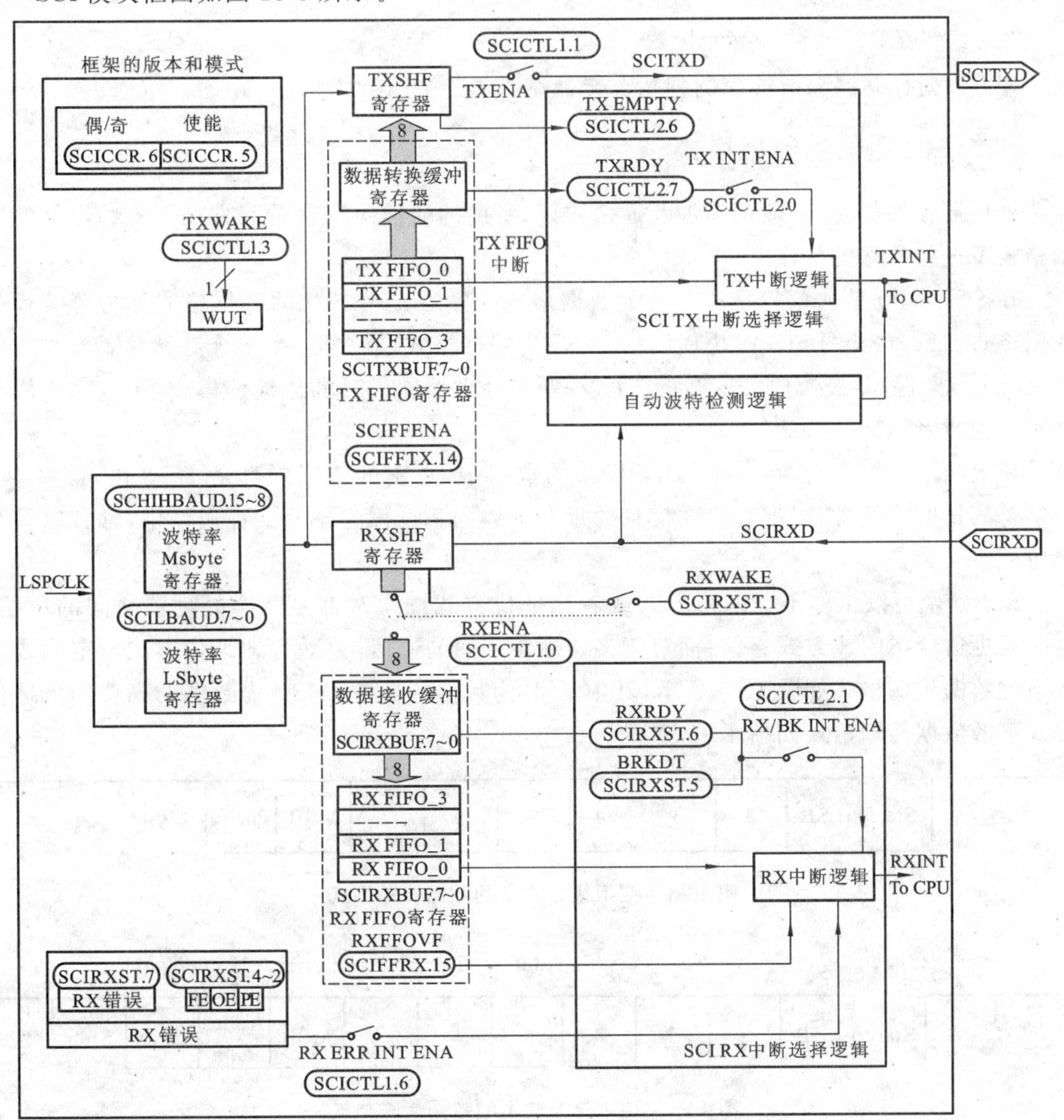

图 13-3 SCI 模块框图

13.2 SCI模块的工作原理

SCI模块能够工作于全双工模式，主要是因为它具有以下功能单元。

(1) 1个发送器以及相关寄存器。

SCITXBUF：发送数据缓冲寄存器，存放由CPU装载的需要发送的数据。

TXSHF：发送移位寄存器，从SCITXBUF寄存器接收数据，然后将数据逐位移到SCITXD引脚上，每次移1位数据。

(2) 1个接收器以及相关寄存器。

RXSHF：接收移位寄存器，从SCIRXD引脚移入数据，每次移1位数据。

SCIRXBUF：接收数据缓冲寄存器，存放CPU要读取的数据，从其他处理器传输过来的数据逐位移入寄存器RXSHF。当装满RXSHF时，将数据装入接收数据缓冲寄存器SCIRXBUF和接收仿真缓冲寄存器SCIRXEMU中。

(3) 1个可编程的波特率发生器。

(4) 数据存储器映射的控制和状态寄存器。

13.2.1 SCI通信的数据格式

处理器在通信时，一般都会涉及通信协议，所谓的通信协议就是双方在预先约定好的数据格式下进行数据的传输。

在SCI中，通信协议体现在SCI的数据格式上。通常将SCI的数据格式称为可编程的数据格式。F2803x的SCI模块使用的是NRZ数据格式，其中包括：1个起始位；1～8位数据位；1个奇/偶/非极性位；1～2个结束位；在多处理器通信时的地址位模式下，有1个用于区别数据或者地址的特殊位。

从上面的介绍来看，在一个NRZ格式的数据中，真正的数据内容是1～8位，最多为1个字符的长度。通常，将带有格式信息的每一个数据字符称为一帧。在通信中，常常以帧为单位。

SCI模块可以工作于空闲线方式或者地址位方式。通常都是两个处理器之间的通信，这时候更适合空闲线方式通信；而对于多处理器之间的通信，更适合地址位方式。空闲线方式下的数据传输格式如图13-4所示，其中LSB为数据的低位，MSB为数据的高位。地址位方式下的数据传输格式如图13-5所示。

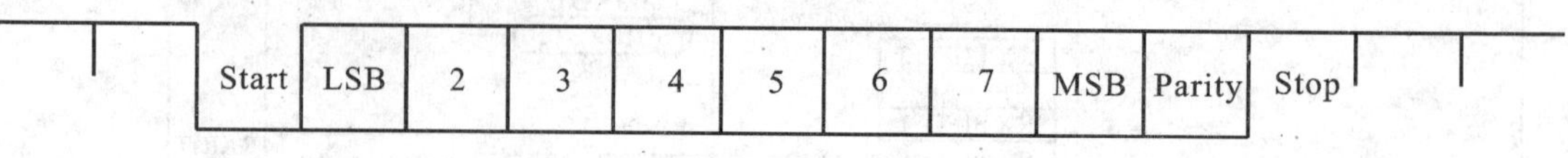

图13-4 空闲线方式下的数据传输格式

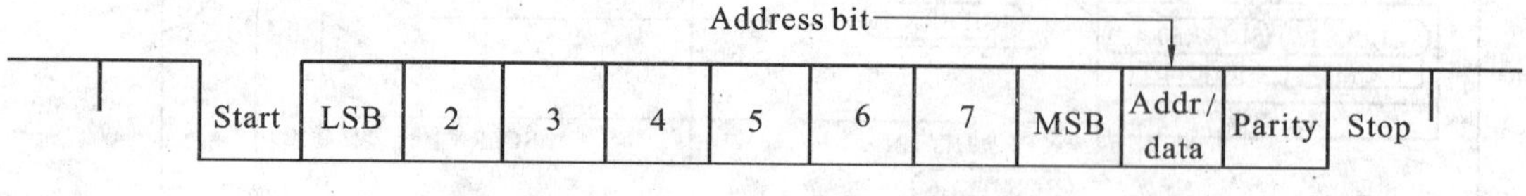

图13-5 地址位方式下的数据传输格式

13.2.2 SCI 通信的波特率

波特率就是指设备每秒能发送的二进制数据的位数。F2803x 的每个 SCI 模块都具有 2 个 8 位的波特率寄存器，即 SCIHBAUD 和 SCILBAUD，通过编程可以实现达到 64K 种不同的速率。

波特率公式：

$$\text{Baudrate}=\frac{\text{LSPCLK}}{(\text{BRR}+1)\times 8}，当 \text{BRR}\neq 0 时；$$

$$\text{Baudrate}=\frac{\text{LSPCLK}}{16}，当 \text{BRR}=0 时。$$

BRR 为 SCI 波特率选择寄存器中的值，从十进制转换为十六进制后，其高 8 位赋值给 SCIHBAUD，低 8 位赋值给 SCILBAUD。在 F2803x 中，一般配置 LSPCLK 为 15 MHz。在 15 MHz 下，常见的波特率对应的寄存器的值如表 13-2 所列。

表 13-2 在 LSPCLK 为 15 MHz 下常用的波特率对应的寄存器的值

理想波特率/bps	十进制	实际波特率/bps	误差/(%)
2 400	780(30Ch)	2 401	0.03
4 800	390(186h)	4 795	−0.10
9 600	194(C2h)	9 615	0.16
19 200	97(61h)	19 133	−0.35
38 400	48(30h)	38 265	−0.35

在进行串口通信时，双方的设备都必须以相同的数据传输格式和波特率进行通信，否则会导致通信不成功。例如，我们在做 F28035 的 SCI 和计算机上的串口调试助手进行通信时，SCI 采用什么样的数据格式和多大的波特率，那么串口调试助手也需要设置为相同的数据格式和相同大小的波特率，这样才能保证通信的成功。

13.2.3 SCI 模块的 FIFO 队列

F2803x 的 SCI 可以工作在标准 SCI 模式下，也可以工作在增强的 FIFO 模式下。当 DSP 上电复位时，SCI 工作在标准的 SCI 模式下，此时 FIFO 功能是禁止的。

如果要将 FIFO 模式使能的话，需要将 SCI FIFO 发送寄存器 SCIFFTX 的位 SCIFFEN 置 1，才能启动 FIFO 模式。将 SCIFFTX 的位 SCIRST 置 1，可以在任意状态复位 FIFO 模式，SCI FIFO 将重新开始发送和接收数据。

在标准的 SCI 模式下，发送只有发送缓冲器 SCITXBUF，接收也只有接收缓冲器 SCIRXBUF。在 FIFO 模式下，发送和接收都是 2 个 4 级的 FIFO 队列，发送 FIFO 队列的寄存器是 8 位的，接收 FIFO 队列的寄存器是 10 位的。

发送和接收 FIFO 都有状态位 TXFFST 和 RXFFST。这两位的作用是在任何时间可以标识 FIFO 队列中有用的数据个数。当 TXFFST 被清 0 时，发送 FIFO 队列的复位位 TXFIFO RESET 也被清 0，发送 FIFO 的指令复位位 0，可以通过将 TXFIFO RESET 置位来重新启动 FIFO 队列的发送操作。同样，当 TXFFST 被清 0 时，接收 FIFO 队列的复位位 RXFIFO RESET 也被清 0，接收 FIFO 的指针复位位 0，可以通过将 RXFIFO RESET 置位来重新启动 FIFO 队列的接收操作。

13.2.4 SCI 模块的中断

图 13-6 是 SCI 中断标志和中断使能逻辑汇总。

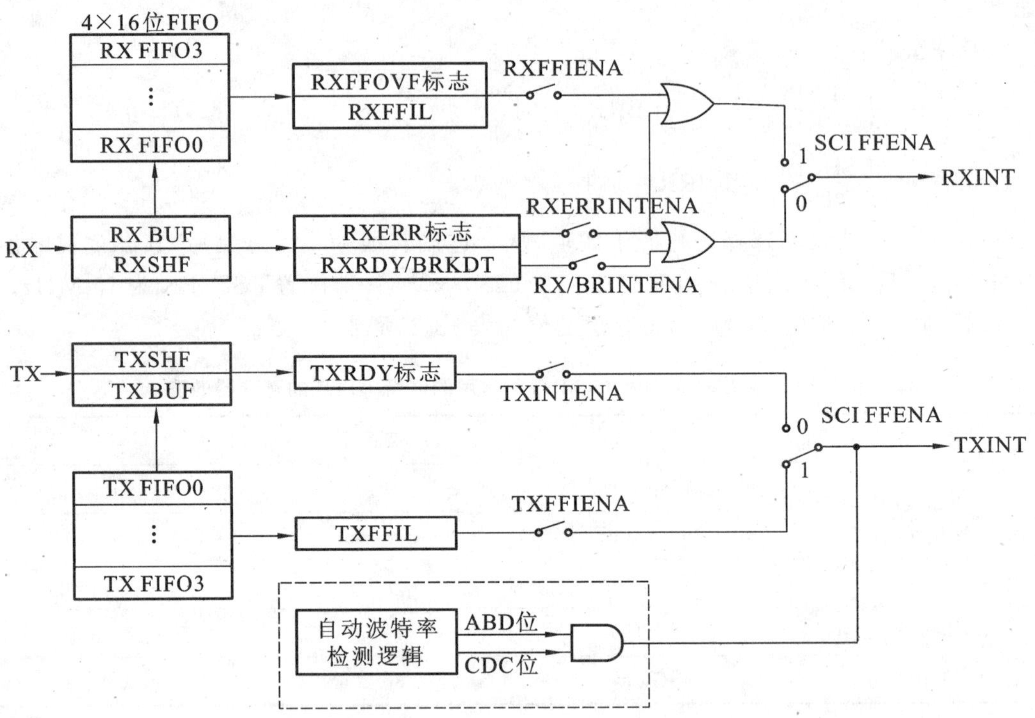

图 13-6　SCI 中断标志和中断使能逻辑

从图 13-6 中可以看到，SCI 模块可以产生两种中断：接收中断 RXINT 和发送中断 TXINT。SCI 可以工作在标准的 SCI 模式下，也可以工作在增强的 FIFO 模式下，无论工作在哪种模式下，SCI 都能产生接收中断和发送中断。

1. 在标准 SCI 模式下

当 SCIFFTX 寄存器的 SCIFFENA 位为 0，即 FIFO 功能未使能时，SCI 工作于标准 SCI 模式。对于接收操作，当 RXSHF 将接收到的数据写入 SCIRXBUF、等待 CPU 来读取时，接收缓冲器就绪标志位 RXRDY 被置位，表示已经接收了一个数据，同时产生了一个接收中断 RXINT 的请求信号；当 SCI 控制寄存器 SCICTL2 的位 RX/BKINTENA 为 1，也就是接收中断已经使能，那么 SCI 将向 PIE 控制器提出中断请求。

通过接收中断的中断使能位 RX/BKINTENA 可以看出，其实 RXINT 是一个复用的中断。当 SCI 接收出现错误(RX ERROR)时，或者当 SCI 接收出现间断(RXBREAK)时，都会产生接收中断 RXINT 的请求信号。

当极性错误、超时错误、帧错误、间断检测这 4 种错误检测标志位中任何一个标志位被置 1，SCI 的接收错误标志 RX ERROR 就会被置 1，同时产生一个接收中断 RXINT 的请求信号。如果 SCI 控制寄存器 SCICTL1 的位 RX ERR INT ENA 为 1，即接收中断使能，此时 SCI 向 PIE 控制器提出中断请求。

2. 在 FIFO 模式下

当 SCIFFTX 寄存器的 SCIFFENA 位为 1，即 FIFO 功能被使能时，SCI 工作于增强的

FIFO 模式。

对于接收操作，接收 FIFO 队列有状态位 RXFFST，表示接收 FIFO 中有多少个接收到的数据。同时，SCI FIFO 接收寄存器 SCIFFRX 还有一个可编程的中断级位 RXFFIL。当 RXFFST 的值与预设好的 RXFFIL 相等时，接收 FIFO 就会产生接收中断 RXINT 信号，如果 SCIFFRX 寄存器的位 RXFFIENA 为 1，也就是 FIFO 接收中断已经使能，那么 SCI 将向 PIE 控制器提出中断请求。接收 FIFO 的接收中断 RXINT 也是复用的，当 SCI 接收出现错误时，也会产生接收中断 RXINT 的请求信号。

对于发送操作，发送 FIFO 队列有状态位 TXFFST，表示发送 FIFO 中有多少个数据需要发送。同时，SCI FIFO 发送寄存器 SCIFFTX 也有一个可编程的中断级位 TXFFIL。当 TXFFST 的值与预设好的 TXFFIL 相等时，发送 FIFO 就会产生发送中断 TXINT 信号，如果 SCIFFTX 寄存器的 TXFFIENA 为 1，也就是 FIFO 发送中断已经使能，那么 SCI 将向 PIE 控制器提出中断请求。

SCI 中断标志如表 13-3 所列。

表 13-3　SCI 中断标志

工作模式	SCI 中断源	中断标志	中断使能	SCIFFENA	中断线
标准 SCI 模式	接收错误	RXERR	RXERRINTENA	0	RXINT
	接收间断	BRKDT	RX/BKINTENA	0	RXINT
	接收完成	RXRDY	RX/BKINTENA	0	RXINT
	发送完成	TXRDY	TXINTENA	0	TXINT
FIFO 模式	接收错误和接收间断	RXERR	RXERRINTENA	1	RXINT
	FIFO 接收中断	RXFFIL	RXFFIENA	1	RXINT
	FIFO 发送中断	TXFFIL	TXFFIENA	1	TXINT
自动波特率	自动波特率检测	ABD	无	x	TXINT

13.3　SCI 模块的寄存器

SCIA 寄存器如表 13-4 所列，SCIB 寄存器如表 13-5 所列。

表 13-4　SCIA 寄存器

名　称	地　址	大小(×8)	说　明
SCICCR	0x0000-7050	1	SCIA 通信控制寄存器
SCICTL1	0x0000-7051	1	SCIA 控制寄存器 1
SCIHBAUD	0x0000-7052	1	SCIA 波特率选择寄存器(高位)
SCILBAUD	0x0000-7053	1	SCIA 波特率选择寄存器(低位)
SCICTL2	0x0000-7054	1	SCIA 控制寄存器 2
SCIRXST	0x0000-7055	1	SCIA 接收状态寄存器
SCIRXEMU	0x0000-7056	1	SCIA 接收仿真数据缓冲寄存器

续表

名　　称	地　　址	大小(×8)	说　　明
SCIRXBUF	0x0000-7057	1	SCIA 接收数据缓冲寄存器
SCITXBUF	0x0000-7059	1	SCIA 发送数据缓冲寄存器
SCIFFTX	0x0000-705A	1	SCIA FIFO 发送寄存器
SCIFFRX	0x0000-705B	1	SCIA FIFO 接收寄存器
SCIFFCT	0x0000-705C	1	SCIA FIFO 控制寄存器
SCIPRI	0x0000-705F	1	SCIA 优先级控制寄存器

表 13-5　SCIB 寄存器

名　　称	地　　址	大小(×8)	说　　明
SCICCR	0x0000-7750	1	SCIB 通信控制寄存器
SCICTL1	0x0000-7751	1	SCIB 控制寄存器 1
SCIHBAUD	0x0000-7752	1	SCIB 波特率选择寄存器(高位)
SCILBAUD	0x0000-7753	1	SCIB 波特率选择寄存器(低位)
SCICTL2	0x0000-7754	1	SCIB 控制寄存器 2
SCIRXST	0x0000-7755	1	SCIB 接收状态寄存器
SCIRXEMU	0x0000-7756	1	SCIB 接收仿真数据缓冲寄存器
SCIRXBUF	0x0000-7757	1	SCIB 接收数据缓冲寄存器
SCITXBUF	0x0000-7759	1	SCIB 发送数据缓冲寄存器
SCIFFTX	0x0000-775A	1	SCIB FIFO 发送寄存器
SCIFFRX	0x0000-775B	1	SCIB FIFO 接收寄存器
SCIFFCT	0x0000-775C	1	SCIB FIFO 控制寄存器
SCIPRI	0x0000-775F	1	SCIB 优先级控制寄存器

1. SCI 通信控制寄存器

图 13-7 列出了 SCICCR 寄存器各位的情况，表 13-6 为每一位的描述。

7	6	5	4	3	2	1	0
STOP BITS	EVEN/ODD PARITY	PARITY ENABLE	LOOPBACK ENA	ADDR/IDLE MODE	SCICHAR2	SCICHAR1	SCICHAR0
R/W-0	R/W-0	R/W-0	R/W-0	R/W-0	R/W-0	R/W-0	R/W-0

图 13-7　SCI 通信控制寄存器

说明：R/W＝读/写；$-n$＝复位后的值。

表 13-6　SCI 通信控制寄存器各位的说明

<table>
<tr><th>位</th><th>名　称</th><th>值</th><th>说　明</th></tr>
<tr><td rowspan="3">7</td><td rowspan="3">STOP BITS</td><td></td><td>SCI 停止位个数。该位表示发送停止位的个数。接收器只对一个停止位检查。</td></tr>
<tr><td>0</td><td>一位停止位。</td></tr>
<tr><td>1</td><td>两位停止位</td></tr>
<tr><td rowspan="3">6</td><td rowspan="3">EVEN/ODD PARITY</td><td></td><td>SCI 奇/偶校验位选择。如果校验位被使能(SCICCR,位 5),该位(EVEN/ODD PARITY)指定奇偶校验(同时在传输和接收字符时,奇或偶位的值为 1)。</td></tr>
<tr><td>0</td><td>奇校验。</td></tr>
<tr><td>1</td><td>偶校验</td></tr>
<tr><td rowspan="3">5</td><td rowspan="3">PARITY ENABLE</td><td></td><td>SCI 奇偶校验使能位。这一位使能或禁止校验功能。如果 SCI 在地址位多处理器模式下(设置寄存器的第三位),如果奇偶校验使能,地址位包含在奇偶校验计算中。对于字符少于 8 位的情况,剩下没有用到的位由于没有参与奇偶校验计算而被屏蔽。</td></tr>
<tr><td>0</td><td>校验禁止;在传输或等待接收时没有校验位产生。</td></tr>
<tr><td>1</td><td>校验使能</td></tr>
<tr><td rowspan="3">4</td><td rowspan="3">LOOPBACK ENA</td><td></td><td>回环测试模式使能。该位使能回环测试模式,Tx 引脚内部连接到 Rx 引脚。</td></tr>
<tr><td>0</td><td>回环测试模式禁止。</td></tr>
<tr><td>1</td><td>回环测试模式使能</td></tr>
<tr><td rowspan="3">3</td><td rowspan="3">ADDR/IDLE MODE</td><td></td><td>SCI 多处理器模式控制位。该位选择一个多处理器协议。多处理器通信不同于其他通信模式,因为它用了 SLEEP 和 TXWAKE 功能(分别是 SCICTL1 位 2 和 SCICTL1 位 3)。空闲线模式通常用于正常通信,因为地址位模式在一帧中加入了额外的位。空闲线模式不能添加额外位并且能够兼容 RS-232 类型通信。</td></tr>
<tr><td>0</td><td>空闲线模式协议选择。</td></tr>
<tr><td>1</td><td>地址位模式协议选择。</td></tr>
<tr><td>2～0</td><td>SCICHARx
(x＝2～0)</td><td></td><td>字符长度控制位。这些位选择 SCI 字符的长度,1～8 位可选。在 SCIRXBUF 和 SCIRXEMU 中字符串少于 8 位是右对齐的并且在 SCIRXBUF 中用 0 来填补。SCITXBUF 不需要填补 0。位的具体值与字符长度的对应情况如下:
<table>
<tr><th>SCICHAR2</th><th>SCICHAR1</th><th>SCICHAR0</th><th>Character 长度/位</th></tr>
<tr><td>0</td><td>0</td><td>0</td><td>1</td></tr>
<tr><td>0</td><td>0</td><td>1</td><td>2</td></tr>
<tr><td>0</td><td>1</td><td>0</td><td>3</td></tr>
<tr><td>0</td><td>1</td><td>1</td><td>4</td></tr>
<tr><td>1</td><td>0</td><td>0</td><td>5</td></tr>
<tr><td>1</td><td>0</td><td>1</td><td>6</td></tr>
<tr><td>1</td><td>1</td><td>0</td><td>7</td></tr>
<tr><td>1</td><td>1</td><td>1</td><td>8</td></tr>
</table></td></tr>
</table>

2. SCI 控制寄存器 1

图 13-8 列出了 SCICTL1 寄存器各位的情况，表 13-7 为每一位的描述。

7	6	5	4	3	2	1	0
Reserved	RX ERR INT ENA	SW RESET	Reserved	TXWAKE	SLEEP	TXENA	RXENA
R-0	R/W-0	R/W-0	R-0	R/W-0	R/W-0	R/W-0	R/W-0

图 13-8 SCI 控制寄存器 1

说明：R/W＝读/写；R＝只读；$-n$＝复位后的值。

表 13-7 SCI 控制寄存器 1 各位的说明

位	名 称	值	说 明
7	Reserved		读操作时，返回 0；写操作无效
6	RX ERR INT ENA		SCI 接收错误中断使能。如果接收错误标志位 RX ERROR 为 1，则将该位置 1，启动一个中断。
		0	禁止接收错误中断。
		1	使能接收错误中断
5	SW RESET		SCI 软件复位(低有效)。该位写 0 初始化 SCI 状态机和操作标志到复位条件(SCICTL2 和 SCIRXST 寄存器)。 SW RESET 位不影响任何配置位。 所有起作用的逻辑保持在一个确定的复位状态直到向 SW RESET 中写入 1。所以，在一次系统复位后，通过向这一位写 1 重新使能 SCI。 SW RESET 影响 SCI 操作标志，但是它既不影响配置位也不恢复复位值。一旦产生 SW RESET，标志被冻结直到该位被解除认定。 受影响标志如下： 在 SW RESET 之后的值　SCI 标志　寄存器位 1　TXRDY　SCICTL2. bit7 1　TX EMPTY　SCICTL2. bit6 0　RXWAKE　SCIRXST. bit1 0　PE　SCIRXST. bit2 0　OE　SCIRXST. bit3 0　FE　SCIRXST. bit4 0　BRKDT　SCIRXST. bit5 0　RXRDY　SCIRXST. bit6 0　RX ERROR　SCIRXST. bit7
		0	写 0 初始化 SCI 状态机和操作标志到复位条件(SCICTL2 和 SCIRXST 寄存器)。
		1	在系统复位之后，通过向该位写 1 重新使能 SCI

续表

位	名 称	值	说 明
4	Reserved		读操作返回 0,写操作无效
3	TXWAKE		SCI 发送唤醒方式选择。TXWAKE 位控制数据发送特性的选择,其取决于在 ADDR/IDLE 模式位(SCICCR,位 3)确定的发送方式(空闲线模式或地址位模式)。
		0	发送特性没有被选择。在空闲线模式,向 TXWAKE 写 1,接着写数据到 SCITXBUF 寄存器产生 11 个数据位空闲周期。在地址位模式,向 TXWAKE 写 1,接着写数据到 SCITXBUF 设置数据帧中地址位为 1。
		1	发送特性选择取决于空闲线模式或地址位模式: TXWAKE 不能通过 SW RESET 位(SCICTL1,位 15)清除,它通过系统复位或通过发送到 WUT 标志位的 TXWAKE 来清除
2	SLEEP		SCI 睡眠。在多处理器配置中,该位控制接收器的睡眠功能。清除该位可唤醒 SCI。 当 SLEEP 位被置位,接收器仍然可操作;然而,操作不能更新接收器缓冲器就绪位(SCIRXST,位 6,RXRDY)或者错误状态位(SCIRXST,位 5~2:BRKDT,FE,OE 和 PE),除非地址位被检测到了。当地址位被检测到时,SLEEP 不会被清除。
		0	睡眠模式禁止。
		1	睡眠模式使能
1	TXENA		SCI 发送器使能。当 TXENA 被置位,数据仅通过 SCITXD 引脚发送。如果在所有写入 SCITXBUF 的数据全部发送完毕后复位,发送器停止发送。
		0	发送器禁止。
		1	发送器使能
0	RXENA		SCI 接收器使能。数据在 SCIRXD 引脚接收并且被发送到接收器移位寄存器,然后到接收器缓冲器。该位使能或关闭接收器(转移到缓冲器)。 清除 RXENA 将停止接收字符串发送到接收缓冲寄存器,并且停止接收器产生中断。然而,接收移位寄存器可以继续装配字符。所以,在字符接收期间,如果 RXENA 被置位,完整的字符将被转移到接收缓冲寄存器,即 SCIRXEMU 和 SCIRXBUF。
		0	阻止接收到的字符发送到 SCIRXEMU 和 SCIRXBUF 接收缓冲器。
		1	发送接收字符到 SCIRXEMU 和 SCIRXBUF

3. SCI 波特率选择寄存器

图 13-9 列出了 SCIHBAUD 寄存器各位的情况,图 13-10 列出了 SCILBAUD 寄存器各位的情况,表 13-8 为每一位的描述。

15	14	13	12	11	10	9	8
BAUD15 (MSB)	BAUD14	BAUD13	BAUD12	BAUD11	BAUD10	BAUD9	BAUD8
R/W-0	R/W-0	R/W-0	R/W-0	R/W-0	R/W-0	R/W-0	R/W-0

图 13-9　SCIHBAUD 寄存器

说明:R/W=读/写;—*n*=复位后的值。

7	6	5	4	3	2	1	0
BAUD7	BAUD6	BAUD5	BAUD4	BAUD3	BAUD2	BAUD1	BAUD0 (LSB)
R/W-0	R/W-0	R/W-0	R/W-0	R/W-0	R/W-0	R/W-0	R/W-0

图 13-10　SCILBAUD 寄存器

说明:R/W=读/写;—*n*=复位后的值。

表 13-8　SCI 波特率选择寄存器各位的说明

位	名　称	值	说　明
15～0	BAUD15～BAUD0		SCI16 位波特率选择寄存器 SCIHBAUD(高位)和 SCILBAUD(低位)串联起来形成一个 16 位波特率的值 BRR。 内部产生的串行时钟信号是通过低速外设时钟信号(LSPCLK)和 2 个波特率选择寄存器确定的。对于不同的通信模式,SCI 根据这些寄存器的 16 位的值从 64K 的串行时钟频率中进行选择。 SCI 波特率用下述等式来计算: $\text{SCI 异步波特率}=\frac{\text{LSPCLK}}{(\text{BRR}+1)\times 8}$ 相对地, $\text{BRR}=\frac{\text{LSPCLK}}{\text{SCI 异步波特率}\times 8}-1$ 注意,上述模式仅应用于 1≤BRR≤65 535。如果 BRR=0, $\text{SCI 异步波特率}=\frac{\text{LSPCLK}}{16}$ 这里 BRR=波特率选择寄存器中 16 位的值(十进制)

4. SCI 控制寄存器 2

图 13-11 列出了 SCICTL2 寄存器各位的情况,表 13-9 为每一位的描述。

7	6	5 … 2	1	0
TXRDY	TX EMPTY	Reserved	RX/BK INT ENA	TX INT ENA
R-1	R-1	R-0	R/W-0	R/W-0

图 13-11　SCI 控制寄存器 2

说明:R/W=读/写;R=只读;—n=复位后的值。

表 13-9　SCI 控制寄存器 2 各位的说明

位	名　称	值	说　明
7	TXRDY		发送缓冲寄存器就绪标志位。当该位置位时,表明发送数据缓冲寄存器 SCITXBUF 准备接收另一个字符。写数据到 SCITXBUF 自动清除该位。当该位置位时,如果中断使能位 TX INT ENA(SCICTL2.0)也被置位,该标志声明一个发送中断请求。通过使能 SW RESET 位或系统复位均可将 TXRDY 置 1。
		0	SCITXBUF 是满的。
		1	SCITXBUF 准备接收下一个字符
6	TX EMPTY		发送器空标志。该标志的值表明发送缓冲寄存器(SCITXBUF)和移位寄存器(TXSHF)的内容。一个有效的 SW RESET(SCICTL1.5)或一次系统复位,可将该位置位。这些位不会引起中断请求。
		0	发送缓冲或移位寄存器都载入数据。
		1	发送缓冲或移位寄存器都为空
5～2	Reserved		保留
1	RX/BK INT ENA		接收中断使能位。该位控制由 RXRDY 标志或 BRKDT 标志被置位引起的中断请求。然而,RX/BK INT ENA 不能阻止标志位 RXRDY 或 BRKDT 被置位。
		0	禁止 RXRDY/BRKDT 中断。
		1	使能 RXRDY/BRKDT 中断
0	TX INT ENA		SCITXBUF 寄存器中断使能。该位控制由置位 TXRDY 标志位引起的中断请求。然而,它不能阻止 TXRDY 标志位被置位(被置位意味着 SCITXBUF 寄存器已经准备好接收下一个字符)。
		0	禁止 TXRDY 中断。
		1	使能 TXRDY 中断

5. SCI 接收状态寄存器

图 13-12 列出了 SCIRXST 寄存器各位的情况,表 13-10 为每一位的描述。

7	6	5	4	3	2	1	0
RX ERROR	RXRDY	BRKDT	FE	OE	PE	RXWAKE	Reserved
R-0	R-0	R-0	R-0	R-0	R-0	R-0	R-0

图 13-12　SCI 接收状态寄存器

说明:R=只读;—n=复位后的值。

表 13-10　SCI 接收状态寄存器各位的说明

位	名　称	值	说　明
7	RX ERROR		SCI 接收错误标志。RX ERROR 标志表明在接收状态寄存器中的其中一个错误标志置位。RX ERROR 是中断检测、帧错误、溢出和校验错误使能标志的或逻辑。 如果 RX ERR INT ENA 位被置位，该位为 1 将导致一个中断。该位在中断服务路径之间用于快速错误条件检测。该错误标志不能直接清除；它通过有效的 SW RESET 或系统复位来清除。
		0	无错误标志置位。
		1	错误标志置位
6	RXRDY		SCI 接收就绪标志。当一个新的字符准备从 SCIRXBUF 寄存器中读取时，寄存器置位该位，并且当 RX/BKINT ENA 位为 1 时会产生一个接收中断。通过读取 SCIRXBUF 寄存器使 RXRDY 被清除，通过有效的 SW RESET 或系统复位使 RXRDY 清 0。
		0	在 SCIRXBUF 中无新字符。
		1	准备从 SCIRXBUF 中读字符
5	BRKDT		SCI 间断检测标志。当一个间断条件发生时，SCI 置位该位。如果从丢失第一个停止位开始，SCI 接收数据线(SCIRXD)保持至少 10 位连续低电平时，间断条件发生。如果 RX/BK INT ENA 位为 1，间断条件发生时会引起一个接收器中断，但是它不能引起接收器缓冲器载入。即使接收器 SLEEP 置位，BRKDT 中断也可以发生。通过有效的 SW RESET 或系统复位来清除 BRKDT。在检测到间断后，接收字符并不能清除该位。为了接收更多的字符，SCI 必须通过触发 SW RESET 或系统复位来复位 SCI。
		0	没有间断条件产生。
		1	间断条件发生。
4	FE		SCI 帧错误标志。当预期的停止位没有检测到时，SCI 置位该位。仅仅在第一个停止位被检测。丢失停止位表明没有能够和起始位同步，以及该字符被错误地组合成一帧。FE 位通过清除 SW RESET 或系统复位来复位。
		0	没有检测到帧错误。
		1	检测到帧错误
3	OE		SCI 溢出错误标志。在先前的字符被 CPU 或 DMAC 全部读出之前，字符被移入 SCIRXEMU 和 SCIRXBUF 寄存器时，SCI 置位该位。先前的字符过载和丢失。OE 标志位通过 SW RESET 或系统复位来复位。
		0	没有检测到过载错误。
		1	检测到过载错误
2	PE		SCI 校验错误标志。当接收到数据中高电平的数量和它的校验位之间不匹配时，该标志位置位。地址位在计算中被包含。如果校验产生并且检测没有使能，PE 标志关闭并且读出为 0。PE 位通过有效的 SW RESET 或系统复位来复位。
		0	无校验错误或校验关闭。
		1	检测到校验错误

位	名　称	值	说　明
1	RXWAKE	 0 1	接收器唤醒检测标志。 没有检测到接收器唤醒条件。 该位为1意味着检测到接收器唤醒条件。在地址位多处理器模式下，RXWAKE反映了在SCIRXBUF中字符地址位的值。在空闲线多处理器模式下，如果SCIRXD数据线被检测到为空闲，RXWAKE被置位。RXWAKE是只读标志，通过下面操作来清除： ● 在地址字节后第一个字节传送到SCIRXBUF(仅在非FIFO模式下)； ● 读SCIRXBUF； ● 有效的SW RESET； ● 系统复位
0	Reserved		读操作返回0，写操作无效

6. SCI接收数据缓冲寄存器

图13-13列出了SCIRXBUF寄存器各位的情况，表13-11为每一位的描述。

15	14	13 … 8
SCIFFFE(1)	SCIFFPE(1)	Reserved
R-0	R-0	R-0

7	6	5	4	3	2	1	0
RXDT7	RXDT6	RXDT5	RXDT4	RXDT3	RXDT2	RXDT1	RXDT0
R-0	R-0	R-0	R-0	R-0	R-0	R-0	R-0

图13-13　SCI接收数据缓冲寄存器

说明：R=只读；$-n$=复位后的值。“(1)”表示仅适用于FIFO功能。

表13-11　SCI接收数据缓冲寄存器各位的说明

位	名　称	值	说　明
15	SCIFFFE	 0 1	SCIFFFE是SCI FIFO帧错误标志位(仅在FIFO被使能时被应用) 当接收0～7位字符时无帧错误。该位与FIFO顶端字符相关联。 当接收0～7位字符时帧错误发生。该位与FIFO顶端字符相关联
14	SCIFFPE	 0 1	SCIFFPE是SCI FIFO校验错误标志(仅在FIFO被使能时被应用) 当接收0～7位字符时无校验错误。该位与FIFO顶端字符相关联。 当接收0～7位字符时有校验错误发生。该位与FIFO顶端字符相关联
13～8	Reserved		
7～0	RXDT7～0		接收字符位

7. SCI FIFO发送寄存器

图13-14列出了SCIFFTX寄存器各位的情况，表13-12为每一位的描述。

15	14	13	12	11	10	9	8
SCIRST	SCIFFENA	TXFIFO Reset	TXFFST4	TXFFST3	TXFFST2	TXFFST1	TXFFST0
R/W-1	R/W-0	R/W-1	R-0	R-0	R-0	R-0	R-0

7	6	5	4	3	2	1	0
TXFFINT Flag	TXFFINT CLR	TXFFIENA	TXFFIL4	TXFFIL3	TXFFIL2	TXFFIL1	TXFFIL0
R-0	W-0	R/W-0	R/W-0	R/W-0	R/W-0	R/W-0	R/W-0

图 13-14　SCI FIFO 发送寄存器

说明：R/W＝读/写；R＝只读；W＝只写；$-n$＝复位后的值。

表 13-12　SCI FIFO 发送寄存器各位的说明

位	名　称	值	说　明
15	SCIRST	 0 1	SCI 复位。 写 0 复位 SCI 发送和接收通道。SCI FIFO 寄存器配置位保持原有状态。 SCI FIFO 可以重新开始发送或接收。即使在自动波特率逻辑工作方式下，SCIRST 也应该为 1
14	SCIFFENA	 0 1	SCI FIFO 使能。 禁止 SCI FIFO 增强功能。 使能 SCI FIFO 增强功能
13	TXFIFO Reset	 0 1	FIFO 发送复位。 复位 FIFO 指针为 0，并保持复位。 重新使能 FIFO 发送操作
12～8	TXFFST4～0	00000 00001 00010 00011 00100	FIFO 发送为空。 FIFO 发送中有 1 个字。 FIFO 发送中有 2 个字。 FIFO 发送中有 3 个字。 FIFO 发送中有 4 个字
7	TXFFINT Flag	 0 1	FIFO 发送中断。 TXFIFO 中断没有发生，只读位。 TXFIFO 中断已经发生，只读位
6	TXFFINT CLR	 0 1	FIFO 发送清除。 写 0 不影响 TXFIFINT 标志位，读该位返回 0。 写 1 清除 TXFFINT 标志

续表

位	名　称	值	说　明
5	TXFFIENA	 0 1	FIFO 发送中断使能。 禁止基于 TXFFIVL 匹配的 FIFO 中断(小于或等于)。 使能基于 TXFFIVL 匹配的 FIFO 中断(小于或等于)
4～0	TXFFIL4～0		TXFFIL4～0 发送 FIFO 中断级位。当 FIFO 状态位(TXFFST4～0)和 FIFO 级位(TXFFIL4～0)匹配(小于或等于),发送 FIFO 将产生中断。因为 2802x SCI 有 4 级深度发送 FIFO,这些位不能被配置多于 4FIFO 深度级的中断。 默认值应该为 0x00000

8. SCI FIFO 接收寄存器

图 13-15 列出了 SCIFFRX 寄存器各位的情况,表 13-13 为每一位的描述。

15	14	13	12	11	10	9	8
RXFFOVF	RXFFOVF CLR	RXFIFO Reset	RXFFST4	RXFFST3	RXFFST2	RXFFST1	RXFFST0
R-0	W-0	R/W-1	R-0	R-0	R-0	R-0	R-0

7	6	5	4	3	2	1	0
RXFFINT Flag	RXFFINT CLR	RXFFIENA	RXFFIL4	RXFFIL3	RXFFIL2	RXFFIL1	RXFFIL0
R-0	W-0	R/W-0	R/W-1	R/W-1	R/W-1	R/W-1	R/W-1

图 13-15　SCI FIFO 接收寄存器

说明:R/W=读/写;R=只读;W=只写;$-n$=复位后的值。

表 13-13　SCI FIFO 接收寄存器各位的说明

位	名　称	值	说　明
15	RXFFOVF	 0 1	FIFO 接收溢出。它只作为标志的功能,不能通过自身产生中断。当接收中断使能,该条件将发生。接收中断应该服务该标志条件。 FIFO 接收没有溢出,只读位。 FIFO 接收溢出,只读位。FIFO 接收到超过 16 个字的信息,接收到的第一个字符已经丢失
14	RXFFOVF CLR	 0 1	RXFFOVF 清 0。 写 0 对 RXFFOVF 标志位无影响,读返回 0。 写 1 清除 RXFFOVF 标志
13	RXFIFO Reset	 0 1	FIFO 接收复位。 写 0 复位 FIFO 指针到 0,并保持复位。 重新使能 FIFO 接收操作

续表

位	名　称	值	说　明
12～8	RXFFST4～0	00000 00001 00010 00011 00100	FIFO 接收为空。 FIFO 接收中有 1 个字。 FIFO 接收中有 2 个字。 FIFO 接收中有 3 个字。 FIFO 接收中有 4 个字，最大允许值
7	RXFFINT	 0 1	FIFO 接收中断。 RXFIFO 中断没有发生，只读位。 RXFIFO 中断已经发生，只读位
6	RXFFINT CLR	 0 1	FIFO 接收中断清 0。 写 0 对 RXFFINT 标志位无影响，读返回 0。 写 1 清除 RXFFINT 标志
5	RXFFIENA	 0 1	FIFO 接收中断使能。 禁止基于 RXFFIVL 匹配（小于或等于）的 RX FIFO 中断。 使能基于 RXFFIVL 匹配（小于或等于）的 RX FIFO 中断
4～0	RXFFIL4～0	11111	FIFO 接收中断深度级位。 当 FIFO 状态位（RXFFST4～0）和 FIFO 深度级位（RXFFIL4～0）匹配（大于等于），FIFO 接收产生中断。在复位后，这些位的默认值为 11111。这将避免重复中断，在复位后，FIFO 接收位大多数时间是空的。因为 2802xSCI 有 4 级深度 FIFO 接收，这些不能配置超过 4 级 FIFO 深度的中断

9. SCI FIFO 控制寄存器

图 13-16 列出了 SCIFFCT 寄存器各位的情况，表 13-14 为每一位的描述。

15	14	13	12 … 8
ABD	ABD CLR	CDC	Reserved
R-0	W-0	R/W-0	R-0

7	6	5	4	3	2	1	0
FFTXDLY7	FFTXDLY6	FFTXDLY5	FFTXDLY4	FFTXDLY3	FFTXDLY2	FFTXDLY1	FFTXDLY0
R/W-0	R/W-0	R/W-0	R/W-0	R/W-0	R/W-0	R/W-0	R/W-0

图 13-16　SCI FIFO 控制寄存器

说明：R/W＝读/写；R＝只读；W＝只写；$-n$＝复位后的值。

表 13-14 SCI FIFO 控制寄存器各位的说明

位	名称	值	说明
15	ABD	 0 1	自动波特率检测位。 自动波特率检测没有完成。"A""a"字符没有接收成功。 自动波特率硬件在 SCI 接收寄存器已经检测到"A"或"a"字符。自动检测完成
14	ABD CLR	 0 1	ABD 清除位。 写 0 对 ABD 标志位无影响,读返回 0 写 1 清除 ABD 标志
13	CDC	 0 1	CDC 校正 A 检测位。 禁止自动波特率检测校准。 使能自动波特率检测校准
12～8	Reserved		保留
7～0	FFTXDLY7～0		FIFO 发送延时。这些位定义每次从 FIFO 发送缓冲器到发送移位寄存器之间的延时。通过 SCI 连续波特率时钟周期来确定延时时间。这个 8 位寄存器可以定义一个最小的 0 波特率时钟周期延时和一个最大的 256 波特率时钟周期延时。 在 FIFO 模式中,在移位寄存器和 FIFO 之间的缓冲器(TXBUF)应该仅在移位寄存器完成转移最后一位之后被装满。其被要求在数据流传送之间的传输延时。在 FIFO 模式中,TXBUF 不应该当作一个附加的缓冲深度级。传输延时特性在标准 UARTS 中没有 RTS/CTS 控制时将有利于创建一个自动流方案。 当 SCI 被配置为一位停止位,通过 FFTXDLY 引导在一帧和下一帧等于若干波特率时钟周期数值之间的延时,FFTXDLY 被置位。 当 SCI 被配置为二位停止位,通过 FFTXDLY 引导在一帧和下一帧等于若干波特率时钟周期数值之间的延时,FFTXDLY 被置位为负 1

10. SCI 优先级控制寄存器

图 13-17 列出了 SCIPRI 寄存器各位的情况,表 13-15 为每一位的描述。

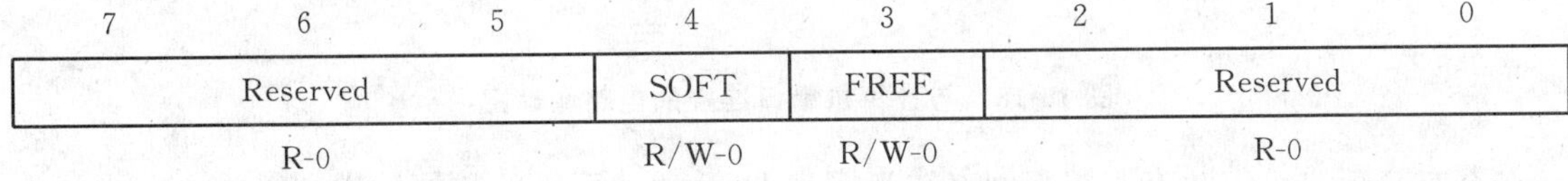

图 13-17 SCI 优先级控制寄存器

说明:R/W=读/写;R=只读;-n=复位后的值。

表 13-15　SCI 优先级控制寄存器各位的说明

位	名　称	值	说　明
7～5	Reserved		读操作返回 0，写操作无效
4～3	SOFT and FREE		这些位决定当发生仿真挂起时（例如，当调试器遇到一个断点），SCI 模块该怎样操作。在自由运行模式下，外设可以继续运行正在运行的动作，或如果在停止模式下，外设需要立即停止或完成当前操作后停止。
		00	在挂起时立即停止。
		10	完成当前接收/发送操作后停止。
		x1	自由运行，继续 SCI 操作无视暂停
2～0	Reserved		读操作返回 0，写操作无效

13.4　SCI 发送和接收程序的编写

要和计算机进行通信，就需要 MAX3232 这款芯片。这里将通过中断和查询两种方式来实现由 DSP 接收，DSP 收到后将发送的数据传回计算机。下面来介绍它与计算机串口连接的电路原理图，如图 13-18 所示。

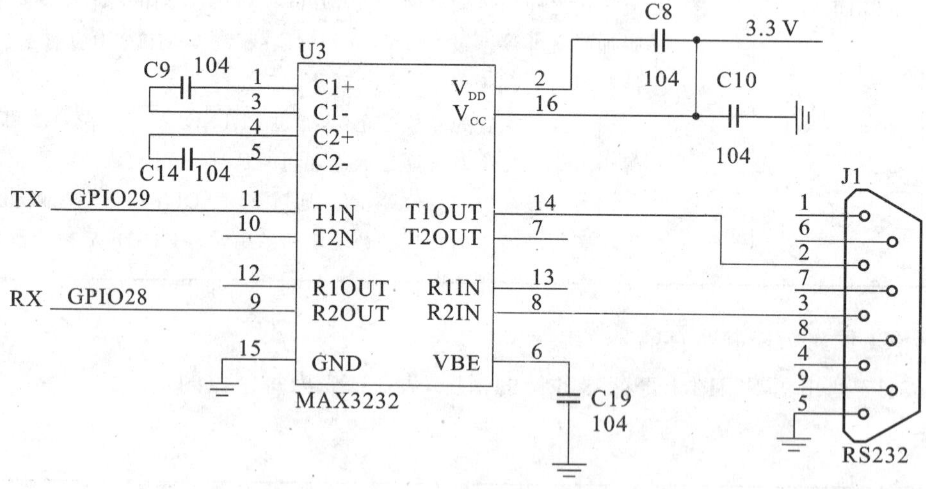

图 13-18　与计算机串口连接的电路原理图

下面分别通过中断方式和查询方式来实现 DSP 和计算机的数据发送和接收。

1. 中断方式实现数据的接收和发送

接收中断：如果接收引脚 SCIRXD 有数据传来，SCI 将数据逐位地移送到移位寄存器 RXSHF 中，当 RXSHF 接收到完整的字符时将发送给接收缓冲寄存器 SCIRXBUF，标志位 RXRDY 置位，同时产生一个接收中断的请求信号。如果 SCI 使能了接收中断，并且使能了 PIE 中断和 CPU 中断的话，就会产生 SCI 的接收中断，通过在中断程序中读取 SCIRXBUF

中的数据，标志位 RXRDY 被自动清除。

发送中断：在发送缓冲器 SCITXBUF 将数据发送给移位寄存器 TXSHF 后，标志位 TXRDY 置位，同时产生一个发送中断的请求信号。如果 SCI 使能了发送中断，并相应使能了 PIE 中断和 CPU 中断的话，就会产生 SCI 发送中断。在通过程序将数据写入 SCITXBUF 后，标志位 TXRDY 会自动被清除。

使用中断实现数据的接收与发送的具体步骤如下。

(1) 添加文件，所需添加的文件如图 13-19 所示。

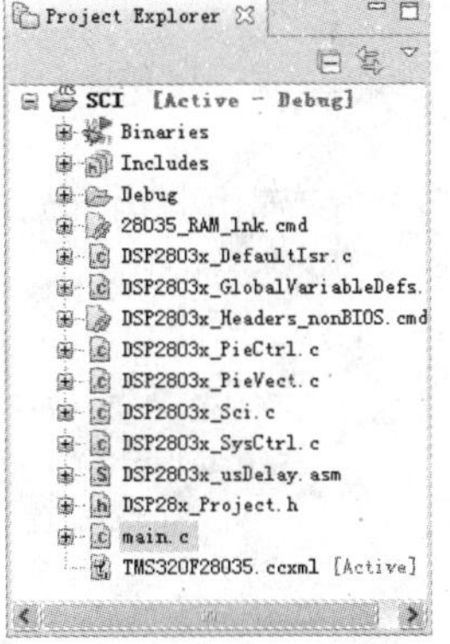

图 13-19　添加所需要的文件

(2) 初始化 SciaGpio。

```
void InitSciaGpio(void)
{
  EALLOW;
  GpioCtrlRegs.GPAPUD.bit.GPIO28=0;       //开启 GPIO28 的上拉(SCIRXDA)
  GpioCtrlRegs.GPAPUD.bit.GPIO29=0;       //开启 GPIO29 的上拉(SCITXDA)
  GpioCtrlRegs.GPAQSEL2.bit.GPIO28=3;     //将 GPIO28 配置为异步 (SCIRXDA)
  GpioCtrlRegs.GPAMUX2.bit.GPIO28=1;      //选择复用功能,作为 SCIRXDA
  GpioCtrlRegs.GPAMUX2.bit.GPIO29=1;      //选择复用功能,作为 SCITXDA
  EDIS;
}
```

(3) 初始化串行通信口。

```
void USARTA_IntHandlerConfig(void)
{
  EALLOW;
  PieVectTable.SCIRXINTA=&USARTA_RxIntHandler;
  EDIS;
}
void USARTA_Init(uint buad)
{
  uint brr=(1875000/buad)-1;            //15000000/8=1875000
  USARTA_IntHandlerConfig();            //PIE 中断函数配置
  SciaRegs.SCICCR.all=0x0007;           //1 位停止位,无回送,无校验,8 个字符,空线协议
  SciaRegs.SCICTL1.all=0x0003;   //使能 TX、RX、内部 SCICLK,取消 RX ERR、SLEEP、TXWAKE
  SciaRegs.SCICTL2.all=0x0003;
  SciaRegs.SCICTL2.bit.TXINTENA=0;  //禁止发送中断
  SciaRegs.SCICTL2.bit.RXBKINTENA=1; //使能接收中断
  SciaRegs.SCIHBAUD=(brr>>8)&0x00FF;
  SciaRegs.SCILBAUD=brr&0x00FF;
  SciaRegs.SCICTL1.all=0x0023;          //SCI 退出复位状态
}
```

(4) 使能串口 PIE 中断。

```
void USARTA_CpuIntEn(void)
{
  PieCtrlRegs.PIECTRL.bit.ENPIE=1;      //使能 PIE 模块
  PieCtrlRegs.PIEIER9.bit.INTx1= 1;     //使能 PIE 第九组,INT1
```

```
  IER |=M_INT9;
EINT;  //使能全局中断
}
```

(5) 配置中断内容。

```
interrupt void USARTA_RxIntHandler(void)
{
  rx[data]=SciaRegs.SCIRXBUF.all;
  if(data<8)
{
    data++;
}
  if(data==8){data=0;flag=1;}
  PieCtrlRegs.PIEACK.bit.ACK9=1;      //清除中断标志
}
```

(6) 主函数。

```
#include "DSP28x_Project.h"
#define uint unsigned int
#define uchar unsigned char
uchar rx[8]={0},data=0,flag=0;
void USART_Transmit()
{
    uchar i=0;
    for(i=0;i<8;i++)
   {
    while (SciaRegs.SCICTL2.bit.TXRDY==0);//如果 SCITXBUF 没有准备好接收新的数
据,则一直等待,直到标志位置 1
    SciaRegs.SCITXBUF=rx[i];
    rx[i]=0;
   }
    flag=0;
}
void main(void)
{
  InitSysCtrl();
  DINT;                                    //先禁止 CPU 中断
  InitPieCtrl();                           //给 PIE 寄存器赋初值
  IER=0x0000;                              //禁止 CPU 的中断并清除所有相关的中断标志
  IFR=0x0000;
  InitPieVectTable();                      //初始化中断向量表
  InitSciaGpio();                          //Scia 使用端口初始化
  USARTA_Init(9600);
  USARTA_CpuIntEn();                       //使能 PIE 中断
  while(1)
  {
    if(flag==1){USART_Transmit();}
  }
}
```

2. 查询方式实现数据的接收与发送

查询方式就是通过查询发送缓冲器的就绪标志位 TXRDY 和接收缓冲器的 RXRDY 来判断 SCI 是否做好了发送准备和接收准备。

对于发送标志位，在发送缓冲寄存器 SCITXBUF 将数据发送给发送移位寄存器 TXSHF 后，发送缓冲器 SCITXBUF 为空，这时发送缓冲器的就绪标志位 TXRDY 置 1，通知 CPU 可以发送新的数据了，因此可以通过不断地查询 TXRDY 的状态来确定是否发送数据。

对于接收标志位，在接收移位寄存器 RXSHF 将接收到的字符发送给接收缓冲寄存器 SCIRXBUF 后，接收缓冲寄存器 SCIRXBUF 内有数据，此时接收缓冲寄存器就绪标志位 RXRDY 被置 1，通知 CPU 已经接收到一个新的数据，可以过来读取，因此可以通过不断地查询 RXRDY 的状态来确定 CPU 是否可以来读取新的数据。

```
UART [Active - Debug]
  Binaries
  Includes
  Debug
  28035_RAM_lnk.cmd
  DSP2803x_DefaultIsr.c
  DSP2803x_GlobalVariableDefs.c
  DSP2803x_Gpio.c
  DSP2803x_Headers_nonBIOS.cmd
  DSP2803x_PieCtrl.c
  DSP2803x_PieVect.c
  DSP2803x_Sci.c
  DSP2803x_SysCtrl.c
  DSP2803x_usDelay.asm
  DSP28x_Project.h
  main.c
  TMS320F28035.ccxml [Active]
```

图 13-20　添加所需要的文件

使用查询方式实现数据的接收与发送的主要步骤如下。

（1）添加所需要的文件，添加的文件如图 13-20 所示。

（2）初始化 SciaGpio。

```
void InitSciaGpio()
{
  EALLOW;
  GpioCtrlRegs.GPAPUD.bit.GPIO28=0;      //开启 GPIO28 的上拉(SCIRXDA)
  GpioCtrlRegs.GPAPUD.bit.GPIO29=0;      //开启 GPIO29 的上拉(SCITXDA)
  GpioCtrlRegs.GPAQSEL2.bit.GPIO28=3;    //将 GPIO28 配置为异步 (SCIRXDA)
  GpioCtrlRegs.GPAMUX2.bit.GPIO28=1;     //选择复用功能,作为 SCIRXDAG
  pioCtrlRegs.GPAMUX2.bit.GPIO29=1;      //选择复用功能,作为 SCITXDA
  EDIS;
}
```

（3）查询发送就绪标志位 TXRDY。

```
int SCITX_Ready()
{
  unsigned char i;
  if(SciaRegs.SCICTL2.bit.TXRDY==1)  //检测发送就绪标志位为 1
  {
    i=1;
  }
  else
  {
    i=0;
  }
  return(i);      //返回 i 的值
}
```

（4）查询接收就绪标志位 RXRDY。

```
int SCIRX_Ready()    //查询接收数据状态
{
  unsigned char j;
  if(SciaRegs.SCIRXST.bit.RXRDY==1)   //查询接收就绪状态 RXRDY 的值
  {
    j=1;
  }
  else
  {
    j=0;
  }
  return(j);    //返回 j 的值
}
```

(5) Scia 串行通信口初始化。

```
void SCIAINIT()
{
  SciaRegs.SCICCR.bit.STOPBITS=0;             //一位停止位
  SciaRegs.SCICCR.bit.PARITYENA=0;            //禁止校验
  SciaRegs.SCICCR.bit.LOOPBKENA=0;            //禁止回环测试
  SciaRegs.SCICCR.bit.ADDRIDLE_MODE=0;        //选择空闲线模式
  SciaRegs.SCICCR.bit.SCICHAR=7;              //8 位字符长度
  SciaRegs.SCICTL1.bit.RXENA=1;               //发送使能
  SciaRegs.SCICTL1.bit.TXENA=1;               //接收使能
  SciaRegs.SCIHBAUD=(0xc2>>8)&0x00ff;
  SciaRegs.SCILBAUD=0xc2&0x00ff;              //波特率设置为 9600
  SciaRegs.SCICTL1.bit.SWRESET=1;             //重启 SCI
}
```

(6) 主函数。

```
#include "DSP28x_Project.h"
unsigned int Sci_Rxd[8]={0};                    //设置接收存储区
unsigned char send_flag=0;                      //设置标志位
unsigned char i=0;
void SCIAINIT();
int SCITX_Ready();
int SCIRX_Ready();
void main(void)
{
  InitSysCtrl();                                //系统初始化函数
  DINT;                                         //禁止 CPU 中断
  IER=0X0000;                                   //禁止 CPU 中断使能
  IFR=0X0000;                                   //禁止 CPU 中断标志
  InitPieCtrl();                                //初始化 PIE 控制寄存器
  InitPieVectTable();                           //初始化 PIE 中断向量表
  InitSciaGpio();                               //Scia 端口初始化
  SCIAINIT();
```

```
    while(1)
    {
      if((SCIRX_Ready()==1))    //查询方式实现接收功能
      {
        Sci_Rxd[i]=SciaRegs.SCIRXBUF.all;
        send_flag=1;
      }
    if((SCITX_Ready()==1)&&(send_flag==1))    //查询方式实现发送功能
    {
      SciaRegs.SCITXBUF=Sci_Rxd[i];
      i++;
      if(i==8)
      {
        i=0;
      }
        send_flag=0;
      }
    }
  }
```

到此，SCI 发送和接收程序已经编写完毕。该程序已经通过编译，并且调试完毕，可以实现程序的目的。有条件的读者可以将其下载到 DSP 中，通过串口调试助手，发送 8 个字符型数据给 DSP，看返回的数值是否准备。注意：将所有子函数放在主函数之前，或者自己添加函数声明，否则会出现错误。该程序仅仅是运行在仿真模式下的，要想下载到 Flash 中，请参考第 5 章的载入方法。同时，发送的数据不能超过 8 个，否则数据会混乱，若要增加数值的个数，请将接收缓冲区的容量扩大。

本章小结

本章详细介绍了 SCI 模块的结构、特点及其工作原理，讲解了 SCI 通信时的数据格式、波特率的设置以及 SCI 的各种中断；然后在标准 SCI 模式的基础上，介绍了 SCI 的 FIFO 功能；最后用实例来介绍如何实现 SCI 的发送和接收，这里接收用的是中断方式，发送用的是查询方式。

本章习题

1. 参考实例，编写在波特率 19 200 bit/s 下的 TMS320F28035 和 PC 通信的程序。
2. 运用 FIFO 功能，编写 TMS320F28035 和 PC 通信的程序。
3. 参考实例，编写用 PC 发送 1 来控制 TMS320F28035 的流水灯闪烁的程序。
4. 参考实例，编写用中断接收和发送方式的 PC 和 TMS320F28035 的通信程序。
5. 参考实例，编写用中断接收和查询发送方式的 PC 和 TMS320F28035 的通信程序。

第14章 串行外设接口 SPI

在开发 F2803x 时，有可能需要扩展一些外围设备，例如需要外扩 EPPROM、DAC 等，这个时候就需要用到串行外围设备接口 SPI。SPI 是一种高速的同步串行输入/输出接口，允许 1～16 位的数据流在设备与设备之间进行交换，通常用于 DSP 与外围设备或者 DSP 与其他控制器之间的通信。本章将介绍 SPI 接口的一些基础知识、内部结构、工作原理、各个寄存器等内容，最后将通过一个实例来讲解如何通过编程来实现 SPI 的数据通信。

14.1 SPI 模块概述

SPI 是串行外围设备接口（serial peripheral interface）的英文缩写。SPI 最早是由 Freescale 公司在其 MC68HCxx 系列处理器上定义的一种高速同步串行通信接口。在第 13 章中我们介绍过 SCI 是一种低速的异步串行接口，是异步通信，而 SPI 是同步通信。那么同步串行通信和异步串行通信有什么区别呢？同步串行通信时，通信双方的设备必须拥有相同的时钟脉冲，以相同的步调进行数据传输；而异步串行通信时，通信双方的设备可以拥有各自独立的时钟脉冲，可以独自进行数据传输。

14.1.1 SPI 模块的特点

图 14-1 所示为 F2803x SPI 模块的接口图，该模块特点如下。

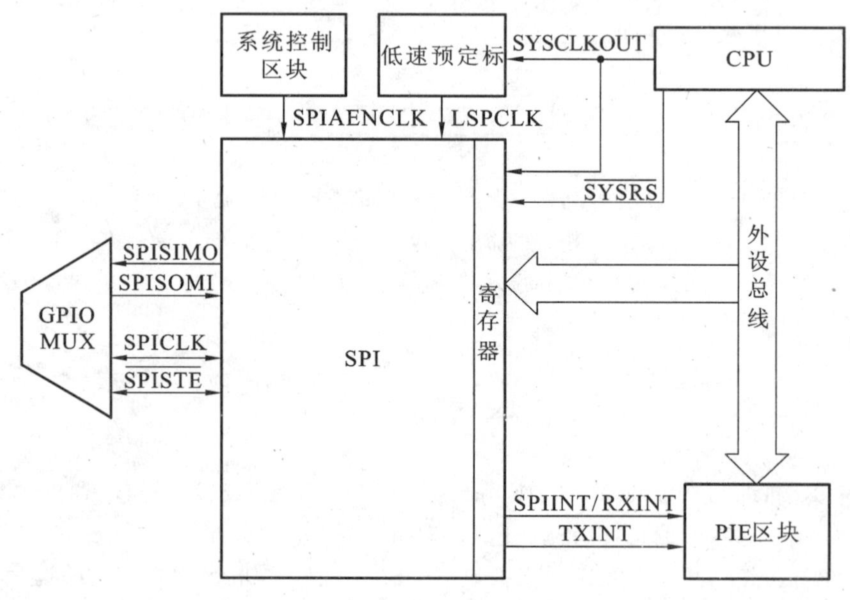

图 14-1　F2803x SPI 模块的接口图

- 四个外部引脚。
  - SPISOMI：SPI 从器件输出/主器件输入引脚。
  - SPISIMO：SPI 从器件输入/主器件输出引脚。

- SPISTE:SPI 从器件发送使能引脚。
- SPICLK:SPI 串行时钟引脚。

■ 两种运行模式:主机/从机。

■ 波特率:具有 125 种可编程的波特率。最大波特率受限于 SPI 引脚使用的 I/O 缓冲器的最大工作速率。

$$\text{Baudrate}=\frac{\text{LSPCLK}}{\text{SPIBRR}+1}$$，当 SPIBRR=3～127；

$$\text{Baudrate}=\frac{\text{LSPCLK}}{4}$$，当 SPIBRR=0,1,2。

■ 数据长度:1～16 位数据。

■ 四种时钟方案(由时钟极性和时钟相位决定)。

- 无相位延迟的下降沿:SPI 在 SPICLK 信号的下降沿发送数据,在 SPICLK 信号的上升沿接收数据。SPICLK 高电平有效。
- 无相位延迟的上升沿:SPI 在 SPICLK 信号的上升沿发送数据,在 SPICLK 信号的下降沿接收数据。SPICLK 低电平无效。
- 有相位延迟的下降沿:SPI 在 SPICLK 信号的下降沿的一半周期之前发送数据,而在 SPICLK 信号的下降沿接收数据。SPICLK 高电平有效。
- 有相位延迟的上升沿:SPI 在 SPICLK 信号的下降沿之前的半个周期发送数据,而在 SPICLK 信号的上升沿接收数据。SPICLK 低电平无效。

■ 允许同时发送和接收操作(通过软件禁止发送功能)。

■ 可通过中断或查询方式来完成发送和接收操作。

■ 12 个 SPI 模块控制寄存器:位于控制寄存器,起始地址为 7040h。

■ 4 级深度的发送/接收 FIFO。

■ 支持双向 3 线 SPI 模式。

■ 通过 SPISTE 翻转的音频数据接收支持。

14.1.2 SPI 的信号总结

表 14-1 为 SPI 模块信号的功能描述。

表 14-1 SPI 模块信号的功能描述

信号名称	功能描述
外部引脚	
SPISOMI	SPI 从模式输出/主模式输入引脚
SPISIMO	SPI 从模式输入/主模式输出引脚
SPICLK	SPI 串行时钟引脚
$\overline{\text{SPISTE}}$	SPI 从模式发送使能引脚
控制信号	
LSPCLK	SPI 时钟速率
中断信号	
SPIINT/RXINT	发送中断/接收中断(不使用 FIFO 情况下)
TXINT	发送中断(使用 FIFO 情况下)

14.2 SPI模块的工作原理

图14-2所示为SPI模块的结构框图。从图中可以看出，SPI能够完成数据的交换主要依赖于3个数据寄存器，即接收缓冲寄存器SPIRXBUF、发送缓冲寄存器SPITXBUF和数据移位寄存器SPIDAT，这3个寄存器均为16位。

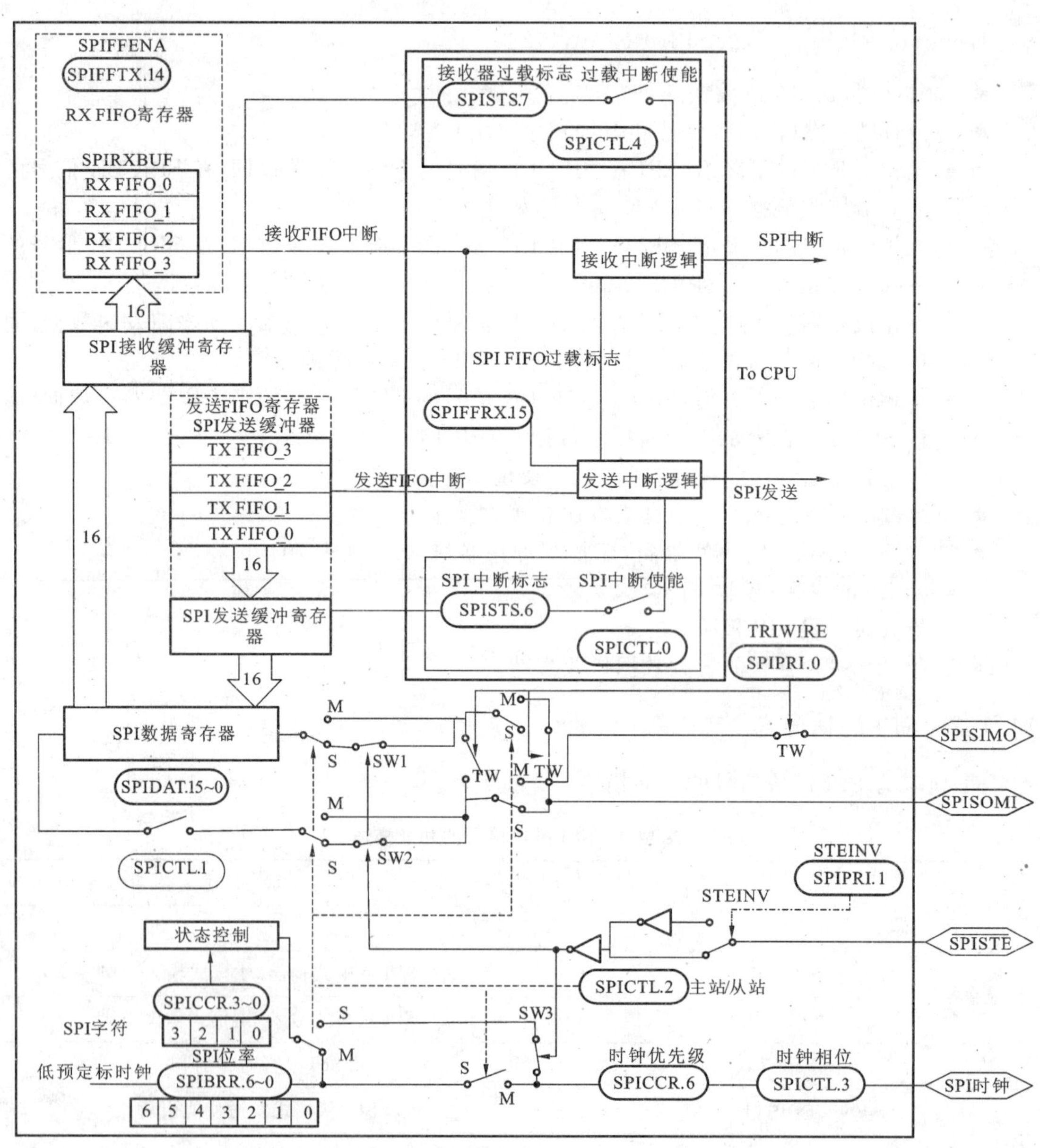

图14-2 SPI模块的结构框图

SPI模块可以通过移位寄存器实现数据的交换，即通过SPIDAT寄存器移入或者移出数据。那么SPI在标准SPI模式下(FIFO未使能)，如何实现数据交换的过程呢？首先，通过程序向发送缓冲寄存器SPITXBUF写入数据，如果此时SPIDAT寄存器为空，则SPITXBUF将需要发送的完整数据传输给SPIDAT，数据在SPITXBUF寄存器和SPIDAT

寄存器内存放都是左对齐的，也就是从高位开始存储。SPIDAT 经过每一个时钟脉冲，完成一位数据的发送或者接收。例如在时钟脉冲的上升沿时，SPIDAT 将数据的最高位发送出去，然后将剩余的数据左移一位，当遇到时钟脉冲的下降沿时，SPIDAT 锁存一位数据，并保存至其最低位，当发送完指定数据的位数后，SPIDAT 寄存器将其内部的数据发送给接收缓冲寄存器 SPIRXBUF，等待 CPU 来读取，数据在接收缓冲寄存器 SPIRXBUF 中是右对齐的，从最低位开始存储。

在标准 SPI 模式下，接收操作支持双缓冲，也就是在新的接收操作启动时，CPU 可以暂时不读取 SPIRXBUF 中接收到的数据，但是在新的接收操作完成之前必须读取 SPIRXBUF，否则将会覆盖原来接收到的数据。同样，发送操作也支持双缓冲功能。

14.2.1 SPI 主从工作方式

图 14-3 所示是典型的主从模式连接图。SPI 可以运行在主站和从站模式下。通过 MASTER/SLAVE 位选择运行模式和时钟信号 SPICLK 源。

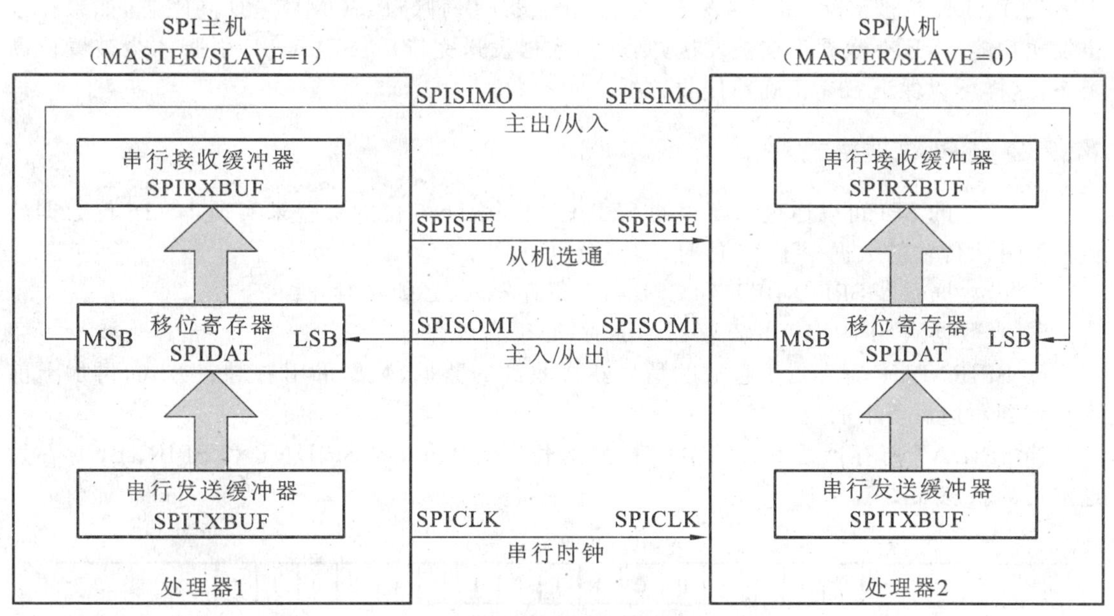

图 14-3　SPI 主从模式连接图

1. 主机模式

在主机模式（MASTER/SLAVE＝1）中，整个串行通信网络中的时钟信号 SPICLK 由主机提供。主机通过 SPISIMO 引脚来发送数据，通过 SPISOMI 引脚来输入数据，当数据写到移位寄存器 SPIDAT 或者写到串行发送缓冲寄存器 SPITXBUF 时，就会启动 SPISIMO 引脚开始发送数据，首先发送的是 SPIDAT 的最高位，接着将剩余的数据左移一位，接收到的数据通过 SPISOMI 引脚移入 SPIDAT 的最低位，在选择的数据全部发送完毕后，SPIDAT 中接收到的数据被写入 SPI 的接收缓冲寄存器 SPIRXBUF，等待 CPU 来读取。

对于主机，当规定数目的数据通过移位寄存器 SPIDAT 完成发送时，会产生以下事件。

- SPIDAT 中的内容被转移到 SPIRXBUF 中。
- SPI 中断标志位 SPI INT FLAG 被置位。
- 当 SPIDAT 完成数据发送时，如果 SPIRXBUF 中还有数据，则这些数据将被写入到

SPIDAT 中继续发送。在 SPIDAT 中所有的数据发送完成后，时钟脉冲 SPICLK 将会停止。

- 如果 SPI 的中断使能位 SPI INT ENA 置 1，将会产生一个中断。

在典型的应用中，$\overline{\text{SPISTE}}$是从机 SPI 的使能信号，这是一个低电平有效的信号，也就是说，当主机给从机发送信号时，$\overline{\text{SPISTE}}$引脚被置为低电平，当主机的数据发送完成后，该引脚重新被置为高电平。

2. 从机模式

在从机模式(MASTER/SLAVE＝0)中，从机数据通过 SPISOMI 引脚来发送，通过 SPISIMO 引脚来接收。当从机接收到来自于主机脉冲信号的边沿时，就可以启动数据的发送和接收了。在数据写入到 SPIDAT 或者 SPITXBUF 后，SPIDAT 就开始将数据的最高位移出，同时左移剩下的数据，然后将接收到的数据移入 SPIDAT 的最低位。如果在将数据写到 SCITXBUF 时，SPIDAT 内有数据正在发送，这时 SPITXBUF 就需要等待，等待 SPIDAT 中数据发送完成后再把 SPITXBUF 中数据写到 SPIDAT 中，如果数据写到 SPITXBUF 时，SPIDAT 中没有数据在发送，则这些数据会立刻被写入到 SPIDAT 寄存器中。当 TALK 位被清除，SPI 的发送功能禁止，发送引脚(SPISOMI)呈现高阻态，如果在禁止发送功能后，还有数据正在被发送，则等到数据发送完毕后，SPISOMI 引脚才会被置位高阻态，这样可以保证 SPI 正确地接收数据。

14.2.2 SPI 数据格式

F2803x 的 SPI 可以通过对寄存器 SPICCR 的第 3～0 位的配置来实现 1～16 位数据的传输。每次传输的数据少于 16 位时，需注意以下几点：

① 当数据写入 SPITXBUF 和 SPIDAT 寄存器时，必须左对齐；

② 当数据从 SPIRXBUF 寄存器读取时，必须右对齐；

③ SPIRXBUF 寄存器中存放的是最新接收到的数据，数据采用右对齐方式，再加上前面移位到左边后留下的位。

当 SPIDAT 寄存器是 0X737BH 时，发送长度为 1 位，则 SPIDAT 和 SPIRXBUF 在发送前后的状态如图 14-4 所示。

图 14-4 SPIDAT 和 SPIRXBUF 寄存器数据移动方式

14.2.3 SPI 波特率

SPI 波特率的计算公式如下：

$$\text{Baudrate}=\frac{\text{LSPCLK}}{\text{SPIBRR}+1}\text{，当 SPIBRR}=3\sim127\text{；}$$

$$\text{Baudrate}=\frac{\text{LSPCLK}}{4}\text{，当 SPIBRR}=0,1,2\text{。}$$

LSPCLK 为 DSP 的低速外设时钟频率。当 SPIBRR 在 3～127 的范围内时，当 SPIBRR

为奇数、SPIBRR＋1 为偶数时，SPICLK 信号高电平和低电平在一个周期内保持对称；当 SPIBRR 为偶数、SPIBRR＋1 为奇数时，SPICLK 信号高电平和低电平在一个周期内不对称。当时钟极性位被清 0 时，SPICLK 的低电平比高电平多一个时钟周期；当时钟极性被置位时，SPICLK 的高电平比低电平多一个系统时钟周期。

14.2.4 SPI 时钟配置

SPI 时钟配置方案是指 SPI 在时钟脉冲的什么边沿去发送或者接收数据。SPICCR 寄存器的 CLOCK POLARITY 位和寄存器 SPICTL 的 CLOCK PHASE 位决定了 SPI 的时钟特性，CLOCK POLARITY 决定了时钟的极性，而 CLOCK PHASE 决定了时钟的相位。这两个参数不同取值的组合可以构成 4 种不同的时钟方式，如图 14-5 所示。

- 当 CLOCK PLARITY＝0 时，SPICLK 没有数据发送时，SPICLK 处于低电平：
  - 当 CLOCK PHASE＝0 时，SPI 在 SPICLK 信号的上升沿发送数据，在 SPICLK 信号的下降沿接收数据；
  - 当 CLOCK PHASE＝0 时，SPI 在 SPICLK 信号的上升沿延时了半个周期后发送，在随后的上升沿处接收数据。
- 当 CLOCK PLARITY＝1 时，SPICLK 没有数据发送时，SPICLK 处于高电平：
  - 当 CLOCK PHASE＝1 时，SPI 在 SPICLK 信号的下降沿发送数据，在 SPICLK 信号的上升沿接收数据；
  - 当 CLOCK PHASE＝1 时，SPI 在 SPICLK 信号的下降沿延时了半个周期后发送，在随后的下降沿处接收数据。

SPICLK 时序方案	时钟优先级	时钟相位
上升沿无延时	0	0
上升沿有延时	0	1
下降沿无延时	1	0
下降沿有延时	1	1

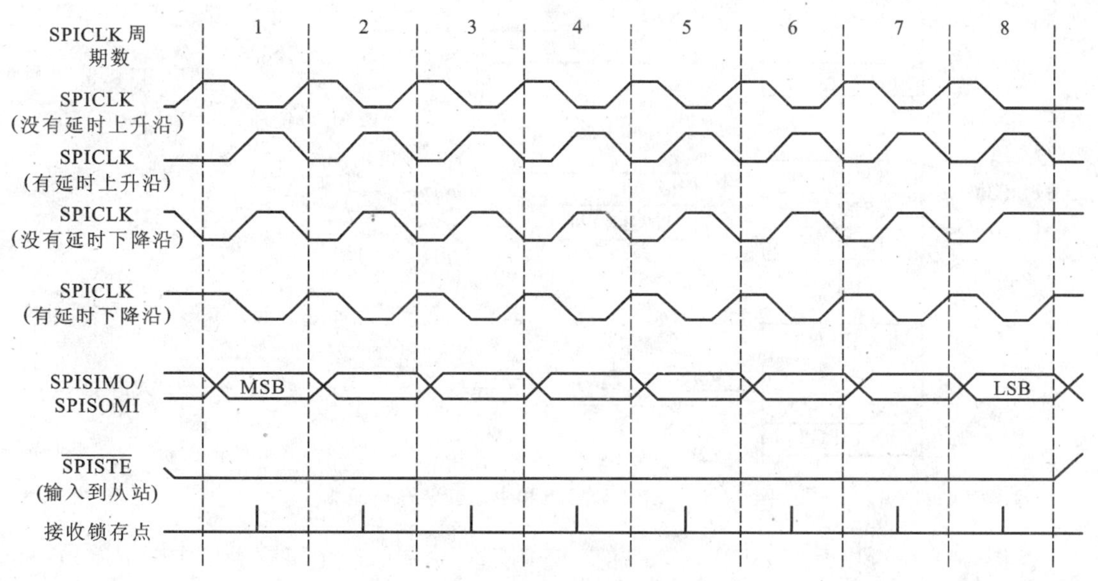

图 14-5 SPI 时钟配置方案

14.2.5 SPI 模块的 FIFO 队列

F2803x 的 SPI 模块和 SCI 模块一样，也具有 4 级深度的发送 FIFO 和接收 FIFO。当 FIFO 功能未被使能时，SPI 工作于标准 SPI 模式；当 FIFO 功能被使能时，SPI 工作于增强的 FIFO 模式。FIFO 的功能由 SPI FIFO 发送寄存器 SPIFFTX、SPI FIFO 接收寄存器 SPIFFRX 和 SPI FIFO 控制寄存器 SPIFFCT 实现。

当 DSP 复位时，SPI 工作在标准 SPI 模式下，FIFO 功能被禁止。通过将 SPIFFTX 寄存器中的 SPIFFEN 位置位来启动 SPI 和 FIFO 功能。将 SPIFFTX 的位 SPIRST 置 1，可以在任何状态下复位 FIFO 模式，SPI FIFO 将重新开始发送和接收数据。

数据从 FIFO 转移到移位寄存器的速度是可以通过编程来控制的。SPIFFCT 寄存器的第 7～0 位，即 FFTXDLY，定义了两个数据发送间的延时。这个延时是以 SPI 串行时钟周期 SPICLK 为基准的。这个 8 位寄存器可以定义最小 0 个时钟周期的延时和最大 256 个时钟周期的延时。当延时为 0 个时钟周期时，SPI 模块发送数据将产生最大延时。

发送和接收 FIFO 都有状态位 TXFFST 和 RXFFST。TXFFST 位于寄存器 SPIFFTX[12～8]，共 5 位。RXFFST 位于寄存器 SPIFFRX[12～8]，共 5 位。这两位是用于在任何时间标识 FIFO 队列中有用数据的个数。当 TXFFST 被清零时，发送 FIFO 队列的复位位 TXFIFO RESET 也被清零，发送 FIFO 的指针复位为 0，可以通过将 TXFIFO RESET 置位来重新启动 FIFO 队列的发送操作。当 RXFFST 被清零时，接收 FIFO 队列的复位位 RXFIFO RESET 也被清零，接收 FIFO 的指针复位为 0，也可以通过将 RXFIFO RESET 置位来重新启动 FIFO 队列的接收操作。

14.2.6 SPI 的中断

图 14-6 所示是 SPI 中断标志和中断使能逻辑汇总。

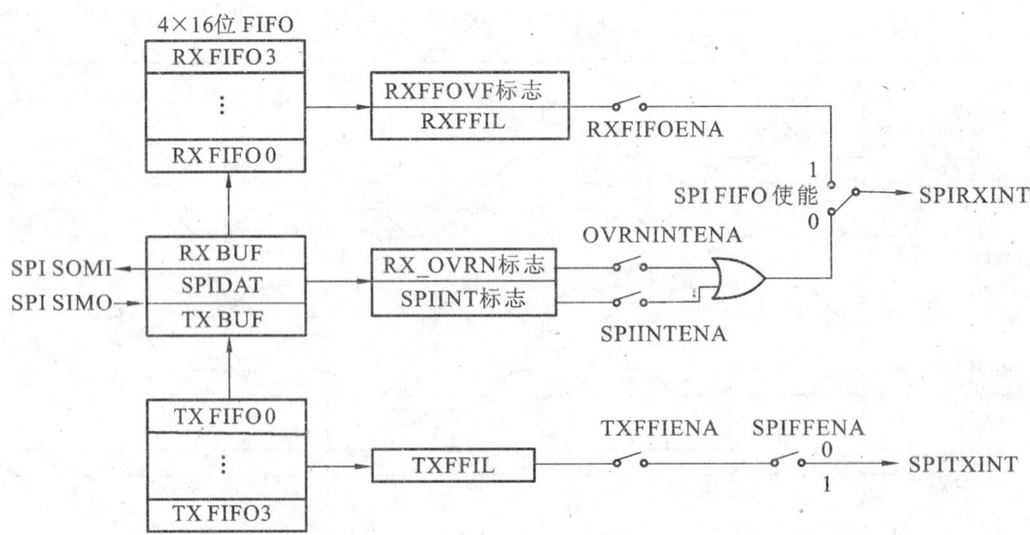

图 14-6 SPI 中断标志和中断使能逻辑汇总

从图 14-6 中可以看出，SPI 工作于标准 SPI 模式下，能够产生接收溢出中断 RX_OVRN INT 和发送或接收操作的中断 SPIINT，这两个中断共用中断线 SPIRXINT。SPI 工作于

FIFO 模式下时，能够产生接收中断 SPIRXINT 和发送中断 SPITXINT。

1. 标准 SPI 模式

当 SPIFFTX 寄存器的 SPIFFENA 位为 0，即 FIFO 未使能时，SPI 工作在标准模式下。当一个完整的字符移入或者移出 SPIDAT 时，SPIRXINT 的中断标志位 SPIINT FLAG 被置位，此时，SPIDAT 中接收到的数据就会被写入 SPIRXBUF 缓冲寄存器，等待 CPU 读取。如果 SPI 工作控制寄存器的位 SPIINT ENA 被置位，即 SPIRXINT 中断使能，则其会向 PIE 控制寄存器提出中断请求。

SPIRXINT 是一种复用的中断，当 SPI 接收数据产生溢出时，也会产生 SPIRXINT 的中断请求信号。如果新的接收数据写入 SPIRXBUF 寄存器之前，旧的数据 CPU 还尚未读取，那么新的数据会覆盖旧的数据，RX_OVRN FLAG 被置位。如果 SPICTL 寄存器的 OVERRUN INT ENA 位被置位，即接收溢出中断使能，SPI 也会向 PIE 控制寄存器提出中断请求。

无论是接收溢出、发送完成或者接收完成，其所产生的所有中断都是用 SPIRXINT 中断线。在 CPU 读取 SPIRXBUF 寄存器中的数据后，中断标志位 SPI INT FLAG 会自动被清除。

2. FIFO 模式

当 SPIFFTX 寄存器的 SPIFFENA 位为 1，即 FIFO 功能被使能时，SPI 工作于增强 FIFO 模式。接收 FIFO 队列有状态位 RXFFST，表示接收 FIFO 中有多少个接收到的数据。同时，SPI FIFO 接收寄存器 SPIFFRX 还有一个可编程的中断触发级位 RXFFIL。当 RXFFST 的值与预设的值相等时，接收 FIFO 会产生接收中断 SPIRXINT 信号。

对于发送操作，发送 FIFO 队列有状态位 TXFFST，表示发送 FIFO 中有多少个数据需要发送。同时，SPI FIFO 发送寄存器 SPIFFTX 也有一个可编程的中断触发级位 TXFFIL。当 TXFFST 的值与预设的值相等时，SPI 将向 PIE 控制器发送中断请求。

SPI 的中断如表 14-2 所列。

表 14-2 SPI 的中断

工作模式	SPI 中断源	中断标志位	中断使能位	SPIFFENA	中断线
标志 SPI 模式	接收溢出	RX_OVRN	OVRNINTENA	0	SPIRXINT
	接收数据	SPIINT	SPIINTENA	0	SPIRXINT
	发送空	SPIINT	SPIINTENA	0	SPIRXINT
	FIFO 接收中断	RXFFIL	RXFFIENA	1	SPIRXINT
	FIFO 发送中断	TXFFIL	TXFFIENA	1	SPITXINT

14.3 SPI 模块的寄存器

SPI 模块的寄存器如表 14-3 所列。

表 14-3　SPI 模块的寄存器

名　称	地　址	大小(×16)	说　明
SPICCR	0x0000-7040	1	SPI 配置控制寄存器
SPICTL	0x0000-7041	1	SPI 操作控制寄存器
SPIST	0x0000-7042	1	SPI 状态寄存器
SPIBRR	0x0000-7044	1	SPI 波特率寄存器
SPIRXEMU	0x0000-7046	1	SPI 仿真缓冲寄存器
SPIRXBUF	0x0000-7047	1	SPI 接收缓冲寄存器
SPITXBUF	0x0000-7048	1	SPI 发送缓冲寄存器
SPIDAT	0x0000-7049	1	SPI 数据寄存器
SPIFFTX	0x0000-704A	1	SPI FIFO 发送寄存器
SPIFFRX	0x0000-704B	1	SPI FIFO 接收寄存器
SPIFFCT	0x0000-704C	1	SPI FIFO 控制寄存器
SPIPRI	0x0000-704F	1	SPI 优先级控制寄存器

1. SPI 配置控制寄存器

图 14-7 列出了 SPICCR 寄存器各位的情况，表 14-4 为每一位的描述。

7	6	5	4	3	2	1	0
SPI SW RESET	CLOCK POLARITY	Reserved	SPILBK	SPI CHAR3	SPI CHAR2	SPI CHAR1	SPI CHAR0
R/W-0	R/W-0	R-0	R-0	R/W-0	R/W-0	R/W-0	R/W-0

图 14-7　SPI 配置控制寄存器

说明：R/W＝读/写；R＝只读；$-n$＝复位后的值。

表 14-4　SPI 配置控制寄存器各位的说明

位	名　称	值	说　明
7	SPI SW RESET	0	SPI 软件复位。当改变配置时，用户应该在改变配置之前清除该位并且在重新开始操作之前置位该位。 在复位条件中，初始化 SPI 标志到复位状态，明确地说，将接收器溢出(RECEIVER OVERRUN F)标志位(SPISTS.7)、SPI 中断标志位(SPISTS.6)和 TXBUF FULL 标志位(SPISTS.5)都清除，SPI 配置保持不变。如果模块被作为主站操作，SPICLK 信号输出无效。
		1	SPI 准备发送或接收下一个字符。当 SPI SW RESET 位为 0，该位置位时，字符被写入发送器将不能移除。新的字符必须写入串行数据寄存器 SPIDAT 中

续表

位	名　称	值	说　明
6	CLOCK POLARITY	 0 1	移位时钟极性。该位控制SPICLK信号的优先级，CLOCK POLARITY和CLOCK PHASE控制在SPICLK引脚上的4种时钟时序图。 数据在上升沿输出，在下降沿输入。当没有SPI数据被发送时，SPICLK呈现低电平。数据输入和输出的边沿取决于CLOCK PHASE位的值。 ● CLOCK PHASE=0：数据在SPICLK信号的上升沿输出；输入数据在SPICLK下降沿被锁存。 ● CLOCK PHASE=1：SPICLK延时半个周期后输出数据，在接下来的上升沿输入数据。 数据在下降沿输出，在上升沿输入。当没有SPI数据被发送，SPICLK呈现高电平。数据输入和输出的边沿取决于CLOCK PHASE位的值。 ● CLOCK PHASE=0：数据在SPICLK信号的下降沿输出；输入数据在SPICLK信号上升沿被锁存。 ● CLOCK PHASE=1：SPICLK下降沿延时半个周期后输出数据，在接下来的下降沿输入数据
5	Reserved		读返回0，写无效
4	SPILBK	 0 1	SPI回环。在设备测试期间，回环模式允许模块确认。该模式仅在SPI为主模式时有效。 SPI回环模式禁止——复位后的默认值。 SPI回环模式使能，SIMO/SOMI线内部被连接用于该模块自身测试
3～0	SPI CHAR3～SPI CHAR0		字符长度控制位3～0。这4位决定了在一个移送序列中，作为单个字符被移入或移出的位的数量。表14-5列出了字符长度的选择与该位值的关系。

表14-5　字符长度控制位的值

SPI CHAR3	SPI CHAR2	SPI CHAR1	SPI CHAR0	字符长度
0	0	0	0	1
0	0	0	1	2
0	0	1	0	3
0	0	1	1	4
0	1	0	0	5
0	1	0	1	6
0	1	1	0	7
0	1	1	1	8

续表

SPI CHAR3	SPI CHAR2	SPI CHAR1	SPI CHAR0	字符长度
1	0	0	0	9
1	0	0	1	10
1	0	1	0	11
1	0	1	1	12
1	1	0	0	13
1	1	0	1	14
1	1	1	0	15
1	1	1	1	16

2. SPI 操作控制寄存器

图 14-8 列出了 SPICTL 寄存器各位的情况，表 14-6 为每一位的描述。

7	6	5	4	3	2	1	0
Reserved			OVERRUN INT ENA	CLOCK PHASE	MASTER/ SLAVE	TALK	SPI INT ENA
R-0			R/W-0	R/W-0	R/W-0	R/W-0	R/W-0

图 14-8 SPI 操作控制寄存器

说明：R/W＝读/写；R＝只读；－*n*＝复位后的值。

表 14-6 SPI 操作控制寄存器各位的值

位	名 称	值	说 明
7～5	Reserved		读返回 0，写无效
4	OVERRUN INT ENA		溢出中断使能。当接收器溢出(RECEIVER OVERRUN)标志位(SPISTS. 7)被硬件置位，置位该位将产生一个中断。接收器溢出(RECEIVER OVERRUN)标志位和 SPI 中断标志位(SPISTS. 6)共享同一个中断向量。
		0	禁止接收器溢出(RECEIVER OVERRUN)标志位中断(SPISTS. 7)。
		1	使能接收器溢出((RECEIVER OVERRUN))标志位中断(SPISTS. 7)
3	CLOCK PHASE		SPI 时钟相位选择。该位控制 SPICLK 信号的相位。 CLOCK PHASE 和 CLOCK POLARITY(SPICCR. 6)规定 4 种不同的时钟方案。
		0	普通的 SPI 时钟方案，极性由 CLOCK POLARITY 位(SPICCR. 6)决定。
		1	SPICLK 信号延迟半个周期，极性由 CLOCK POLARITY 位决定

续表

位	名　称	值	说　明
2	MASTER/SLAVE	 0 1	SPI 网络模式控制。该位决定 SPI 是否作为网络主站或从站。在复位初始化期间，SPI 自动配置为网络从站。 SPI 配置为从站。 SPI 配置为主站
1	TALK	 0 1	主站/从站传输使能。TALK 位可以通过将串行数据输出线置为高阻态而禁止数据发送。如果在传输期间，该位被禁止，传输移位寄存器继续工作直到前一个字符被全部移出。当 TALK 位禁止时，SPI 仍然能够接收字符和更新状态标志。TALK 通过系统复位被清除。 禁止传输。 ● 从站模式工作：如果先前没有配置为普通 I/O 引脚，SPISOMI 引脚将设置为高阻态。 ● 主站模式工作：如果先前没有配置为普通 I/O 引脚，SPISIMO 引脚将设置为高阻态。 使能传输。对于 4 引脚的情况，保证使接收器$\overline{\text{SPISTE}}$输入引脚有效
0	SPI INT ENA	 0 1	SPI 中断使能。该位控制 SPI 产生发送/接收中断的能力。该位不影响 SPI 中断标志（SPISTS. 6）。 禁止中断。 使能中断

3. SPI 状态寄存器

图 14-9 列出了 SPIST 寄存器各位的情况，表 14-7 为每一位的描述。

7	6	5	4 … 0
RECEIVER OVERRUN FLAG	SPI INT FLAG	TX BUF FULL FLAG	Reserved
R/W-0	R/W-0	R/W-0	R-0

图 14-9　SPI 状态寄存器

说明：R/W＝读/写；R＝只读；$-n$＝复位后的值。

表 14-7　SPI 状态寄存器各位的说明

位	名　称	值	说　明
7	RECEIVER OVERRUN FLAG	 0 1	SPI 接收器溢出标志。当前一个字符从缓冲器中读出之前，且接收或发送操作完成时，SPI 硬件将设置此位。该位意味着上次接收的字符已经被覆盖并且丢失。该位通过 3 种方式清除： ● 写 1 到该位； ● 写 0 到 SPI SW RESET（SPICCR. 7）； ● 复位系统。 写 0 无效。 清除该位。RECEIVER OVERRUN 标志在中断服务路径时应该被清除，因为 RECEIVER OVERRUN 标志位和 SPI INT 标志位共享同一个中断向量

续表

位	名　称	值	说　明
6	SPI INT FLAG	 0 1	SPI 中断标志。SPI 中断标志为只读标志位。SPI 硬件置位该位意味着它已经完成了发送或者接收最后一位数据，已准备就绪进行后续工作。在该位置位的同时，接收字符被放置在接收缓冲寄存器内。如果 SPI INT ENA 位被置位，该标志产生一个中断请求。 写 0 无效。 有 3 种方式使该位清 0： ● 读 SPIRXBUF； ● 向 SPI SW RESET 内写 0(SPICCR.7)； ● 复位系统
5	TX BUF FULL FLAG	 0 1	SPI 发送缓冲器满标志。当一个字符被写入到 SPI 发送寄存器 SPITXBUF 中时，该只读位被置 1。当先前的字符被移位完成，字符被自动载入 SPIDAT，上一个字符被完全移出时，该位清 0。 写 0 无效。 复位该位清除
4～0	Reserved	1,0	读返回 0，写无效

4. SPI 波特率寄存器

图 14-10 列出了 SPIBRR 寄存器各位的情况，表 14-8 为每一位的描述。

7	6	5	4	3	2	1	0
Reserved	SPI BIT RATE6	SPI BIT RATE5	SPI BIT RATE4	SPI BIT RATE3	SPI BIT RATE2	SPI BIT RATE1	SPI BIT RATE0
R-0	R/W-0	R/W-0	R/W-0	R/W-0	R/W-0	R/W-0	R/W-0

图 14-10　SPI 波特率寄存器

说明：R/W＝读/写；R＝只读；$-n$＝复位后的值。

表 14-8　SPI 波特率寄存器各位的说明

位	名　称	值	说　明
7	Reserved		读返回 0，写无效
6～0	SPI BIT RATE6～SPI BIT RATE0		SPI 波特率控制位。如果 SPI 为网络主站，这些位决定位传输率。有 125 种数据传输率(每一个都是 CPU 时钟，LSPCLK)可以被选择。每 SPICLK 周期转移一个数据位。(SPICLK 在 SPICLK 引脚上是波特率时钟输出。) 如果 SPI 为网络从站，该模块从网络主站上接收 SPICLK 引脚的时钟，所以这些位对 SPICLK 信号无影响。从主站输入的时钟频率不能超过从站 SPI 时钟信号的 1/4。 在主站模式，SPI 时钟通过 SPI 产生并且在 SPICLK 引脚上输出。SPI 波特率通过下面的公式来决定： 当 SPIBRR＝3～127 时，$\text{Baudrate}=\frac{\text{LSPCLK}}{\text{SPIBRR}+1}$ 当 SPIBRR＝0,1,2 时，$\text{Baudrate}=\frac{\text{LSPCLK}}{4}$

5. SPI 仿真缓冲寄存器

图 14-11 列出了 SPIRXEMU 寄存器各位的情况，表 14-9 为每一位的描述。

15	14	13	12	11	10	9	8
ERXB15	ERXB14	ERXB13	ERXB12	ERXB11	ERXB10	ERXB9	ERXB8
R-0	R-0	R-0	R-0	R-0	R-0	R-0	R-0

7	6	5	4	3	2	1	0
ERXB7	ERXB6	ERXB5	ERXB4	ERXB3	ERXB2	ERXB1	ERXB0
R-0	R-0	R-0	R-0	R-0	R-0	R-0	R-0

图 14-11 SPI 仿真缓冲寄存器

说明：R＝只读；－n＝复位后的值。

表 14-9 SPI 仿真缓冲寄存器各位的说明

位	名 称	值	说 明
15～0	ERXB15～ERXB0		仿真接收数据缓冲器。SPIRXEMU 的功能基本上和 SPIRXBUF 的相同，除了读 SPIRXEMU 不能清除 SPI INT FLAG 位(SPISTS.6)外。读 SPIRXBUF 清除 SPI INT 标志位(SPISTS.6)。在正常的仿真工作中，控制寄存器在显示屏幕上通过读持续地更新这些寄存器的内容。读 SPIRXEMU 不能清除 SPI INT 标志，但是读 SPIRXBUF 可以清除这个标志。换而言之，SPIRXEMU 使能，仿真器能更加精确地仿真 SPI 真实的操作

6. SPI 接收缓冲寄存器

图 14-12 列出了 SPIRXBUF 寄存器各位的情况，表 14-10 为每一位的描述。

15	14	13	12	11	10	9	8
RXB15	RXB14	RXB13	RXB12	RXB11	RXB10	RXB9	RXB8
R-0	R-0	R-0	R-0	R-0	R-0	R-0	R-0

7	6	5	4	3	2	1	0
RXB7	RXB6	RXB5	RXB4	RXB3	RXB2	RXB1	RXB0
R-0	R-0	R-0	R-0	R-0	R-0	R-0	R-0

图 14-12 SPI 接收缓冲寄存器

说明：R＝只读；－n＝复位后的值。

表 14-10 SPI 接收缓冲寄存器各位的说明

位	名 称	值	说 明
15～0	RXB15～RXB0		接收数据。一旦 SPIDAT 接收到完整的字符，字符将被转移到 SPIRXBUF，然后可以被读出，同时，SPI INT 标志位(SPISTS.6)将置位。由于数据先移入 SPI 的最高有效位，所以数据在此寄存器中进行右对齐存储

7. SPI 发送缓冲寄存器

图 14-13 列出了 SPITXBUF 寄存器各位的情况，表 14-11 为每一位的描述。

15	14	13	12	11	10	9	8
TXB15	TXB14	TXB13	TXB12	TXB11	TXB10	TXB9	TXB8
R-0	R-0	R-0	R-0	R-0	R-0	R-0	R-0

7	6	5	4	3	2	1	0
TXB7	TXB6	TXB5	TXB4	TXB3	TXB2	TXB1	TXB0
R-0	R-0	R-0	R-0	R-0	R-0	R-0	R-0

图 14-13　SPI 发送缓冲寄存器

说明：R＝只读；－n＝复位后的值。

表 14-11　SPI 发送缓冲寄存器各位的说明

位	名　　称	值	说　　明
15～0	TXB15～TXB0		发送数据，用于存储下一个要发送的字符。当发送完当前字符时，如果 TX BUF FULL 标志被置位，该寄存器的内容自动转移到 SPIDAT，TX BUF FULL 标志被清除

8. SPI 数据寄存器

图 14-14 列出了 SPIDAT 寄存器各位的情况，表 14-12 为每一位的描述。

15	14	13	12	11	10	9	8
SDAT15	SDAT14	SDAT13	SDAT12	SDAT11	SDAT10	SDAT9	SDAT8
R-0	R-0	R-0	R-0	R-0	R-0	R-0	R-0

7	6	5	4	3	2	1	0
SDAT7	SDAT6	SDAT5	SDAT4	SDAT3	SDAT2	SDAT1	SDAT0
R-0	R-0	R-0	R-0	R-0	R-0	R-0	R-0

图 14-14　SPI 数据寄存器

说明：R＝只读；－n＝复位后的值。

表 14-12　SPI 数据寄存器各位的说明

位	名　　称	值	说　　明
15～0	SDAT15～SDAT0		串行数据。写入 SPIDAT 执行两种功能： ● 如果 TALK 位被置位，该寄存器允许数据输出到串行输出引脚上； ● 当 SPI 工作在主站时，数据开始传输

9. SPI FIFO 发送寄存器

图 14-15 列出了 SPIFFTX 寄存器各位的情况，表 14-13 为每一位的描述。

15	14	13	12	11	10	9	8
SPIRST	SPIFFENA	TXFIFO RESET	TXFFST4	TXFFST3	TXFFST2	TXFFST1	TXFFST0
R/W-1	R/W-0	R/W-1	R-0	R-0	R-0	R-0	R-0

7	6	5	4	3	2	1	0
TXFFINT	TXFFINT CLR	TXFFIENA	TXFFIL4	TXFFIL3	TXFFIL2	TXFFIL1	TXFFIL0
R/W-0	W-0	R/W-0	R/W-0	R/W-0	R/W-0	R/W-0	R/W-0

图 14-15　SPI FIFO 发送寄存器

说明:R/W=读/写;R=只读;W=只写;-*n*=复位后的值。

表 14-13　SPI FIFO 发送寄存器各位的说明

位	名　称	值	说　明
15	SPIRST	 0 1	SPI 复位。 写 0 复位 SPI 发送和接收通道。SPI FIFO 寄存器配置位继续保持原有状态。 SPI FIFO 可以重新发送或者接收,对 SPI 寄存器无影响
14	SPIFFENA	 0 1	SPI FIFO 增强使能。 SPI FIFO 增强禁止。 SPI FIFO 增强使能
13	TXFIFO RESET	 0 1	发送 FIFO 复位。 写 0 复位 FIFO 指针到 0 并且复位保持。 重新使能 FIFO 发送操作
12～8	TXFFST4～0	 00000 00001 00010 00011 00100	发送 FIFO 状态。 发送 FIFO 为空。 发送 FIFO 有 1 个字。 发送 FIFO 有 2 个字。 发送 FIFO 有 3 个字。 发送 FIFO 有 4 个字,最大值
7	TXFFINT	 0 1	TX FIFO 中断。 TXFIFO 中断没有发生,只读位。 TXFIFO 中断发生,只读位
6	TXFFINT CLR	 0 1	TX FIFO 清除。 写 0 对 TXFIFINT 标志位无效,读返回 0。 写 1 清除第 7 位 TXFFINT 标志
5	TXFFIENA	 0 1	TX FIFO 中断使能。 禁止基于 TXFFIVL 匹配的(小于或等于)TX FIFO 中断。 使能基于 TXFFIVL 匹配的(小于或等于)TX FIFO 中断
4～0	TXFFIL4～0	00000	TXFFIL4～0 发送 FIFO 中断深度级位。当 FIFO 状态位(TXFFST4～0)和 FIFO 深度级位(TXFFIL4～0)匹配(小于或等于)时,发送 FIFO 将产生中断。 默认值为 0x00000

10. SPI FIFO 接收寄存器

图 14-16 列出了 SPIFFRX 寄存器各位的情况,表 14-14 为每一位的描述。

15	14	13	12	11	10	9	8
RXFFOVF FLAG	RXFFOVF CLR	RXFIFO RESET	RXFFST4	RXFFST3	RXFFST2	RXFFST1	RXFFST0
R-0	W-0	R/W-1	R-0	R-0	R-0	R-0	R-0

7	6	5	4	3	2	1	0
RXFFINT	RXFFINT CLR	RXFFIENA	RXFFIL4	RXFFIL3	RXFFIL2	RXFFIL1	RXFFIL0
R-0	W-0	R/W-0	R/W-1	R/W-1	R/W-1	R/W-1	R/W-1

图 14-16 SPI FIFO 接收寄存器

说明:R/W=读/写;R=只读;W=只写;$-n$=复位后的值。

表 14-14 SPI FIFO 接收寄存器各位的说明

位	名 称	值	说 明
15	RXFFOVF FLAG	 0 1	FIFO 接收溢出标志。 FIFO 接收没有溢出,只读位。 FIFO 接收溢出,只读位。超过 16 个字符的信息接收到 FIFO,并且第一个接收的字符丢失
14	RXFFOVF CLR	 0 1	接收 FIFO 溢出标志清除。 写 0 对 RXFFOVF 标志位无影响,读返回 0。 写 1 将第 15 位 RXFFOVF 标志清除
13	RXFIFO RESET	 0 1	FIFO 接收复位。 写 0 复位 FIFO 指针到 0,并且复位保持。 重新使能 FIFO 接收操作
12~8	RXFFST4~0	 00000 00001 00010 00011 00100	FIFO 接收状态。 FIFO 接收为空。 FIFO 接收有 1 个字。 FIFO 接收有 2 个字。 FIFO 接收有 3 个字。 FIFO 接收有 4 个字,最大允许值
7	RXFFINT	 0 1	FIFO 接收中断。 RX FIFO 中断没有发生,只读位。 RX FIFO 中断已经发生,只读位
6	RXFFINT CLR	 0 1	FIFO 接收中断清 0。 写 0 对 RXFFINT 标志位无影响,读返回 0。 写 1 将第 7 位 RXFFINT 标志清除

续表

位	名　称	值	说　明
5	RXFFIENA	 0 1	FIFO 接收中断使能。 禁止基于 RXFFIL 匹配的(大于或等于)RX FIFO 中断。 使能基于 RXFFIL 匹配的(大于或等于)RX FIFO 中断
4～0	RXFFIL4～0	11111	FIFO 接收中断深度级位。 当 FIFO 状态位(RXFFST4～0)和 FIFO 深度级位(RXFFIL4～0)匹配时,FIFO 接收产生中断(大于等于)。在复位后,这些位的默认值为 11111

11. SPI FIFO 控制寄存器

图 14-17 列出了 SPIFFCT 寄存器各位的情况,表 14-15 为每一位的描述。

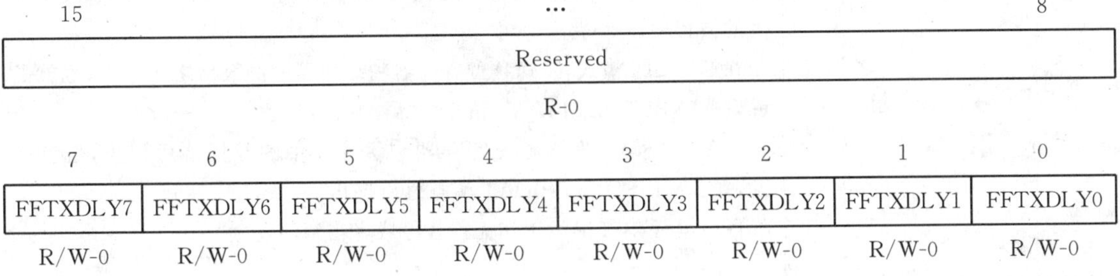

图 14-17　SPI FIFO 控制寄存器

说明:R/W=读/写;R=只读;$-n$=复位后的值。

表 14-15　SPI FIFO 控制寄存器各位的说明

位	名　称	值	说　明
15～8	Reserved		保留
7～0	FFTXDLY7～0	0 1	发送 FIFO 延时。 这些位定义 FIFO 发送缓冲器到发送移位寄存器之间每一次传输的延时。这个延时是以 SPI 串行时钟周期为基准的。这个 8 位寄存器可以定义一个最小的 0 串行时钟周期延时和一个最大的 255 串行时钟周期延时。 在 FIFO 模式,当移位寄存器完成了最后一位的移位后,移位寄存器和 FIFO 之间的缓冲器应该加载数据。在 FIFO 模式下,TXBUF 不能被当作一个额外深度级的缓冲器

12. SPI 优先级控制寄存器

图 14-18 列出了 SPIPRI 寄存器各位的情况,表 14-16 为每一位的描述。

7	6	5	4	3	2	1	0
Reserved		SPI SUSP SOFT	SPI SUSP FREE	Reserved		STEINV	TRIWIRE

图 14-18　SPI 优先级控制寄存器

表 14-16　SPI 优先级控制寄存器各位的说明

位	名　称	值	说　明
7～6	Reserved		读返回 0,写无效
5～4	SPI SUSP SOFT SPI SUSP FREE	 00 10 x1	当一个仿真暂停(例如,当编译程序遇到断点)发生,这些位决定 CPU 怎样处理。如果在自由运行模式下,外设能够继续运行;如果在停止模式下,外设要么立即停止,要么完成当前操作后停止(当前接收/发送序列)。 在位流的中途 TSUSPEND 被确认后,传输停止。如果没有系统复位,一旦 TSUSPEND 不被声明,在 DATABUF 中那些未定的剩余的位将被移送。 如果在开始传输之前仿真暂停发生,传输将不会发生。如果在开始传输之后仿真暂停发生,数据将完整地移出。传输什么时候开始取决于采用的波特率。 在标准 SPI 模式,发送移位寄存器和缓冲器中的数据之后停止,也就是说,在 TXBUF 和 SPIDAT 清空之后停止。 在 FIFO 模式,发送移位寄存器和缓冲器中的数据之后停止,也就是说,在 TX FIFO 和 SPIDAT 清空之后停止。 自由运行,SPI 继续工作无视暂停或者当暂停发生
3～2	Reserved		保留
1	STEINV	 0 1	$\overline{\text{SPISTE}}$翻转位。 在设备上有两个 SPI 模块。 $\overline{\text{SPISTE}}$低有效(正常)。 $\overline{\text{SPISTE}}$高有效(翻转)
0	TRIWIRE	 0 1	SPI 3 线模式使能。 正常 4 线 SPI 模式。 3 线 SPI 模式使能。没有用到的引脚变为 GPIO 引脚。在主站模式下,SPISIMO 引脚变为 SPIMOMI(主站接收和发送)引脚并且 SPISOMI 用于无 SPI 模式。在从站模式下,SPISOMI 引脚变为 SPISISO(从站接收和发送)引脚并且 SPISIMO 用于无 SPI 模式

14.4　SPI 通信程序的编写

SPI 多用于与外设通信,这里采用回环测试来测试 SPI 功能。

(1) 添加文件,所需添加的文件如图 14-19 所示。

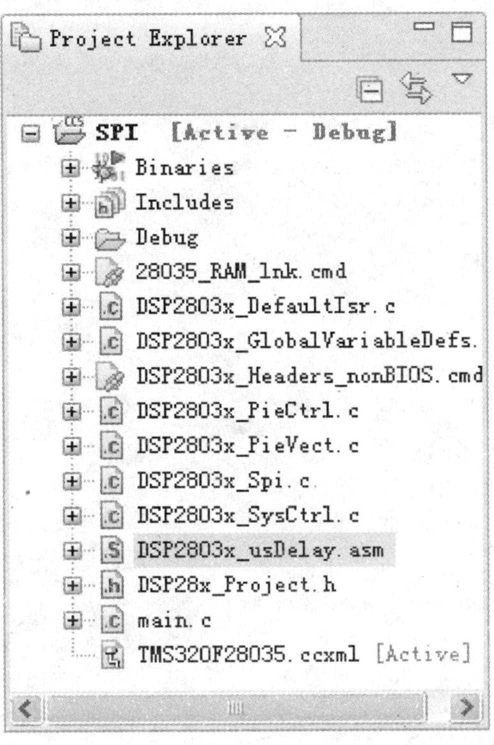

图 14-19 添加所需要的文件

(2) 初始化 SPIA。

```
void SPIA_FifoInit(void)
{
  SpiaRegs.SPIFFTX.all=0xE040;  //使能 SPI FIFO 功能,FIFO 最大深度 4 级
  SpiaRegs.SPIFFRX.all=0x2044;
  SpiaRegs.SPIFFCT.all=0x00;
}
void INITSPIA(uint spi_mode, uint len)
{
  //主机模式,双线全双工,数据位可选(8/16bit),MSB
  InitSpiaGpio();
  SPIA_FifoInit();
  switch(spi_mode)
  {
    case 0 :  //上升沿采集发送数据(时钟空闲为低)
      SpiaRegs.SPICCR.bit.CLKPOLARITY=0;
      SpiaRegs.SPICTL.bit.CLK_PHASE=1;
      break;
    case 1 :  //下降沿采集数据(时钟空闲为低)
      SpiaRegs.SPICCR.bit.CLKPOLARITY=0;
      SpiaRegs.SPICTL.bit.CLK_PHASE=0;
      break;
    case 2 :  //下降沿采集数据(时钟空闲为高)
```

```
            SpiaRegs.SPICCR.bit.CLKPOLARITY=1;
            SpiaRegs.SPICTL.bit.CLK_PHASE=1;
            break;
        case 3：  //上升沿采集发送数据(时钟空闲为高)
            SpiaRegs.SPICCR.bit.CLKPOLARITY=1;
            SpiaRegs.SPICTL.bit.CLK_PHASE=0;
            break;
        default:
            break;
    }
    SpiaRegs.SPIPRI.bit.TRIWIRE=0;            //4线全双工模式
    SpiaRegs.SPIPRI.bit.FREE=1;               //断点不影响 SPI 传输
    SpiaRegs.SPICTL.bit.MASTER_SLAVE=1;       //1:主机模式;0:从机
    SpiaRegs.SPICTL.bit.TALK=1;               //使能发送(否则 MOSI 将为高阻态)
                                              //数据长度配置 1~16 可选
    SpiaRegs.SPICCR.bit.SPICHAR=(len&0x000F)-1;
    SpiaRegs.SPICCR.bit.SPILBK=1;             //1:使能内部回环测试功能,调试时使用
                                              //0:关闭回环测试,正常使用
    SpiaRegs.SPICCR.bit.SPISWRESET=1;         //启动 SPI 发送和接收
}
```

(3) 配置 SPIA 的速度。

```
void SPIA_Speed(uint brr)
{
  if(brr>2&&brr<128){SpiaRegs.SPIBRR=brr ;}  //最大分频数 127
  else if(brr>=128){SpiaRegs.SPIBRR=127 ;}
  else SpiaRegs.SPIBRR=0;
}
```

(4) 主函数。

```
#include "DSP28x_Project.h"
//#define Delay_US()   DELAY_US(1)
//#define Delay_nUS(n)DELAY_US(n)
#define uint unsigned int
uint rdata=0,sdata=0;
uint SPIA_WriteRead(uint data)
{
  while(SpiaRegs.SPIFFTX.bit.TXFFST>=3)
  {
    ;//如果发送 FIFO 里面还有 3 个或 3 个以上的数据待发送就等待
  }
  SpiaRegs.SPITXBUF=data;
  while(SpiaRegs.SPIFFRX.bit.RXFFST==0)
  {
    ;//如果接收 FIFO 里面已经没有数据了就等待,直到接收到数据为止
  }
```

```
    data=SpiaRegs.SPIRXBUF;
    return data;
  }
  void main(void)
  {
    InitSysCtrl();
    DINT;                    //先禁止 CPU 中断
    InitPieCtrl();           //给 PIE 寄存器赋初值
    IER=0x0000;              //禁止 CPU 的中断并清除所有相关的中断标志
    IFR=0x0000;
    InitPieVectTable();      //初始化中断向量表
    INITSPIA(0,16);
    SPIA_Speed(14);          //SPI 速度=15/(14+1)=1 MHZ
    while(1)
    {
      rdata=SPIA_WriteRead(sdata++);      //可设置断点观察数据
      //Delay_nMS(100);
      DELAY_US(100);
    }
  }
```

到此，SPI 通信程序已经编写完毕。该程序已经通过编译，并且调试完毕，可以实现程序的目的。有条件的读者可以将其下载到 DSP 中，通过 WatchWindows，观察 sdata 和 rdata 的数值。注意：将所有子函数放在主函数之前，或者自己添加函数声明，否则会出现错误。该程序仅仅是运行在仿真模式下的，要想下载到 Flash 中，请参考第 5 章的载入方法。

本章小结

本章详细介绍了 SPI 模块的结构、特点及其工作原理，讲解了 SPI 通信时的数据格式、波特率的设置以及 SPI 的各种中断；然后在标准 SPI 模式的基础上，介绍了 SPI 的 FIFO 功能；最后以实例介绍了 SPI 接口的实际应用，实现如何进行 SPI 通信，这里用的是回环测试。

本章习题

1. 查找 nRF24L01 的相关资料，编写 TMS320F28035 和其通信的相关程序。

2. 查找 nRF24L01 的相关资料，用中断发送和接收的方式编写它们之间通信的程序。

3. 查找 nRF24L01 的相关资料，用中断接收和查询发送的方式编写它们之间通信的程序。

4. 参考实例，用回环测试，发送和接收一组数据，在 Watch Windows 中查看数据。

5. 参考实例，用回环测试和 FIFO 功能，发送和接收一组数据，在 Watch Windows 中查看数据。

参考文献

[1] 顾卫钢.手把手教你学 DSP—基于 TMS320X281x[M].北京:北京航空航天大学出版社,2011.

[2] 符晓,朱洪顺.TMS320F2833x DSP 应用开发与实践[M].北京:北京航空航天大学出版社,2013.

[3] 王忠勇.TMS320F2812 DSP 原理与应用技术[M].2 版.北京:电子工业出版社,2012.

[4] 侯其立,石岩,徐科军.DSP 原理及应用——跟我动手学 TMS320F2833x,北京:机械工业出版社,2015.

[5] 赵成.DSP 原理及应用技术——基于 TMS320F2812 的仿真与实例设计,北京:国防工业出版社,2012.

[6] 张卿杰,徐友,左楠,卞康君.手把手教你学 DSP——基于 TMS320F28335,北京:北京航空航天大学出版社,2015.